科技部科学数据共享工程

林业科学数据库和数据共享技术标准与规范

（第二辑）

林业科学数据中心　编

中国林业出版社

图书在版编目（CIP）数据

林业科学数据库和数据共享技术标准与规范．第二辑/林业科学数据中心编．－北京：中国林业出版社，2006.12

ISBN 978-7-5038-4689-2

Ⅰ．林…　Ⅱ．林…　Ⅲ．①林业-科学技术-专用数据库-标准-中国 ②林业-科学技术-专用数据库-规范-中国　Ⅳ．S7-65

中国版本图书馆 CIP 数据核字（2006）第 150992 号

出版　中国林业出版社（100009　北京西城区刘海胡同 7 号）
E-mail　forestbook@163.com　电话　010－66162880
网址　www.cfph.com.cn
发行　中国林业出版社
印刷　北京林业大学印刷厂
版次　2006 年 12 月第 1 版
印次　2006 年 12 月第 1 次
开本　889mm×1194mm　1/16
印张　18
字数　518 千字
印数　1～1 500 册
定价　60.00 元

《林业科学数据库和数据共享技术标准与规范（第二辑）》

编审委员会

主　任　张守攻

副主任　唐守正　张久荣　卢　琦

委　员　（以姓氏笔画为序）

王忠明　叶克林　卢孟柱　尹昌君　吕建雄　肖文发　陈永富
易浩若　赵文霞　张会儒　程　放　鞠洪波

《林业科学数据库和数据共享技术标准与规范（第二辑）》

编　写　组

主　编　易浩若

副主编　纪　平　卢　琦　武红敢　张会儒　陈永富　张　旭　张怀清

编　者　（以姓氏笔画为序）

王　燕　王忠明　王学全　邓　广　卢　琦　田永林　刘　丹
刘　华　刘　燕　纪　平　李春明　李新荣　肖云丹　陈　艳
陈永富　杨彦臣　易浩若　武红敢　郝玉光　赵　明　侯瑞霞
张　旭　张会儒　张怀清　唐小明　贾志清　黄清麟　覃先林
常兆丰　曹燕丽　崔向慧　雷振宇

前　言

本书汇集了22项关于林业科学数据库和数据共享的专业性技术标准与规范的文本，是国家科技基础条件平台建设“科学数据共享工程”的“林业科学数据共享中心”项目在编辑出版《林业科学数据库和数据共享技术标准与规范（第一辑）》之后所取得的又一项重要的技术成果，是近三年来开展林业科学数据库建设和数据共享工作的技术总结。本书将有利于提高林业科学数据库建设和数据共享服务的标准化、规范化、科学化的水平，并对林业信息化的相关工作具有参考价值。

近年来，在国家科技基础条件平台建设的总体工作部署下，科技部和国家林业局重视和支持林业科学数据共享工作，以国家重点科技计划项目的形式，逐年连续滚动支持林业科学数据共享建设，使林业科学数据共享工作取得了显著的进展。数据库和数据共享技术标准与规范的研究与编制工作是林业科学数据共享工作的重要组成部分。该技术标准与规范用于指导和促进林业科学数据资源建设与数据共享服务，以保障和推动林业科学数据共享工作的快速发展。

三年来，加强林业科学数据整合与数据共享的技术标准与规范的研究与编制，完成和实行了一批技术标准与规范；加强林业科学数据资源建设，整合森林资源、林业生态环境、森林保护、木材科学、森林培育、林业科技基础、林业科学研究专题和林业建设基础数据等8大类数据，建立了一批林业科学数据库；加强林业科学数据共享的运行与服务，向科研教学机构、政府部门和社会公众提供了大量的林业科学数据共享服务。三年来，林业科学数据共享工作取得了长足的进展。

林业科学数据共享中心项目将继续研究制订适用于林业科学数据库和数据共享的各类技术标准与规范，本书汇集的是近三年来已经编写完成并已经使用的部分专业性标准规范的文本。

本书第一节由张怀清、纪平编写，第二节由覃先林、易浩若编写，第三、七、八、十五、十六节由武红敢、田永林编写，第四节由纪平编写，第五、六、十一节由张旭、杨彦臣、邓广、陈艳、雷振宇、刘燕编写，第九、十节由张会儒、李春明编写，第十二、十三、十四节由陈永富、刘华编写，第十七节由覃先林、易浩若、纪平、肖云丹编写，第十八节由卢琦、曹燕丽、贾志清、崔向慧、李新荣、赵明、郝玉光编写，第十九节由卢琦、崔向慧、王学全编写，第二十节由卢琦、常兆丰、崔向慧、赵明、王学全编写，第二十一节由王忠明、王燕编写，第二十二节由张旭、刘燕、雷振宇、邓广、杨彦臣、李凡编写。唐守正院士对林业科学数据共享的标准化、规范化工作给予悉心指导。

张久荣研究员审阅了全文。

由于林业科学数据库和数据共享的标准规范仍处于研究和探索的过程之中，而关于数据库和数据共享的技术正在不断地快速发展，随着林业科学数据共享工作的逐步深入，本书各部分内容必将不断完善。本书不当之处，敬请读者批评指正。

本书的主体研究工作在国家林业局“林业遥感与信息技术重点实验室”完成。

本书的主体研究工作在国家林业局“林业遥感与信息技术重点实验室”完成。

编 者

2006 年 12 月

目　　录

重要说明

本书所汇集的21项关于林业科学数据库和数据共享的专业性技术标准与规范的文本，分别由林业科学数据共享的3个项目完成，分别属于各自项目的技术成果。

一、由“林业科学数据中心试点项目”（项目编号：2003DEA2C012）完成下列文本：

（1）三北及长江流域等防护林体系建设工程基础数据库技术规范

（2）黄土高原典型生态区基础数据库技术规范

（3）林业科学数据集成规范

二、由“林业科学数据共享试点”项目（项目编号：2004DKA20210）完成下列文本：

（1）林业科学数据分类与编码（V1.0）

（2）林业科学数据中心分中心建设规范

（3）数字栅格林业专题图生产技术规范

（4）森林病虫害空间分布数据库加工技术规范

三、由“林业科学数据共享中心”项目（项目编号：2005DKA32200）完成下列文本：

（1）全国林业管理区划代码

（2）常用林业数表数据加工整合技术规范

（3）林业术语数据库技术规范

（4）林业专题空间数据质量控制标准

一、林业科学数据元数据标准(V3.10版)

1 主题内容与适用范围

本标准规定了用来描述林业科学数据集及提供信息服务所需要的信息，包括林业科学数据共享元数据内容框架和林业科学数据共享元数据标准。提供了有关林业科学数据集的标识、内容、分发、数据质量、数据表现、参照系和元数据参考信息等内容。

本标准适用于林业科学数据集元数据整理、建库、汇编、发布及共享服务。

本标准的元数据分为两级，即核心元数据和详细元数据。核心元数据规定了描述数据集最关键的信息内容。在核心元数据的基础上，考虑林业科学研究的特点，建立满足林业科学数据共享建设的详细元数据。用户可以在核心元数据的基础上，根据具体需求和数据的实际情况选用、扩充详细元数据内容，建立相应级别的元数据库。

2 规范性引用文件

下列规范性引用文件通过本部分的引用而成为本标准的条款。凡是注日期的引用文件，其随后所有的修改单(不包括勘误的内容)或修订版均不适用于本标准。但是，鼓励根据本标准达成协议的各方，研究是否可使用这些文件的最新版本。但是不注日期的引用文件，其最新版本适用于本标准。ISO 和 IEC 成员维护目前有效国际标准的注册。

科学数据共享工程技术标准 - 科学数据共享元数据标准内容(1.4)

SDS/T 2112—2004　科学数据共享工程技术标准

GB/T 1.1—2000　标准化工作导则

GB/T 7408—1994　数据元和交换格式　信息交换　日期和时间表示方法

GB/T 4880.2—2000　语种名称代码　第2部分：3字母代码

GB/T 2260—2002　中华人民共和国行政区划代码

GB/T 7156—1987　文献保密等级代码

SDS/T 2111—2004　元数据标准化原则与方法

SDS/T 2122—2004　科学数据共享工程数据分类编码

ISO 19115　地理信息——元数据(Geographic information—Metadata)

3 术语和定义

3.1 数据集 dataset

数据集是可以表示的数据集合，数据集可以是数据库，也可以是数据库中的一个(逻辑组成)部分。本标准所指的数据集是指不可再细分的数据集，即可以用一个数据字典能够唯一描述的数据集合。

3.2 数据集系列 dataset series

数据集系列是同一主题的多个数据集的组合，都符合相同产品规范。

3.3 元数据 metadata

元数据是关于数据的数据，用来描述数据的内容、覆盖范围、质量、管理方式、数据的所有者、数据的提供方式等有关信息。

3.4 元数据元素 metadata element

元数据元素是元数据的基本单元。

3.5 元数据实体 metadata entity

元数据实体是描述数据同类特征的元数据元素的集合。元数据实体可以是单个实体，也可以是包括一个或多个实体的聚合实体。

3.6 元数据子集 metadata section

元数据子集是指相关的元数据实体和元素的集合。

3.7 核心元数据 core metadata

在林业科学数据共享工程中，描述林业科学数据集最基本属性、领域在制定其元数据内容标准时必须选择的元数据实体和元数据元素。

3.8 详细元数据 detail metadata

在林业科学数据共享工程中，详细和完整描述林业科学数据集的元数据内容。详细元数据包含核心元数据的全部内容。

4 符号与约定

本标准采用两种方式定义和描述元数据：核心元数据采用摘要表示，详细元数据采用字典描述。

4.1 摘要表示

摘要表示使用定义、英文名称、数据类型、值域、短名、注解、子元素和扩展巴氏范式来描述元数据。

4.1.1 定 义

描述元数据的基本内容。

4.1.2 英文名称

元数据的英文名称，一般用英文全称。

4.1.3 数据类型

元数据的有效值域和允许对该值域内的值进行有效操作的规定。

例如整型、实型、布尔型、字符型、日期、关联、复合型等。

4.1.4 值 域

说明元数据元素、实体的取值范围。

4.1.5 短　名

元数据的英文缩写名称，具体缩写规则如下：

(1)短名在本标准范围内必须唯一。

(2)采用与国际标准类似的英文名称作为短名。

4.1.6 注　解

对元数据的含义的进一步解释，包括该元数据的约束/条件(必选、可选或条件必选)和最大出现次数。当该元数据为条件必选时，应注明其约束条件。

4.1.6.1 约束/条件

说明元数据实体或元数据元素是否必须选取的属性。包括必选(M)、可选(O)和条件必选(C)。

必选 M

表明该元数据实体或元数据元素必须选择。

可选 O

根据实际应用可以选择也可以不选的元数据实体或元数据元素。已经定义的可选元数据实体和可选元数据元素，可指导领域元数据内容标准制定人员充分说明其数据。

可选元数据实体可以有必选元素；但这些元素只当可选实体被选用时才成为必选的。如果一个可选元数据实体未被选用，则该实体所包含的元素(包括必选元素)也不选用。

条件必选 C

说明可以进行电子处理的条件，当该条件满足时，至少一个元数据实体或元数据元素必选。“条件必选”用于以下三种可能性之一：

—表示在2或2个以上元数据实体或元数据元素中进行选择。至少存在一个元数据实体或元数据元素必选。

—当已经选用另一个元数据实体或元数据元素时，此元数据实体或元数据元素为必选。

—当另一个元数据元素已经选择了一个特定值时，此元数据元素为必选。

4.1.6.2 最大出现次数

说明元数据实体或元数据元素可以具有的最大实例数目。只出现一次的用“1”表示，重复出现的用“N”表示。不为1的固定出现次数用相应的数字表示，如“2”、“3”、“4”等。

4.1.7 子元素

子元素是通过一定的表示规则以确定一个元数据子集或元数据实体中包含的下一级的元数据实体或元数据元素。表示规则为：“标识符 = 表达式”。表达式中各符号的含义见表1。

表1　表达式的符号含义

符号	含　义
=	由……替换、生成，由……组成
+	与
|	或(选择)－－在由“|”分开的两项之中选择其一
0{a}1	表示{}中的元数据元素a为可选项/条件必选项，且最大出现次数为1；若为条件必选项，约束/条件具体参见其注解
0{a}n	表示{}中的元数据元素a为可选项/条件必选项，且最大出现次数为N；若为条件比选项，约束/条件具体参见其注解
a	表示元数据元素a为必选项，且最大出现次数为1
1{a}n	表示{}中的元数据元素a为必选项，且最大出现次数为N

在子元素表示中，{}中均使用元数据元素或实体的中文名称。

例如:

子 元 素:浏览图 =

文件名称 +

0{文件说明}1 +

0{文件类型}1

4.1.8 扩展巴氏范式

扩展巴氏范式可以更加规范化地表示一个元数据子集或元数据实体与其下一级的元数据实体或元数据元素之间的关系,便于系统实现。与子元素的表示法不同的是,扩展巴氏范式用“,”代替子元素中的“+”表示“与”关系,{}中均使用该元数据元素的短名,并以“;”作为表达式的结尾。

例如:

扩展巴氏范式:graphOver = bgFileName ,0{bgFileDesc}1 ,0{bgfileType}1;

4.2 字典描述

数据字典以表格的形式描述元数据的特征属性。字典中加灰的行定义元数据实体。数据字典通过以下七个属性定义元数据实体和元数据元素。

4.2.1 名称/角色名称

名称/角色名称是赋给元数据实体或元数据元素的一个标记。

元数据实体名称以一个大写字母开头。元数据实体名称中没有空格,而是多个单词连写,其中每一个新的单词开头为大写字母(如:XnnnYmmm)。元数据实体名称在本标准的数据字典中是唯一的。

元数据元素名称在元数据实体中是唯一的,但在本标准的数据字典中并不是唯一的。通过元数据实体和元数据元素名称的组合,可使元数据元素名称在一个应用中唯一(如:元数据.元数据字符集)。

角色名称用以标识元数据抽象模型关联,并由“角色名称:”开头,将其与其他元数据元素相区分。

4.2.2 短名和域代码

短名的定义及命名规则参见5.1.5节。

对于代码表和枚举构造型,本标准为每一个可能的选择均提供了一个代码。这些域代码由三位数字表示,并在该代码表中是唯一的。每个代码表或枚举的第一行包含一个英文短名,是该代码表或枚举的英文名称缩写。

4.2.3 定 义

描述元数据的基本内容。

4.2.4 约束/条件

参见本标准4.1.6.1的内容。

4.2.5 最大出现次数

说明元数据实体或元数据元素可以具有的最大实例数目。只出现一次的用“1”表示,重复出现的用“N”表示。不为1的固定出现次数用相应的数字表示,如“2”、“3”、“4”等。

4.2.6 数据类型

元数据的有效值域和允许对该值域内的值进行有效操作的规定。

例如整型、实型、布尔型、字符型、日期、关联、复合型等。

4.2.7 域

对元数据实体而言,域说明其包含的行数。

对元数据元素而言，域说明其有效值或使用自由文本。“自由文本”表明对字段的内容没有限制。应使用基于整型的代码表示包含代码表的域值。

4.2.8 级　别

说明元数据的分级，“ * ”表示为核心元数据内容。

5 林业科学数据共享核心元数据

林业科学数据核心元数据元素为元数据子集和实体中必选的元数据元素，可用于数据集编目、数据交换网站活动和对数据集的描述。

5.1 内容组成

林业科学数据核心元数据与详细元数据的关系见表2。

表2　核心元数据与详细元数据关系表

元数据标识符(M) (元数据．元数据标识符)	数据集格式名称(M) (元数据>标识信息．数据集格式>格式．名称)
元数据语种(C) (元数据．元数据语种)	数据集格式版本(M) (元数据>标识信息．数据集格式>格式．版本)
元数据字符集(C) (元数据．元数据字符集)	关键词说明(O) (元数据>标识信息．关键词说明)
元数据联系方(M) (元数据．元数据联系方>引用信息．负责方)	数据集访问限制(O) (元数据>限制信息．法律限制．访问限制)
元数据创建日期(M) (元数据．元数据创建日期)	数据集使用限制(O) (元数据>限制信息．法律限制．使用限制)
元数据标准名称(O) (元数据．元数据标准名称)	数据集安全限制分级(M) (元数据>限制信息．安全限制．安全限制分级)
元数据标准版本(O) (元数据．元数据标准版本)	数据集语种(M) (元数据>标识信息．数据集语种)
数据集名称(M) (元数据>标识信息．引用>引用信息．引用．名称)	数据集字符集(C) (元数据>标识信息．数据集字符集)
数据集日期(M) (元数据>标识信息．引用>引用信息．日期引用)	数据集分类(C) (元数据>标识信息．数据集分类)
数据集摘要(M) (元数据>标识信息．摘要)	数据志说明(C) (元数据>数据质量．数据志>数据志．说明)
数据集负责方(O) (元数据>标识信息．联系方>引用信息．负责方)	数据集在线资源链接地址(M) (元数据>分发信息．传送选项．在线>引用信息．在线资源信息．链接地址)

5.2 林业科学数据核心元数据定义

5.2.1 元数据标识符

定　　义：元数据的唯一标识

英文名称：metadataIdentifier

数据类型：字符型
值　　域：自由文本
短　　名：mdid
注　　解：必选项；最大出现次数为1；必须是第一个著录项目、标识符须唯一、由字母[含下划线(_)、短划线(-)、点(.)、斜线(/)、逗号(,)和空格( )]或数字组成

5.2.2　元数据语种

定　　义：元数据使用的语言
英文名称：language
数据类型：字符型
值　　域：语种代码表(6.2.11)
短　　名：mdLang
注　　解：必选项；最大出现次数为1

5.2.3　元数据字符集

定　　义：元数据集使用的字符编码标准的全名
英文名称：characterSet
数据类型：字符型
值　　域：字符集代码表(6.2.3)
短　　名：mdChar
注　　解：必选项；最大出现次数为1

5.2.4　元数据联系方

定　　义：对元数据信息负责的单位或个人
英文名称：citedResponsibleParty
数据类型：复合型
短　　名：citRespParty
注　　解：可选项；最大出现次数为N
子 元 素：元数据联系方 =
1{元数据联系人姓名 | 元数据联系单位}1 +
0{元数据联系方联系信息} 1
扩展巴氏范式：citRespParty =1{rpIndName | rpOrgName}1, 0{ rpCntInfo } 1;

5.2.4.1　元数据联系人姓名

定　　义：元数据联系人姓、名、头衔，用分隔符隔开
英文名称：individualName
数据类型：字符型
值　　域：自由文本
短　　名：rpIndName
注　　解：条件必选项；最大出现次数为1；未选用元数据联系单位和元数据联系人职务时为必选

5.2.4.2　元数据联系单位

定　　义：元数据联系单位名
英文名称：organisationName
数据类型：字符型
值　　域：自由文本
短　　名：rpOrgName

注　　解：条件必选项；最大出现次数为 1；未选用元数据联系人名和元数据联系人职务时为必选

5. 2. 4. 3　元数据联系方联系信息

定　　义：与元数据联系人和/或元数据联系单位联系所需的信息

英文名称：Contact

数据类型：复合型

短　　名：Contact

子 元 素：元数据联系方联系信息 =

元数据联系人电话信息 +

0{元数据联系方地址}1

扩展巴氏范式：Contact = cntPhone，0{ cntAddress }1；

5. 2. 4. 3. 1　元数据联系人电话信息

定　　义：与元数据联系人或元数据联系单位通话的信息

英文名称：phone

数据类型：复合型

短　　名：cntPhone

注　　解：可选项；最大出现次数为 1

子 元 素：元数据联系人电话信息 =

1{元数据联系人语音电话}n +

0{元数据联系人传真}n

扩展巴氏范式：cntPhone =1{ voiceNum }n，0{ faxNum }n；

5. 2. 4. 3. 1. 1　元数据联系人语音电话

定　　义：与元数据联系人或元数据联系单位通话的语音电话号码

英文名称：voice

数据类型：字符型

值　　域：自由文本

短　　名：voiceNum

注　　解：可选项；最大出现次数为 N

5. 2. 4. 3. 1. 2　元数据联系人传真

定　　义：元数据联系人或元数据联系单位的传真号码

英文名称：facsimile

数据类型：字符型

值　　域：自由文本

短　　名：faxNum

注　　解：可选项；最大出现次数为 N

5. 2. 4. 3. 2　元数据联系方地址

定　　义：与元数据联系人或联系单位联系的物理地址和电子邮件地址

英文名称：address

数据类型：复合型

短　　名：cntAddress

注　　解：可选项；最大出现次数为 1

子 元 素：元数据联系方地址 =

1{元数据联系方详细地址}n +

0{元数据联系方所在城市}1 +
0{元数据联系方所在行政区}1 +
0{元数据联系方邮政编码}1 +
0{元数据联系方所在国家}1 +
0{元数据联系方电子邮件地址}n

扩展巴氏范式：cntAddress = 1{ delPoint }n , 0{ city }1 , 0{ adminArea }1 , 0{ postCode }1 , 0{ country }1 , 0{ eMailAdd }n;

5.2.4.3.2.1 元数据联系方详细地址

定　　义：元数据联系方所在位置的详细地址

英文名称：delilveryPoint

数据类型：字符型

值　　域：自由文本

短　　名：delPoint

注　　解：可选项；最大出现次数为 N

5.2.4.3.2.2 元数据联系方城市

定　　义：元数据联系方所在城市

英文名称：city

数据类型：字符型

值　　域：自由文本

短　　名：city

注　　解：可选项；最大出现次数为 1

5.2.4.3.2.3 元数据联系方行政区

定　　义：元数据联系方所在省、自治区、直辖市

英文名称：administrativeArea

数据类型：字符型

值　　域：自由文本，可参考 GB/T 2260—2002

短　　名：adminArea

注　　解：可选项；最大出现次数为 1

5.2.4.3.2.4 元数据联系方邮政编码

定　　义：元数据联系方邮政编码

英文名称：postalCode

数据类型：字符型

值　　域：自由文本

短　　名：postCode

注　　解：可选项；最大出现次数为 1

5.2.4.3.2.5 元数据联系方所在国家

定　　义：元数据联系方所在国家

英文名称：country

数据类型：字符型

值　　域：自由文本

短　　名：country

注　　解：可选项；最大出现次数为 1

5.2.4.3.2.6　元数据联系方电子邮件地址

定　　义：元数据联系人或元数据联系单位的电子邮件地址
英文名称：electronicMailAddrss
数据类型：字符型
值　　域：自由文本
短　　名：eMailAdd
注　　解：可选项；最大出现次数为 N

5.2.5　元数据创建日期

定　　义：创建元数据的日期
英文名称：metadatadateStamp
数据类型：日期型
值　　域：日期，可参照 GB/T 7408—1994
短　　名：mdDateSt
注　　解：必选项；最大出现次数为 1

5.2.6　元数据标准名称

定　　义：执行的元数据标准名称
英文名称：metadataStandardName
数据类型：字符型
值　　域：自由文本
短　　名：mdStanName
注　　解：可选项；最大出现次数为 1

5.2.7　元数据标准版本

定　　义：执行的元数据标准版本
英文名称：metadataStandardVersion
数据类型：字符型
值　　域：自由文本
短　　名：mdStanVer
注　　解：可选项；最大出现次数为 1

5.2.8　数据集名称

定　　义：已知的数据集名称
英文名称：title
数据类型：字符型
值　　域：自由文本
短　　名：resTitle
注　　解：必选项；最大出现次数为 1

5.2.9　数据集日期

定　　义：数据集的参照日期
英文名称：date
数据类型：复合型
值　　域：参见日期类型代码表(6.2.1)
短　　名：refDate
注　　解：必选项；最大出现次数为 1

5.2.10 数据集摘要

定　　义：数据集内容的简单说明

英文名称：Abstract

数据类型：字符型

值　　域：自由文本

短　　名：abstract

注　　解：必选项；最大出现次数为1

5.2.11 数据集负责方

定　　义：数据集负责人或单位及其联系方法

英文名称：citedResponsibleParty

数据类型：复合型

短　　名：citRespParty

注　　解：可选项；最大出现次数为N

子 元 素：数据集负责方 =

1{数据集负责人姓名 | 数据集负责单位}1 +

0{负责方联系信息} 1

扩展巴氏范式：citRespParty = 1{rpIndName | rpOrgName}1 , 0{ rpCntInfo } 1;

5.2.11.1 数据集负责人姓名

定　　义：数据集负责人姓、名、头衔，用分隔符隔开

英文名称：individualName

数据类型：字符型

值　　域：自由文本

短　　名：rpIndName

注　　解：条件必选项；最大出现次数为1；未选用负责单位和负责人职务时为必选

5.2.11.2 数据集负责单位

定　　义：数据集负责单位名

英文名称：organisationName

数据类型：字符型

值　　域：自由文本

短　　名：rpOrgName

注　　解：条件必选项；最大出现次数为1；未选用负责人名和负责人职务时为必选

5.2.11.3 数据集负责方联系信息

定　　义：与数据集负责人和/或负责单位联系所需的信息

英文名称：Contact

数据类型：复合型

短　　名：Contact

子 元 素：数据集负责方联系信息 =

数据集负责人电话信息 +

0{数据集负责方地址}1

扩展巴氏范式：Contact = cntPhone , 0{ cntAddress }1;

5.2.11.3.1 数据集负责人电话信息

定　　义：与数据集负责人或负责单位通话的信息

英文名称：phone
数据类型：复合型
短　　名：cntPhone
注　　解：可选项；最大出现次数为1
子 元 素：数据集负责人电话信息 =
1{数据集负责人语音电话}n +
0{数据集负责人传真}n
扩展巴氏范式：cntPhone = 1{ voiceNum }n , 0{ faxNum }n;

5.2.11.3.1.1　数据集负责人语音电话

定　　义：与数据集负责人或负责单位通话的语音电话号码
英文名称：voice
数据类型：字符型
值　　域：自由文本
短　　名：voiceNum
注　　解：可选项；最大出现次数为N

5.2.11.3.1.2　数据集负责人传真

定　　义：数据集负责人或负责单位的传真号码
英文名称：facsimile
数据类型：字符型
值　　域：自由文本
短　　名：faxNum
注　　解：可选项；最大出现次数为N

5.2.11.3.2　数据集负责方地址

定　　义：与数据集负责人或负责单位联系的物理地址和电子邮件地址
英文名称：address
数据类型：复合型
短　　名：cntAddress
注　　解：可选项；最大出现次数为1
子 元 素：数据集负责方地址 =
1{数据集负责方详细地址}n +
0{数据集负责方城市}1 +
0{数据集负责方行政区}1 +
0{数据集负责方邮政编码}1 +
0{数据集负责方所在国家}1 +
0{数据集负责方电子邮件地址}n

扩展巴氏范式：cntAddress = 1{ delPoint }n , 0{ city }1 , 0{ adminArea }1 , 0{ postCode }1 , 0{ country }1 , 0{ eMailAdd }n;

5.2.11.3.2.1　数据集负责方详细地址

定　　义：数据集负责方所在位置的详细地址
英文名称：delilveryPoint
数据类型：字符型
值　　域：自由文本

短　　名：delPoint
注　　解：可选项；最大出现次数为 N

5.2.11.3.2.2　数据集负责方城市

定　　义：数据集负责方所在城市
英文名称：city
数据类型：字符型
值　　域：自由文本
短　　名：city
注　　解：可选项；最大出现次数为 1

5.2.11.3.2.3　数据集负责方行政区

定　　义：数据集负责方所在省、自治区、直辖市
英文名称：administrativeArea
数据类型：字符型
值　　域：自由文本，可参考 GB/T 2260—2002
短　　名：adminArea
注　　解：可选项；最大出现次数为 1

5.2.11.3.2.4　数据集负责方邮政编码

定　　义：数据集负责方邮政编码
英文名称：postalCode
数据类型：字符型
值　　域：自由文本
短　　名：postCode
注　　解：可选项；最大出现次数为 1

5.2.11.3.2.5　数据集负责方国家

定　　义：数据集负责方所在国家
英文名称：country
数据类型：字符型
值　　域：自由文本
短　　名：country
注　　解：可选项；最大出现次数为 1

5.2.11.3.2.6　数据集负责方电子邮件地址

定　　义：数据集负责人或负责单位的电子邮件地址
英文名称：electronicMailAddrss
数据类型：字符型
值　　域：自由文本
短　　名：eMailAdd
注　　解：可选项；最大出现次数为 N

5.2.12　数据集格式名称

定　　义：数据集存储格式名称
英文名称：name
数据类型：字符型
值　　域：自由文本

短　　名：formatName
注　　解：可选项；最大出现次数为1

5.2.13　数据集格式版本

定　　义：数据集存储格式版本(日期、版本号等)
英文名称：version
数据类型：字符型
值　　域：自由文本
短　　名：formatVer
注　　解：必选项；最大出现次数为1

5.2.14　关键词说明

定　　义：关键词种类、类型和参考资料
英文名称：descripriveKeywords
数据类型：复合型
短　　名：descKeyes
注　　解：可选项；最大出现次数为N
子 元 素：关键词说明 =
1{关键词}n +
0{词典基本信息}1
扩展巴氏范式：descKeys =1{keyword }n , 0{thesaInfo}1;

5.2.14.1　关键词

定　　义：用于描述数据集主题的通用词、形式化词或短语
英文名称：keyword
数据类型：字符型
值　　域：自由文本
短　　名：keyword
注　　解：必选项；最大出现次数为N

5.2.14.2　词典基本信息

定　　义：正式注册的词典或类似的权威关键词资料的基本信息
英文名称：thesaurusInformation
数据类型：复合型
值　　域：参见词典基本信息(6.1.11)
短　　名：thesaInfo
注　　解：可选项；最大出现次数为N

5.2.15　数据集访问限制

定　　义：为保护隐私权或知识产权，对访问数据集施加的限制和约束
英文名称：accessConstraints
数据类型：字符型
值　　域：限制代码表(6.2.9)
短　　名：accessConsts
注　　解：条件必选项；最大出现次数为N；当不选用“使用限制”时为必选

5.2.16　数据集使用限制

定　　义：为保护隐私权或知识产权，对使用数据集施加的限制和约束

英文名称：useConstraints
数据类型：字符型
值　　域：限制代码表(6.2.9)
短　　名：useConsts
注　　解：条件必选项；最大出现次数为 N；当不选用“访问限制”时为必选

5.2.17　数据集安全限制分级

定　　义：对数据集处理限制的名称
英文名称：classification
数据类型：字符型
值　　域：安全限制分级代码表(6.2.4)
短　　名：class
注　　解：必选项；最大出现次数为 1

5.2.18　数据集语种

定　　义：数据集采用的语言
英文名称：language
数据类型：字符型
值　　域：语种代码表(6.2.11)
短　　名：dataLang
注　　解：必选项；最大出现次数为 N

5.2.19　数据集字符集

定　　义：数据集使用的字符编码标准全称
英文名称：charactreSet
数据类型：字符型
值　　域：字符集代码表(6.2.3)
短　　名：dataChar
注　　解：条件必选项；最大出现次数为 N

5.2.20　数据集分类

定　　义：数据集的分类信息
英文名称：topicCategory
数据类型：复合型
短　　名：tpCat
子 元 素：数据集分类 =
　　　　类别名称 +
　　　　类别编码 +
　　　　分类标准
扩展巴氏范式：tpCat = catename, catecode, catestd;

5.2.20.1　类别名称

定　　义：用于描述数据集类别的通用词、形式化词或短语
英文名称：categoryName
数据类型：字符型
值　　域：自由文本，参见《科学数据共享工程数据分类编码》和各领域数据分类编码标准中各种分类的取值规定

短　　名：catename
注　　解：必选项；最大出现次数为1

5.2.20.2　类别编码

定　　义：类别名称对应的编码
英文名称：categoryCode
数据类型：字符型
值　　域：自由文本，参见《科学数据共享工程数据分类编码》和各领域数据分类编码标准中各种分类的取值规定
短　　名：catecode
注　　解：必选项；最大出现次数为1

5.2.20.3　分类标准

定　　义：分类标准名称
英文名称：categroyStandard
数据类型：字符型
值　　域：数据集分类标准代码表(6.2.12)
短　　名：catestd
注　　解：必选项；最大出现次数为1

5.2.21　数据志说明

定　　义：数据集生产者对数据源和处理步骤的一般说明
英文名称：statement
数据类型：字符型
值　　域：自由文本
短　　名：statement
注　　解：必选项；最大出现次数为1

5.2.22　数据集在线资源链接地址

定　　义：可以获取资源的在线资源信息
英文名称：online
数据类型：字符型
值　　域：自由文本
短　　名：onLineSrc
注　　解：可选项；最大出现次数为N

6　林业科学数据共享详细元数据

6.1　元数据内容

林业科学数据共享详细元数据，包括7个部分(子集)：标识信息、内容信息、分发信息、数据质量信息、数据表现信息、参照系信息、元数据参考信息。联系信息、限制信息、覆盖范围、词典基本信息4个部分是可被其他7个子集重复引用的部分。

0	名称/角色名称(中文)	名称/角色名称(英文)	短名	定义	约束/条件	最大出现次数	数据类型	域
1	元数据参考信息	Metadata	Metadata	领域数据集元数据的根实体	M	1	关联	元数据参考信息(6.1.1)
2	标识信息	idenrificationInfo	daraldInfo	元数据描述的资源的基本信息	M	1	关联	标识信息(6.1.2)
3	内容信息	contentInfo	contInfo	提供数据内容特征的描述信息	M	1	关联	内容信息(6.1.3)
4	分发信息	distributionInfo	distInfo	提供获取数据集所需的分发格式、分发者和分发方式的信息	M	1	关联	分发信息(6.1.4)
5	数据质量信息	dataQualityInfo	dqInfo	提供数据集质量的总体评价信息	M	1	关联	数据质量信息(6.1.5)
6	数据表现信息	RepresentationInfo	repInfo	数据集信息的数据表示	O	1	关联	数据表现信息(6.1.6)
7	参照系信息	ReferenceSystem	RefSystem	有关参照系的信息	O	1	关联	参照系信息(6.1.7)

6.1.1 元数据参考信息

	名称/角色名称(中文)	名称/角色名称(英文)	短名	定义	约束/条件	最大出现次数	数据类型	域	级别
8	元数据参考信息	Metadata	Metadata	领域数据集元数据的根实体	M	1	复合型	9~18	
9	元数据标识符	metadataIdentifier	mdID	元数据的唯一标识符	M	1	字符型	自由文本	*
10	元数据语种	language	mdLang	元数据使用的语言	M	1	字符型	语种代码表(6.2.11)	*
11	元数据字符集	characterSet	mdChar	元数据集使用的字符编码标准的全名	M	1	字符型	字符集代码表(6.2.3)	*
12	元数据联系方信息	metadataContact	mdContact	对元数据信息负责的单位或个人	M	N	关联	联系信息(6.1.8)	*
13	元数据创建日期	metadataDateS-tamp	mdDateSt	元数据创建的日期	M	1	日期型	YYYYMMDD	*
14	元数据标准名称	metadataStandard-Name	mdStanName	执行的元数据标准名称	O	1	字符型	自由文本	*
15	元数据标准版本	metadataStandard-Version	mdStanVer	执行的元数据标准版本	O	1	字符型	自由文本	*
16	元数据限制信息	metadataCon-straints	mdConst	提供访问和使用元数据的限制信息	O	N	关联	限制信息(6.1.9)	
17	元数据维护信息	metadataMainte-nance	mdMaint	提供有关元数据的更新频率及更新范围的信息	O	N	复合型	18	
18	元数据维护和更新频率	MaintenanceAnd-Updatefrequency	mainFreq	在初次完成后,对其进行修改和补充的频率	M	1	字符型	维护频率代码表(6.2.6)	

6.1.2 标识信息

	名称/角色名称(中文)	名称/角色名称(英文)	短名	定义	约束/条件	最大出现次数	数据类型	域	级别
19	标识信息	Identification	Ident	元数据描述的资源的基本信息	M	1	复合型	20~49	
20	数据集中文名	title	resTitle	数据集中文名称	M	1	字符型	自由文本	*

(续)

	名称/角色名称(中文)	名称/角色名称(英文)	短名	定义	约束/条件	最大出现次数	数据类型	域	级别
21	数据集别名	alternateTitle	resAltTitle	数据库名	O	N	字符型	自由文本	
22	数据集日期	date	refDate	数据集的参照日期	M	1	日期型	YYYYMMDD	*
23	数据集日期类型	dateType	refDateType	使用该日期的事件	M	1	字符型	日期类型代码表(6.2.1)	*
24	数据集版本	edition	resEd	数据集的版本	O	1	字符型	自由文本	
25	数据集版本日期	editionDate	resEdDate	出版日期	O	1	日期型	YYYYMMDD	
26	数据集负责方信息	ResponsiblePart	respParty	有关的负责者和单位的标识及联系方法	M	N	关联	联系信息(6.1.8)	
27	数据集摘要	abstract	idAbs	数据集内容的简单说明	M	1	字符型	自由文本	*
28	数据集目的	purpose	idPurp	数据集开发的目的说明	O	1	字符型	自由文本	
29	数据集状况	status	idStatus	数据集生产与完成情况	O	N	字符型	进展代码表(6.2.8)	
30	数据集维护和更新频率	maintenanceAnd-Updatefrequency	mainFreq	在数据集初次完成后，对其进行修改和补充的频率	M	1	字符型	维护频率代码表(6.2.6)	
31	数据集维护方信息	contact	maintCont	数据集维护方信息	O	N	关联	联系信息(6.1.8)	
32	浏览图	graphicOverview	graphOver	概要性说明数据集(包括图例)的图形	O	N	复合型	33~35	
33	浏览图文件名	fileName	bgFileName	包含数据集图解说明的图形文件名称	M	1	字符型	自由文本	
34	浏览图文件说明	fileDescription	bgFileDesc	数据集图解的文件说明	O	1	字符型	自由文本	
35	浏览图文件类型	fileType	bgfileType	图解图形编码格式，如CGM、EPS、GIF、JPEG、PBM、PS、TIFF、XWD	O	1	字符型	自由文本	
36	数据集格式名称	name	formatName	数据集分发格式名称	M	1	字符型	自由文本	*
37	数据集格式版本	version	formatVer	数据集分发格式的版本(日期、版本号等)	M	1	字符型	自由文本	*
38	数据集格式解压缩说明	fileDecompression-Technique	fileDecm Tech	能够用来读取数据集，或对经过压缩的数据集进行解压的算法或处理说明	O	1	字符型	自由文本	
39	关键词	keyword	keyword	用于描述数据集主题的通用词、形式化词或短语	M	N	字符集	自由文本	*
40	关键词词典信息	thesaurusInforma-ion	thesaInfo	正式注册的词典或类似的权威关键词资料的基本信息	O	1	复合型	词典基本信息(6.1.11)	*
41	数据集语种	language	datalang	数据集采用的语言	M	N	字符型	语种代码表(6.2.11)	*

(续)

	名称/角色名称(中文)	名称/角色名称(英文)	短名	定义	约束/条件	最大出现次数	数据类型	域	级别
42	数据集字符集	charactreSet	dataChar	数据集使用的字符编码标准全称	M	N	字符型	字符集代码表(6.2.3)	*
43	数据集类别名称	categoryName	catename	用于描述数据集类别的通用词、形式化词或短语	M	1	字符型	自由文本	*
44	数据集类别编码	categoryCode	catecode	类别名称对应的编码	M	1	字符型	自由文本	*
45	数据集分类标准	categroyStandard	catestd	分类标准名称	M	1	字符型	数据集分类代码表(6.2.12)	*
46	数据集在线资源联接地址	dataurl	daurl	数据集在线资源联接地址	O	1	字符型	自由文本	*

6.1.3 内容信息

	名称/角色名称(中文)	名称/角色名称(英文)	短名	定义	约束/条件	最大出现次数	数据类型	域	级别
47	内容信息	content Information	ContInfo	提供数据内容特征的描述信息	O	1	复合型	51~53	
48	资源域	Resource Domain	resDomain	数据集所在的资源范围	M	1	字符型	自由文本	
49	数据集内容概括描述	Dataset general describe	Datagedes	实体和属性的综述	O	1	字符型	自由文本	
50	数据集内容详细描述	Dataset detail describe	Datadetdes	实体和属性的细节引用	O	1	字符型	自由文本	

6.1.4 分发信息

	名称/角色名称(中文)	名称/角色名称(英文)	短名	定义	约束/条件	最大出现次数	数据类型	域	级别
51	分发信息	Distribution	Distrib	提供获取数据集所需的分发格式、分发者和分发方式的信息	O	1	复合型	55~65	
52	分发格式	distributionFormat	distFormat	分发数据的格式说明	M	N	复合型	56~58	
53	分发格式名称	name	formatName	数据集分发格式名称	M	1	字符型	自由文本	
54	分发格式版本	version	formatVer	数据集分发格式的版本(日期、版本号等)	M	1	字符型	自由文本	
55	分发格式解压缩说明	fileDecompression-Technique	fileDecm Tech	能够用来读取数据集,或对经过压缩的数据集进行解压的算法或处理说明	O	1	字符型	自由文本	
56	分发者联系信息	distributor	distributor	有关分发者的信息	O	N	关联	联系信息(6.1.8)	
57	传送选项	trasferOptions	distTranOps	从分发者获取资源的技术方法和介质	O	N	复合型	61~62	
58	传送分发单位	unitsOfDistribution	unitsODist	可以使用数据的名称、数据层、地理范围等	O	1	字符型	自由文本	

(续)

	名称/角色名称(中文)	名称/角色名称(英文)	短名	定义	约束/条件	最大出现次数	数据类型	域	级别
59	传送量	transferSize	transSize	按确定的传送格式估计,一个分发单元的传送量,用MB表示。传送量〉0.0	O	1	实型	>0.0	
60	在线链接地址	linkage	linkage	使用URL地址与类似地址模式,如 http://ww.statkart.no/isotc211/,进行在线访问的地址	C/在线	1	字符型	自由文本	
61	在线功能	linkfunction	linkfun	在线功能描述	C/在线	1	字符型	在线功能代码表(6.2.2)	*
62	离线介质名称	name	medName	能够接收数据集的介质名称	M/离线	1	字符型	介质名称代码表(6.2.7)	

6.1.5 数据质量信息

	名称/角色名称(中文)	名称/角色名称(英文)	短名	定义	约束/条件	最大出现次数	数据类型	域	级别
63	数据质量信息	DataQuality	DataQral	提供数据集质量的总体评价信息	O	1	复合型	67~86	
64	数据志说明	statement	statement	数据生产者有关数据集数据志信息的一般说明	M	1	字符型	自由文本	*
65	数据覆盖范围信息	dataCoverage	datacover	数据集覆盖的范围或区域	O	1	关联	覆盖范围(6.1.10)	
66	数据质量报告信息	datareport	report	有关数据的质量的报告	O	1	复合型	70~74	
67	属性精度报告	attriresov	Attrresov	属性精度报告	O	1	字符型	自由文本	
68	逻辑一致性报告	logicresov	Logiresov	逻辑一致性报告	O	1	字符型	自由文本	
69	完备性报告	totresov	Totresov	完备性报告	O	1	字符型	自由文本	
70	水平位置精读报告	horiresov	horiresov	水平位置精读报告	O	1	字符型	自由文本	
71	垂直定位精度报告	verticalresov	vertiresov	垂直定位精度报告	O	1	字符型	自由文本	
72	数据源信息	Source	Source	范围确定的数据生产说用的数据源信息	O	1	复合型	76~85	
73	数据源说明	description	srcDesc	数据源的详细说明	O	1	文本	自由文本	
74	数据源比例尺分母	scaleDenominator	srcScale	数据源地图分数式比例尺的分母,是普通分数线下的数字	O	1	整型	自由文本	
75	数据源参照系名	sourceReference-System	srcDatum	数据源资料使用的空间参照系	O	1	字符型	自由文本	
76	数据源中文名	title	resTitle	数据集中文名称	M	1	字符型	自由文本	
77	数据源日期	date	refDate	数据集的参照日期	M	1	日期型	YYYYMMDD	

(续)

	名称/角色名称(中文)	名称/角色名称(英文)	短名	定义	约束/条件	最大出现次数	数据类型	域	级别
78	数据源日期类型	dateType	refDateType	使用该日期的事件	M	1	字符型	日期类型代码表(6.2.1)	
79	数据源版本	edition	resEd	数据集的版本	O	1	字符型	自由文本	
80	数据源版本日期	editionDate	resEdDate	出版日期	O	1	日期型	YYYYMMDD	
81	数据源联系信息	individual information	rpIndInfo	数据源联系信息	O	N	关联	联系信息(6.1.8)	
82	数据源覆盖范围信息	sourceExtent	srcExt	有关数据源资料的空间、垂向和时间覆盖范围的信息	C/未选用说明	N	关联	覆盖范围(6.1.10)	
83	数据处理步骤说明	description	stepDesc	事件处理说明,包括有关的参数或容差	M	1	文本	自由文本	

6.1.6 数据表现信息

	名称/角色名称(中文)	名称/角色名称(英文)	短名	定义	约束/条件	最大出现次数	数据类型	域	级别
84	数据表现信息	RepresentationInfo	repInfo	数据集信息的数据表示	O	1	复合型	88 ~ 119	
85	栅格对象信息	GridInfo	GridInfo	数据集中栅格空间对象的有关信息	O	1	复合型	89 ~ 113	
86	像元原点	PointOrg	PointOrg	像元(1, 1)的位置	O	1	文本	自由文本	
87	行数	Linage	Linage	沿Y轴栅格目标的最大数量	O	1	整型	>0	
88	列数	ColnNo	ColnNo	沿X轴栅格目标的最大数量	O	1	整型	>0	
89	层数或波段数	LaywavNo	LaywavNo	沿Z轴栅格目标的最大数量	O	1	整型	整型数	
90	像元色彩说明	PointCol	PointCol	像元色彩值说明	O	1	文本	自由文本	
91	色调分级	ColLevl	ColLevl	影像显示的色彩或灰阶的数量	O	1	整型	整型数	
92	影像空间表示	ImgSpt	ImgSpt	表示地理信息影像的有关信息	C/是否为影像?	N	复合型	96 ~ 113	
93	影像类型	ImgType	ImgType	数字影像的所属类型	M	1	文本	“可见光”、“超光谱”、“多光谱”、“近红外”、“热红外”、“雷达”,自由文本	
94	摄影条件	PhoCond	PhoCond	说明影响影像质量的因素	O	1	文本	1-不清楚影像严重雾;2-有烟尘;3-夜晚;4-严重倾斜;5-雨天;6-色彩半暗;7-阴影;8-雪;9-隐蔽地形;10-有云;11-雾,自由文本	

(续)

	名称/角色名称(中文)	名称/角色名称(英文)	短名	定义	约束/条件	最大出现次数	数据类型	域	级别
95	云斑覆盖比例	cloudcoverPercentage	cloudCovPer	数据集被云斑覆盖的范围，用占空间覆盖范围的百分比表示	O	1	实型	0.0~100.0	
96	辐射数据可用性	RadDUb	RadDUb	说明是否可以提供标准的辐射数据产品	O	1	整型	0不可用，1可用	
97	影像处理支持数据的可用性	ImgSUb	ImgSUb	说明是否可以提供影像处理支持数据，如位置和高度信息	O	1	整型	0不可用，1可用	
98	数据接收存储介质	DataSM	DataSM	在接收和存储影像的过程中使用的介质	O	1	文本	“HDDT”、“DLT”，自由文本	
99	地面与影像比率的可用性	LandIUb	LandIUb	说明地面与影像比率是否可用，是否包含在产品数据中	O	1	整型	0否，1是	
100	影像传感器时间	ImgSTm	ImgSTm	按照传感器时间系统，影像获取的精确时间	O	1	时间型	时间型数	
101	卫星名称	SatNm	SatNm	说明用于获取影像的卫星名称	O	1	文本	自由文本	
102	传感器名称	SenNm	SenNm	说明用于获取影像的传感器名称	O	1	文本	自由文本	
103	传感器类型	Sentype	Sentype	说明成像的传感器类型	O	1	文本	自由文本	
104	传感器模式	Senmode	Senmode	说明获取影像的传感器工作模式	O	1	整型	自由文本	
105	传感器波段信息	SenWInfo	SenWInfo	电磁波谱中具有共同特征的相邻波长集合，如可见光波段	O	1	文本	自由文本	
106	轨道号	OrbitNo	OrbitNo	获取影像的过境轨道号	O	1	文本	自由文本	
107	影像过境日期	ImgPsDate	ImgPsDate	获取影像的过境日期YYMMDD	O	1	日期型	自由文本	
108	影像过境时间	ImgPsTime	ImgPsTime	获取影像的过境时间HHMMSS(北京时间)	O	1	时间型	自由文本	
109	影像分辨率	ImgPren	ImgPren	影像一象元表示的地面面积(米/象元)	O	1	实型	自由文本	
110	影像其他说明	SatMemo	SatMemo	如果是单景基础影像产品，说明校正采用的方法和软件、控制点个数、控制点影像文件名、遇到的问题和处理结果等。如果是合成产品，说明合成产品所用的基础影像数据信息(包括基础影像的文件名、过境时间、波段类型、波段号)、遇到的问题和处理结果等。对融合影像产品还应说明每景基础影像数据来源\分辨率等内容。	O	1	文本	自由文本	
111	矢量空间表示	VectorSpatialRepresentation	VectSpatRep	有关数据集中矢量空间对象的信息	O	1	复合型	115~119	

(续)

	名称/角色名称(中文)	名称/角色名称(英文)	短名	定义	约束/条件	最大出现次数	数据类型	域	级别
112	比例尺分母	scale	scale	比例尺分母	C/有比例尺	1	整型	整型	
113	拓扑关系	toplogy	topo	是否具有拓扑关系的代码	O	1	字符型	拓扑关系代码表(6.2.10)	
114	几何对象	geometricObjects	geometObjs	数据集使用的几何对象信息	O	N	复合型	118～119	
115	几何类型	geometricObject-Type	geoObjTyp	数据集中用于确定零维、一维二维或三维空间位置的点或矢量空间对象的名称	M	1	字符型	几何目标类型代码表(6.2.5)	
116	几何对象计数	geometricObject-Count	geoObjCnt	数据集中出现的点或矢量对象类型1的总数	O	1	整型	>0	

6.1.7 参照系信息

	名称/角色名称(中文)	名称/角色名称(英文)	短名	定义	约束/条件	最大出现次数	数据类型	域	级别
117	参照系信息	ReferenceSystem	RefSystem	有关参照系的信息	O	1	复合型	121～147	
118	空间参照系统类型	referenceSystemI-dentifier	refSysID	数据集空间定位信息使用的参照系统类型	M	1	整型	1－地理坐标，2－ 投影坐标	
119	投影参数	projectonParame-ters	ProjParas	描述投影的参数集	O	1	复合型	122～147	
120	投影坐标名称	Projectnm	Projnm	投影坐标名称	M	1	文本	自由文本	
121	带号	Zone	ZoneNum	100km 网格带的唯一标识符	O	1	整型	整型数	
122	标准纬线	standardParallel	projParas	地球表面与平面或可展曲面相交的固定纬线	O	2	实型	实型数	
123	中央经线	longtitudeOfCen-tralMeridian	zoneNum	地图投影的中央经线，通常用作构建投影的基础	O	1	实型	实型数	
124	投影原点纬度	latitudeOfProjec-tionOrigin	stanParal	选作地图投影矩形坐标原点的纬度	O	1	实型	实型数	
125	东移假定值	falseEasting	longCntMer	地图投影矩形坐标所有X坐标增加的值。常常利用该值避免坐标出现负数。用平面坐标单位确定的度量单位表示	O	1	实型	实型数	
126	北移假定值	falseNorthing	latProjOri	地图投影矩形坐标中所有Y坐标增加的值。常常利用该值避免坐标出现负数。用平面坐标单位确定的度量单位表示	O	1	实型	实型数	
127	东移北移假定值单位	falseEastingNorth-ingUnits	falNorthng	东移和北移假定值的单位	O	1	字符型	自由文本	
128	赤道比例因子	scaleFactorAtE-quator	sclFacEqu	沿赤道的物理距离与相应地图上距离之比	O	1	实型	>0.0	

(续)

	名称/角色名称(中文)	名称/角色名称(英文)	短名	定义	约束/条件	最大出现次数	数据类型	域	级别
129	视点高度	heightOfProspectivePointAbofeSruface	hgtProsPt	视点在地球上的高度，以米表示	O	1	实型	>0.0	
130	投影中心经度	longitudeOfProjectioncenter	longProjCnt	方位投影投影中心的经度	O	1	实型	实型数	
131	投影中心纬度	latitudeOfProjectionCenter	latProjCnt	方位投影投影中心的纬度	O	1	实型	实型数	
132	中央经线比例因子	scaleFaceOrAtCenterLine	sclFacCnt	沿中央经线的物理距离与相应地图上的距离之比	O	1	实型	实型数	
133	极地垂地经度	straightVerticalLongitudeFromPole	stVrLongPl	从北极或南极直接向东的经度	O	1	实型	实型数	
134	投影原点比例因子	scaleFaceorAtProjectonOrigin	sclFacPrOr	在投影原点，通过地图上计算，或者与实际距离相比获得的缩短距离的乘数	O	1	实型	实型数	
135	斜轴方位角	azimythAngle	aziAngle	从正北起按顺时针方向量算的角度，以度为单位表示	O	1	实型	实型数	
136	斜轴方位量测点经度	azimuthMEasurePoentLongitude	aziPtLong	地图投影原点的经度	O	1	实型	实型数	
137	斜轴纬度	obliqueLineLatitude	oblineLat	定义斜轴的点的纬度	M	1	实型	实型数	
138	斜轴经度	obliqueline Longtitude	obLineLong	定义斜轴的点的经度	M	1	实型	实型数	
139	椭球体参数	EllipsoidParameters	EllParas	描述椭球体的参数集	O	1	复合型	143～146	
140	椭球体名称	Ellipsoidnm	Ellnm	椭球体名称	O	1	文本	自由文本	
141	椭球体长半轴	seiMajorAxis	semiMajAx	椭球体赤道轴的半径	M	1	实型	>0.0	
142	椭球体轴单位	axisUnits	axisUnits	椭球体长半轴的单位	M	1	文本	自由文本	
143	椭球体扁率分母	denominatorOfFlattening Ratio	denFlatRat	当分子设为1时，椭球体赤道半径和极半径之间的差与赤道半径之比	C/非球体	1	实型	>0.0	
144	水平基准名	Datum	datum	所用基准的标识	O	1	文本	自由文本	

6.1.8 联系信息

	名称/角色名称(中文)	名称/角色名称(英文)	短名	定义	约束/条件	最大出现次数	数据类型	域	级别
145	联系方	metadataContact	mdContact	负责的单位或个人	M	N	复合型	149～160	
146	联系人姓名	individual Name	rpIndName	联系人姓名	C/未选用联系人	1	字符型	自由文本	
147	联系单位	organisation Name	rpOrgName	单位名	C/未选用联系单位	1	字符型	自由文本	
148	联系人职务	positionName	rpPosName	联系人角色或职务	C/未选用联系人职务	1	字符型	自由文本	
149	联系人语音电话	voice	voiceNum	能与负责人或负责单位通话的电话号码	M	N	字符型	自由文本	

(续)

	名称/角色名称(中文)	名称/角色名称(英文)	短名	定义	约束/条件	最大出现次数	数据类型	域	级别
150	联系人传真	facsimile	faxNum	负责人或负责单位的传真号码	O	N	字符型	自由文本	
151	联系方详细地址	delilveryPoint	delPoint	位置的详细地址	M	N	字符型	自由文本	
152	联系方所在城市	city	city	所在城市	O	1	字符型	自由文本	
153	联系方所在行政区	administrativeArea	adminArea	所在省、自治区、直辖市	O	1	字符型	自由文本,可参考 GB/T 2260—2002	
154	联系方邮政编码	postalCode	postCode	邮政编码	O	1	字符型	自由文本	
155	联系方所在国家	country	country	所在国家	O	1	字符型	ISO 3166—3,可以使用其他部分	
156	联系方电子邮件地址	electronicMailAd-drss	eMailAdd	负责者或负责单位邮件地址	O	N	字符型	自由文本	
157	联系方服务时间	hoursOfService	cntHours	可以与负责人或负者单位联系的时间段(包括时区)	O	1	字符型	自由文本	

6.1.9 限制信息

	名称/角色名称(中文)	名称/角色名称(英文)	短名	定义	约束/条件	最大出现次数	数据类型	域	级别
158	限制信息	Constraints	Const	提供访问和使用的限制信息	O	N	复合型	162 ~ 165	
159	使用局限性	useLimitation	useLimit	影响适用性的限制,如“不可用于导航”	M	N	字符型	自由文本	
160	访问限制	accessConstraints	accessConsts	为保护隐私权或知识产权,对访问施加的限制和约束	C/不选用使用限制时	N	字符型	限制代码表(6.2.9)	
161	使用限制	UseConstraints	useConsts	为保护隐私权或知识产权,对使用施加的限制和约束	C/不选用访问限制时	N	字符型	限制代码表(6.2.9)	
162	安全限制分级	classification	class	对处理限制的名称	M	1	字符型	安全限制分级代码表(6.2.4)	

6.1.10 覆盖范围

	名称/角色名称(中文)	名称/角色名称(英文)	短名	定义	约束/条件	最大出现次数	数据类型	域	级别
163	覆盖范围信息	Coverage	cover	覆盖的范围或区域	O	1	复合型	167 ~ 171	
164	西边经度	westbound Longti-tude	westBL	覆盖范围最西边坐标,用十进制度表示的经度(东半球为正)	M	1	字符型	-180.0 < = 西边界经度值〈 = 180.0	
165	东边经度	eastbound Lontitud	eastBL	覆盖范围最东边坐标,用十进制度表示的经度(东半球为正)	M	1	字符型	-180.0《 = 东边界经度值〈 = 180.0	

(续)

	名称/角色名称(中文)	名称/角色名称(英文)	短名	定义	约束/条件	最大出现次数	数据类型	域	级别
166	南边纬度	southbound Latitude	southBL	覆盖范围最南边坐标,用十进制表示的纬度(北半球为正)	M	1	字符型	-90《=南边边界纬度值〈=90;南边边界纬度值〈=北边边界纬度值	
167	北边纬度	northbound Latitude	northBL	覆盖范围最北边坐标,用十进制表示的纬度(北半地球为正)	M	1	字符型	-90.0《=北边边界纬度值〈=90.0;北边边界纬度值〉=南边边界纬度值	
168	覆盖区域描述	description	ExDesc	有关对象的空间和时间覆盖范围	C/不选用矩形地理覆盖范围描述时	1	字符型	自由文本	

6.1.11 词典基本信息

	名称/角色名称(中文)	名称/角色名称(英文)	短名	定义	约束/条件	最大出现次数	数据类型	域	级别
169	关键词典名称	Title	resTitle	已知的引用资源名称	O	1	字符型	自由文本	
170	关键词词典日期	Date	refDate	数据集的参照日期	O	1	日期型	YYYYMMDD	
171	关键词词典日期类型	dateType	refDateType	使用该日期的事件	O	1	字符型	日期类型代码表(6.2.1)	

6.2 代码表和枚举

以下是构造类型代码表和“枚举”。这两种构造型类不包括“约束/条件”、“最大出现次数”、“数据类型”和“域”属性。这两种构造类型也不包括任何“其他”值，因为“枚举”是封闭的(不可扩展的)，代码表是可以扩展的。

6.2.1 日期类型代码表

	名称(中文)	名称(英文)	域代码	定义
	日期类型代码	DateTypeCode	DateTypCd	标识给定事件发生时间
1	生产	creation	001	标识资源完成的日期
2	出版	publication	002	标识资源出版的日期
3	修订	revision	003	标识资源检查、重新检查、改进或更新的时间

6.2.2 在线功能代码表

	名称(中文)	名称(英文)	域代码	定义
	在线功能代码	OnlineFunctionCode	OnFunctcd	在线资源的功能
1	下载	download	001	将数据从一个存储设备或系统在线传送到另一个的在线指令
2	信息	information	002	资源的在线信息
3	离线访问	offlineAccess	003	向分发者索取资源的在线指令
4	预定	order	004	获得资源的在线预定信息
5	检索	search	005	寻找有关资源信息的在线检索界面

6.2.3 字符集代码表

	名称（中文）	名称（英文）	域代码	定义
	字符集代码	MdharacterSetCode	CharSetCd	资源使用的字符编码标准的名称
1	Ucs2	Ucs2	001	基于 ISO 10646 的 16 – 位变长通用字符转换格式
2	Ucs4	Ucs4	002	基于 ISO 10646 的 32 – 变长通用字符转换格式
3	Ut7	Ut7	003	基于 ISO 10646 的 7 – 变长通用字符转换格式
4	Utf8	Utf8	004	基于 ISO 10646 的 8 – 变长通用字符转换格式
5	Utf16	Utf16	005	基于 ISO 10646 的 16 – 位变长通用字符转换格式
6	Big5	big5	028	用于中国台湾、香港及其他地区的传统汉字代码集
7	GB2312	GB2312	029	简化汉字代码
8	GBK	GBK	030	扩展汉字代码

6.2.4 安全限制分级代码表

注：根据 GB/T 7156—1987 制定本代码表

	名称（中文）	名称（英文）	域代码	定义
	安全限制分级代码	ClassificationCode	ClasscationCd	对于数据集操作进行限制的名称
1	未分级	unclassified	001	一般可以公开
2	内部	restricted	002	一般不公开
3	秘密	confidential	003	受委托者可以使用该信息
4	机密	secret	004	除经过挑选的一组人员外，对所有的人都保持或必须保持秘密、不为所知或隐藏
5	绝密	topsecret	005	最高机密

6.2.5 几何目标类型代码表

	名称（中文）	名称（英文）	域代码	定义
	几何目标代码	GeonetricObjiect-TypeCode	GeoObjTypCe	点或矢量目标的名称，用于确定数据集中的零维、一维、二维或三维空间位置
1	复杂	complex	001	一组集合单形，它们的边界可以表示为其他单形的联合
2	组合	composites	002	相互连接的曲线、立体或面的集合
3	线	curve	003	有界的 1 维几何单形，表示一条线的连续图像
4	点	point	004	零维几何单形，表示一个没有覆盖范围的位置
5	立体	solid	005	有界的、连接的 3 维几何单形，表示一个空间区域的连续图像
6	面	surface	006	有界的、连接的 2 维几何单形，表示一个平面区域的连续图像

6.2.6　维护频率代码表

	名称(中文)	名称(英文)	域代码	定义
	维护频率代码	Maintenance FrequencyCode	MaintFreqCd	在数据集第一次生成后，对其进行修改和删除的频率
1	连续	continual	001	数据重复地频繁地进行更新
2	按日	daily	002	数据每天更新一次
3	按周	weekly	003	数据每周更新一次
4	按两周	fornightly	004	数据每两周更新一次
5	按月	monthly	005	数据每月更新一次
6	按季	quarterly	006	数据每季更新一次
7	按半年	biannually	007	数据每年更新两次
8	按年	annually	008	数据每年更新一次
9	按需要	asNeeded	009	数据需要更新
10	不固定	irregular	010	数据不定期更新
11	无计划	notPlanned	011	尚无更新计划
12	未知	unknown	012	数据维护频率未知

6.2.7　介质名称代码表

	名称(中文)	名称(英文)	域代码	定义
	介质名称代码	MediumNaneCode	MedNameCd	介质名称
1	只读光盘	cdrom	001	只读光盘
2	数字视频光盘	dvd	002	数字视频光盘
3	数字视频只读光盘	dvdRom	003	数字视频只读光盘
4	3″软盘	3halfInchFloppy	004	3″软盘
5	5″软盘	5quarterInchFloppy	005	5″软盘
6	7磁道磁带	7trackTape	006	7赤道磁带
7	9磁道磁带	9rackTape	007	9磁道磁带
8	3480 盒式磁带	3480 Catridge	008	3480 盒式磁带
9	3490 盒式磁带	3490 Catridge	009	3490 盒式磁带
10	3580 盒式磁带	3580 Catridge	010	3580 盒式磁带
11	4mm 盒式磁带	4mm Catridge	011	4mm 盒式磁带
12	8mm 盒式磁带	8mm Catridge	012	8mm 盒式磁带
13	1/4″ 盒式磁带	1quarterInchCartridge Tape	013	1/4″ 盒式磁带

(续)

	名称(中文)	名称(英文)	域代码	定义
14	数字线形磁带	digitalLinearTape	014	半英寸数据流盒式磁带
15	在线	onLine	015	直接连接计算机
16	卫星	satellite	016	通过卫星通信系统连接
17	电话连接	telephoneLink	017	通过电话网通信
18	硬拷贝	hardcopy	018	提供说明信息的手册或简介

6.2.8 进展代码表

	名称(中文)	名称(英文)	域代码	定义
	进展代码	ProgressCode	ProgCd	数据集状况或更新进展
1	完成	completed	001	已经完成的数据产品
2	历史档案	historicalArchive	002	存贮在离线存贮设备中的数据
3	废弃	obsolete	003	不再有用的数据
4	连续更新	ongoing	004	持续更新的数据
5	计划	planned	005	已经确定了数据生产或更新的日期
6	按需要	requied	006	需要生产或更新的数据
7	正在开发	underdevelopment	007	正在进行生产处理的数据

6.2.9 限制代码表

	名称(中文)	名称(英文)	域代码	定义
	限制代码	RestrictionCode	RestrictCd	对访问或使用数据施加的限制
1	版权	copyright	001	法律批准的作家、作曲家、艺术家、发行者在确定的时间内，对出版、创作或销售文学、戏剧、音乐或艺术品的专有权利，或使用商业印刷品或商标的权利
2	专利权	patent	002	政府已经批准的制造、出售、使用或特许发明或发现的专门权利
3	专利审查权	patentPending	003	等待专利权的生产或销售信息
4	商标	trademark	004	正式注册标识产品的、法律上只限于所有者或厂商使用的名称、符号或其他图案
5	许可证	license	005	正式许可做某事
6	知识产权	intellectualProper-tyTights	006	从创造活动生产的无形资产的分发或分发控制获得经济的权利
7	受限制	trstricted	007	控制一般的流通或公开
8	其他限制	otherRestictions	008	未列出的限制

6.2.10 拓扑关系表

	名称(中文)	名称(英文)	域代码	定义
	拓扑关系代码	Toplogy	Topo	是否具有拓扑关系
1	无	NoToplogy	001	无任何说明拓扑关系的几何目标
2	有	HasTopology	002	具有拓扑关系的几何目标

6.2.11 语种代码表

注：根据 GB/T 4880.2-2000 制定本代码表

	名称(中文)	名称(英文)	域代码	定义
	语种代码	LanguageCode	LangCd	
1	zh-HK	zh-HK	0x0C04	中文 - 香港特别行政区
2	zh-MO	zh-MO	0x1404	中文 - 澳门特别行政区
3	zh-CN	zh-CN	0x0804	中文 - 中国
4	zh-CHS	zh-CHS	0x0004	中文(简体)
5	zh-SG	zh-SG	0x1004	中文 - 新加坡
6	zh-TW	zh-TW	0x0404	中文 - 台湾
7	zh-CHT	zh-CHT	0x7C04	中文(繁体)

6.2.12 数据集分类标准代码表

	名称(中文)	名称(英文)	域代码	定义
	数据集分类标准代码	categroyStandard Code	catestd Cd	数据集分类标准名称
1	科学数据共享工程数据分类编码		001	科学数据共享工程数据分类编码标准
2	林业科学数据分类编码		002	林业科学数据分类编码标准

附加说明：

本标准由中国林业科学研究院资源信息研究所负责起草。

本标准主要起草人张怀清、纪平。

本标准为第三次制定，最后修订日期：2006年9月22日。

二、林业科学数据中心分中心建设规范

1 主题内容与适用范围

本技术规范对林业科学数据中心分中心的建设原则、遴选条件、建设流程等做了统一的规定。

本技术规范适用于林业科学数据共享工作中对各分中心的建设管理。

2 参考标准

本技术规范在编写中参考引用了中华人民共和国科学技术部制定的关于科学数据共享的系列标准。

3 术语和定义

3.1 国家科学数据共享平台 National Scientific Data Shared Platform

国家科技基础条件平台的重要组成部分。由国家科技部牵头，依托国家相关部门、行业系统和科研教育系统等科学数据或信息管理机构，基于因特网等现代信息技术，最大限度地整合各类科学数据资源，形成科学数据共享网络服务体系，面向政府部门、科技教育界和社会各界提供科学数据服务的网络共享平台。

3.2 国家科学数据中心 Scientific Data Center

国家科学数据共享平台的组成部分。以国家部门、行业系统为基础，按不同科学技术领域建立的社会公益性的科学数据主中心以及需要建立的科学数据分中心，统称为国家科学数据中心；主要负责国家长期布局的公益性、基础性科学数据的汇交、管理、交换与共享服务。

3.3 科学数据资源 Scientific Data Resources

特指以公益性和基础性为研究应用价值的数据资源，包括观测、监测、调查、试验、实验以及研究等科学技术研究活动过程中产生的原始性数据，以及按照不同科技活动需求进行系统加工整理的各类数据。

3.4 科学数据共享服务 Scientific Data Shared Services

为提供科学数据共享所提供的技术服务，包括：目录服务、导航服务、数据信息发布、数据检索、数据产品加工、数据以数据产品分发等。

3.5 数据服务基础平台 Infrastructure Data Services

用于实现科学数据共享服务功能的信息基础设施，主要包括 Internet 服务、数据库服务、GIS 服务、专业应用服务等各类服务，以及访问控制、信息安全等软硬件基础平台的总称。

3.6 林业科学数据 Forest Scientific Data

指与林业科学研究相关活动产生的数据，包括科学考察、专业普查、观测、调查、科学实验等活动产生的数据和资料。

3.7 林业科学数据中心 Forest Scientific Data Center

国家科学数据中心的重要组成部分，承担林业科学数据的收集、整合、共享服务等工作。林业科学数据中心的建设将使国家科技基础条件平台体系结构更加完善，服务的内容更加丰富，功能更加强大，将极大地提升其对整个国家经济社会发展的服务能力和水平。

3.8 林业科学数据分中心 Forest Scientific Data Sub-Center

林业科学数据中心的重要组成部分,林业科学数据分中心将依托具有学科优势、地区特点、数据积累的林业科技单位,在林业科学数据中心的指导和监督下,开展数据(库)的整合和数据共享服务工作。

4 分中心建设的总原则

林业科学数据分中心的建设是林业科学数据中心建设的重要组成部分，分中心是林业科学数据中心开展林业科学数据共享与服务的重要力量。林业科学数据分中心将以“自愿加入、相互协商、资源共享”为前提，由国内具有学科优势、区域特点的林业科研教学单位组成。各分中心的数据资源建设与数据共享服务将在林业科学数据中心的指导下，以“统一规划、统一标准、鼓励公开、共建共享”为基本原则，以推动我国林业科学数据共享服务的快速发展，为国家经济社会发展提供科技支持为目标，向科技工作者、政府工作人员及社会公众提供林业科学数据共享与应用服务。

5 分中心的遴选条件

拟成为林业科学数据分中心的单位需自愿申请，由林业科学数据共享工作领导小组审核通过后确定。林业科学数据中心在确定林业科学数据分中心时，主要将以下条件为遴选条件。

（1）申请成为林业科学数据中心分中心的单位及其主管部门愿意并承诺对所拥有的基础性、公益性科学数据提供无偿（或非营利性有偿）共享，在组织协调和人力、财力、物力配备等方面予以保障，同时能够对数据进行长期维护。

（2）申请成为林业科学数据中心分中心的单位应为独立的法人单位，应具有一只长期从事数据管理与服务的人才队伍，具备较强的数据整合、加工与网络共享服务的能力。

（3）申请成为林业科学数据中心分中心的单位应拥有以基础性和公益性为主体，具有权威性、系统性、科学性和科学创新所迫切需求的科学数据，并且该数据在政府决策、科研教育、经济建设和社会发展等方面有广泛应用价值的数据资源，包括在观测、监测、调查、试验、实验以及研究等科学技术活动过程中产生的原始性数据，以及按照不同科技活动需要进行系统加工整理的各类数据。

（4）申请成为林业科学数据中心分中心的单位应拥有已建库的数据资源存量达到一定规模，具有稳定的数据来源及持续更新能力，具有处理、存储一定规模数据的能力和服务平台。

6 分中心建设的工作流程

对于拟申请成为林业科学数据中心分中心的单位，林业科学数据共享工作领导小组将择优进行试点。分中心建设的主要工作流程示意图如图1。

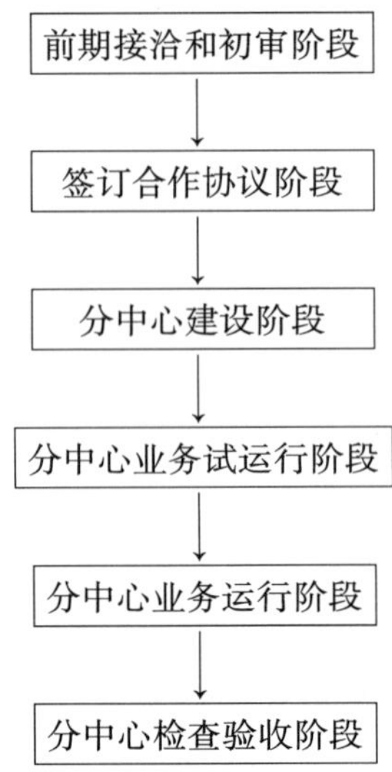

图1　林业科学数据分中心建设工作流程示意图

7　分中心的遴选程序

对于拟申请成为林业科学数据中心分中心的单位，林业科学数据共享工作领导小组将择优进行试点。对分中心的主要遴选程序有：

（1）拟申请成为林业科学数据中心分中心的单位经上一级主管部门同意并盖章后，向林业科学数据共享工作领导小组办公室提出成立林业科学数据中心分中心的申请。申报材料必须包括申请书（申请书格式见附件1）、共享承诺书、分中心建设总体规划和实施方案。

（2）林业科学数据共享工作领导小组办公室负责组织林业科学数据中心分中心的遴选评审工作，确定和委托专家组开展具体工作。专家组实行组长负责制，成员主要由聘请领域专家组成。专家组将采取实地考察、专家咨询、信息查询、社会调查等方式，系统详实地收集申请单位信息，结合申报材料，在定性与定量分析的基础上进行综合评价打分（专家评分细则见附件2），给出书面评审意见，由专家组组长汇总后向林业科学数据共享工作领导小组办公室提交最终评审报告。

（3）林业科学数据共享工作领导小组根据专家组最终评审报告，分别择优确定林业科学数据中心分中心单位，在双方协商的基础上，签订合作协议备案。

8　分中心的建设

经过双方协商，签订合作协议后，该申请单位将被正式授予＊＊＊＊分中心的称号，该分中心才正式纳入到林业科学数据中心分中心的建设范畴。对于分中心的建设，主要包括分中心的组织制度、数据共享平台、数据资源和人才队伍等四个部分的建设内容。

8.1　组织与制度建设

8.1.1　组织建设

林业科学数据分中心的建立要依托于公益性事业法人，要具有可持续运行的实体；林业科学数据分中心要有专业人才队伍，包括分中心管理、数据加工与管理、系统维护与运行、用户服务与管理等各方面的专业人才；林业科学数据分中心要逐步形成一支相对稳定的、结构合理的、具有较强服务能力的运行服务队伍。

8.1.2 制度建设

制度是林业科学数据分中心形成良性的数据共享服务体系的工作基础和重要保障。各分中心应根据林业科学数据中心的要求，依据本单位实际，制定一套切实可行的管理运行制度。林业科学数据分中心实行岗位责任制。设置数据加工与管理、系统维护与运行、用户服务与管理等岗位；细化领导、值班等关键岗位的职责和运作规定；各负其责，层层落实，作到每一个岗位有责任人，每一个工序有专人负责，每一位职工了解自己的责任、权力和利益。同时，应制定相应的奖励和处罚措施，使有章可循、奖罚分明。

8.2 数据共享平台的建设

各分中心的数据共享平台建设应包括硬件建设和软件建设两个部分。

8.2.1 硬件建设

林业科学数据分中心的硬件建设主要包括机房场地、计算机及网络设备、服务器和存储设备等用于数据共享与服务所必需的设备。这部分建设工作主要由各分中心所在单位负责解决，林业科学数据中心仅提供极少部分的经费用于计算机的更新和数据资源的备份存储介质的购买。

8.2.1.1 机房场地

各分中心应具有独立的机房作为工作场地；空间环境（包括温度、湿度、空调、通风、噪声、尘土等一系列指标）等各方面环境因素保证计算机运行的稳定。机房的环境要符合中华人民共和国国家标准GB50174—93《电子计算机机房设计规范》(1993年2月17日 国家技术监督局 、中华人民共和国建设部联合发布，1993年9月1日实施)。

8.2.1.2 网络设备

林业科学数据中心各分中心的局域网的数据交换机应满足网络系统的高速性能、可靠性、可扩展性、开放性、安全性和先进性。各分中心应定期进行网络连通测试和性能监测等，以确保网络的连通效率和使用效率。

8.2.1.3 服务器

各分中心为林业科学数据中心所配置的专用业务服务器，包括互联网应用、数据库、数据库备份、用户应用服务等的功能应明确划分，并与实际使用相符合。各分中心应定期监测各专业应用服务器的运行情况、性能和效率。

8.2.1.4 存储设备

各分中心应配置一定的存储设备，以用于对本中心的数据进行存储与备份。各分中心应定期检测存储设备的使用情况，定期进行效能优化处理。

8.2.2 软件建设

8.2.2.1 操作系统

操作系统是各分中心进行数据共享与服务等应用的支撑系统，要求各分中心应由专门的管理人员来维护，定期对系统进行升级、修补系统漏洞，监测和优化操作系统与数据库系统及其他应用软件的工作效能。

8.2.2.2 数据库

各分中心的数据库的管理采用集中式为主、分布式为辅的结构管理，并严格遵循国际开放标准和规范。各分中心应定期对数据库进行必要的监测和优化，提高检索速度，完善备份恢复策略。

8.2.2.3 应用软件

应用软件是林业科学数据中心各分中心数据共享系统的核心支撑平台，涉及种类较多，包括Web Service、WebGIS、GIS、数据处理等，也涉及到多个厂商的技术支持。各分中心对于这些软件的维护和管理应分门别类来进行，建立相应的维护流程，保证应用软件的可靠、高效运行。

林业科学数据中心选用的软件主要有：GIS 软件采用 GeoMedia Pro 4.0/5.0，数据库软件采用 Oracle 8.1.7。网络发布软件采用 ASP 和 GeoMedia Web MapV4.0/5.0，该中心曾利用数百兆各类数据对所选软件进行了测试，测试表明所选软件具有海量数据的存储和处理能力，具有较强的数据导入能力和较广泛的格式兼容性，能满足目前和未来几年内林业科学数据中心数据共享与服务的需求。建议各分中心在选择用于数据加工、处理以及共享等软件时，优先考虑选用林业科学数据中心所使用的应用软件类型。

8.2.2.4 应用软件开发

林业科学数据中心各分中心应根据业务的需求，遵照《共享系统软件设计规范》规定的步骤和方法进行。各分中心开发的应用软件必须通过业务主管部门鉴定、验收，并经过一定时期的准业务运行后，方可投入正式业务运行。

8.3 数据资源建设

数据资源是各分中心开展数据共享与服务的基础。数据资源的建设主要包括对已有数据库的改造、新数据库的建设和网络共享数据的建设。

8.3.1 已有数据库的改造

对于各分中心已建设的数据库，限于当时的建库和应用目的，因而出现所建设的数据库与林业科学数据中心数据共享要求不相符合的现象，对于这部分数据库需进行加工改造，以便于数据共享与服务。

8.3.2 新数据库的建设

各分中心应立足本单位所拥有的数据资源现状，着眼于未来本中心数据资源更新势态，根据已出台的国际、国内或行业标准，参照林业科学数据中心制定的相关技术规范，有必要时可适当补充制定本专业的数据加工整理与建库技术规范，按照符合林业科学数据中心数据共享要求，对数据资源进行整合并建库。

8.3.3 网络共享数据的建设

数据资源的网络共享与服务是林业科学数据中心数据共享的工作内容之一。由于国家和行业的相关法律法规的制约，因而各分中心对于不涉及到国家安全，不需要保密的数据，应建立相应的数据共享权限，直接通过网络实现共享与服务。

8.4 人才队伍的建设

林业科学数据各分中心要持续、有效地开展数据共享与服务，关键是要建立一支稳定的、专业化的林业科技数据加工、建库、共享与服务的人才队伍。各分中心应重视人才队伍的建设与培养，尤其是对林业科学数据共享与服务的各个岗位的人员进行职业道德和专业化培训，不仅使每一位工作人员能胜任本职工作，而且应使每一位工作人员具有职业责任感。各分中心应建立相应的人才管理与培训制度，以保障和促进人才队伍的建设与培养工作的具体实施。各分中心应在充分利用本单位现有人才资源的前提下，适当引进相关专业人才，增强人才队伍。对于人才的培训可以采取多种方式，既可以采取“走出去”的方式，根据各个岗位的实际情况将工作人员送到相应的培训地点，接收相应的培训；也可以采用“请进来”的方式，邀请相关专家作技术讲座或技术报告的形式，以提高职工的业务和职业道德水平。同时，各分中心应根据本单位实际情况，加强研究生的培养，逐步形成一支稳定的林业科技数据加工、建库、共享与服务的专业化人才队伍和信息服务基地。

9 业务试运行

业务试运行是林业科学数据中心各分中心调试、检验本中心运行服务能力的重要环节。各分中心在已建设的软硬件环境下，应全面细致地测试本中心的网络设备是否正常、数据库是否实现了预定目标、系统安全是否符合已有的国家相关安全规定等，从而发现问题，及时加以解决。

业务试运行中，各分中心应建立领导巡视制度和职工工作日志制度。每一位值班人员应认真做好工作日志，记录好每天出现的问题、解决方法，用户服务及用户反馈情况等，形成日志档案，以备日后类似事件的处理。

10 业务运行

各分中心通过一段时间（3 个月或 6 个月）的试运行后，整个系统运行正常，所有的安全防范措施都已落实到位，再向林业科学数据共享工作领导小组办公室提出申请，经获准后，进入业务运行阶段，对外开展林业科学数据的共享与服务。

业务运行中，各分中心应建立领导巡视制度和职工工作日志制度。每一位值班人员应认真做好工作日志，记录好每天出现的问题、解决方法，用户服务及用户反馈情况等，形成日志档案，以备日后类似事件的处理。

11 检查验收

各分中心通过一段时间的业务运行后，整个系统运行正常，能准确无误地为用户提供数据共享与服务，并完成了相关的数据资源建设、共享服务、业务运行和自评估报告（格式见附件 3）等技术报告后，可向林业科学数据共享工作领导小组办公室提出申请，要求检查验收。林业科学数据共享工作领导小组办公室再聘请相应的专家，通过实地考察与测评、异地网络测评等方式，对各中心的共享网络进行检查验收和评分（评分细则见附件 4）。对于各分中心检查验收的结果的处理，林业科学数据共享工作领导小组将依照以下条例给予相应的奖励和处罚。

（1）挂牌。对于系统运行率优于 90%，运行管理制度完善，用户满意度大于 90%，数据及时更新的分中心，将由林业科学数据共享工作领导小组办公室给予挂牌表扬，并适当增加下年度的运行经费。

（2）警告。对于系统运行率居于 70% ~90%，具有可行的运行管理制度，用户满意度低于 90% 但高于 60%，高于 60% 数据及时更新的分中心，由林业科学数据共享工作领导小组办公室提出警告。

（3）摘牌。对于系统运行率低于 70%，运行管理制度不完备，用户满意度低于 60%，低于 60% 数据更新，一年 4 次以上月度警告的分中心，根据有关办法、法规规定由林业科学数据共享工作领导小组办公室决定暂停或终止该分中心的共享系统运行并对该系统实施摘牌处理。

对各分中心共享系统的挂牌、警告和摘牌等情况将在林业科学数据中心主页予以公告。

附加说明：

本技术规范由中国林业科学研究院资源信息研究所负责起草。

本技术规范主要起草人覃先林、易浩若。

附件 1：

林业科学数据中心分中心建设
申请书

（格式）

分中心名称：________________________________

申请单位名称：________________________________

主管部门名称：________________________________

联系人姓名：________________________________

联系电话：________________________________

E-mail：________________________________

林业科学数据中心

二〇〇　年　　月　　日

分中心建设申请书编写提纲：

一、本单位基本情况

（性质、人员、机构、职责等）

二、数据资源需求分析

（设立该分中心的意义、重要性和必要性；科技创新、政府决策、经济建设和社会发展等方面对该数据资源的需求分析）

三、数据资源现状

1. 国内外本领域数据资源及其共享状况

2. 本单位数据来源、数据存量、已有数据库（集）、共享数据情况

四、现有工作基础和条件

1. 本单位现有数据加工整理、存储和管理业务平台及共享服务平台能力情况

2. 人才队伍

3. 政策、标准规范

五、预期目标

1. 总体目标

2. 分年度共享预期目标

六、建设的主要内容和工作重点

七、运行机制及数据共享实施方案

1. 明确如何确保数据共享工作持续、稳定开展的运行机制，提出开展数据共享的具体方案

2. 保障措施

八、建设及运行经费预算

九、申请单位意见（单位负责人签字、单位公章）

十、申请单位主管部门意见（单位负责人签字、单位公章）

附件 2：

林业科学数据中心分中心遴选评分细则

申请分中心单位：

项目	分值	指标说明	评分范围	评分
共享需求	30	(1) 科研教育、政府决策、经济建设和社会发展等队所在领域数据需求的迫切性？ (2) 用户分布的广泛性？ (3) 共享需求的持续性？ (4) 用户对共享服务的满足程度？	优秀（ >27） 良好（18 ~ 27） 较差（ <18）	
数据资源	35	(5) 申请分中心单位是否拥有本领域具有权威性、系统性的数据资源？ (6) 申请分中心单位数据存量规模大小，可共享的数据量，提供的数据是否为用户所迫切需要？ (7) 具有完整性、规范性的数据库（集）情况，数据质量如何？占总数据存量的比率？ (8) 申请单位是否有稳定数据来源？数据是否更新，更新方式和频率如何？	优秀（ >31） 良好（21 ~ 31） 较差（ <21）	
软硬件环境	15	(9) 申请单位数据采集、加工处理、存储和管理业务平台能力如何？ (10) 申请单位数据共享服务平台能力如何（数据服务形式，各占总服务的比率，网络出口带宽等）？	优秀（ >13） 良好（9 ~ 13） 较差（ <9）	
组织机构与人才队伍	10	(11) 申请单位是否有稳定的业务经费来源？ (12) 从事数据管理、共享平台建设、数据处理与服务的专门人才队伍情况？	优秀（ >9） 良好（6 ~ 9） 较差（ <6）	
政策保障	10	(13) 本部门是否有相关数据管理的政策法规？该政策法规是否有利于数据共享与服务？ (14) 申请单位如何承诺进行数据共享？具体保障措施的可行性如何？	优秀（ >9） 良好（6 ~ 9） 较差（ <6）	
专家签字： 年　月　日		优秀：>90；良好：60 ~ 90；较差：<60；（但是如果数据资源得分少于 21 分，则不能成为优秀或良好。）	总分	

附件 3：

林业科学数据中心分中心
自评估报告

（格式）

分中心名称：____

申请单位名称：______________________________________

主管部门名称：______________________________________

联系人姓名：____

联系电话：____

E-mail：____

林业科学数据中心

二〇〇　年　　月　　日

一、基本情况简表

试点分中心名称			
试点开始时间			
当年获得资助情况（万元）		林业科学数据中心拨款（万元）	
	上级单位支持（万元）		
当年数据增量（GB）			
	共享数据总量（GB）		
共享用户数	注册用户数	具法人资格用户数：（个） 个人用户数：（人次）	
	来访用户数	（人次）	
网站年点击量			
共享服务人员		副高以上职称人员比例	
开发维护人员		副高以上职称人员比例	
管理人员		副高以上职称人员比例	
分中心单位审核意见	负责人签名： （签章） 年　月　日		
备注			

二、主要内容

1. 分中心建设的基本情况

主要介绍分中心的共享服务平台建设（数据库、网站和应用系统等）、数据资源建设（数据的整理、加工、建库、质量控制等）、标准化和规范化（数据的分级分类、元数据、数据获取、归档、发布的规范等）方面的情况。

2. 共享服务效益情况

主要介绍分中心开展林业科学数据共享服务效益情况，包括提供共享服务的数据量、种类、服务方式；用户覆盖范围（分布领域、注册会员数量、网站点击量、来访人次等）；用户反馈意见和产生的效益等。

3. 人才队伍和运行机制情况

主要介绍分中心建设过程中人才队伍建设和运行机制保障情况，包括专门从事数据建设与共享服务的业务机构、服务规程、人才队伍（包括共享平台开发，数据整合、建库、维护、服务和管理人员、研究生培养等）、政策保障和安全措施等。

4. 取得的经验，以及存在的主要问题和解决措施。

5. 下一步工作计划。

附件4：

林业科学数据中心分中心工作检查评估细则

检查评估的分中心名称：

评估指标		分值	指标说明	评分范围	评分
分中心建设	标准化和规范化	10	（1）有完整的数据分类方案； （2）元数据和元数据库建设符合林业科学数据中心制定的元数据标准与规范； （3）共享数据的获取、制作、归档、发布和服务日趋规范； （4）有规范的管理、技术支持和服务流程和规定。	优秀（>9） 良好（6~9） 较差（<6）	
	数据资源	20	（1）较强的数据加工、整理、建库能力和完善的质量控制标准； （2）数据资源的数量、种类、完整性较好； （3）数据维护和持续更新能力较好； （4）建设有一定规模的基本数据库和网络共享数据库。	优秀（>18） 良好（12~18） 较差（<12）	
	共享服务平台建设	10	（1）具有满足数据的加工、整合、建库、共享服务的软件、硬件设备； （2）有界面友好的共享数据服务网站、管理平台和服务平台。	优秀（>9） 良好（6~9） 较差（<6）	

（续）

评估指标		分值	指标说明	评分范围	评分
共享服务效益	数据共享服务	20	(1) 能提供的数据资源总量逐年增加和更新，占共享的比例逐年增大； (2) 数据覆盖种类和在线提供的数据量逐年增加； (3) 离线服务方式多样化。	优秀（>18） 良好（12~18） 较差（<12）	
	用户服务	10	(1) 用户分布在多个领域； (2) 注册会员数量、网站点击量、来访人次逐年递增；数据服务和用户服务水平逐年提高。	优秀（>9） 良好（6~9） 较差（<6）	
	用户反馈	10	(1) 有完备的用户来访等级和网上分类注册机制； (2) 能及时反馈用户意见，提高服务质量； (3) 用户的总体满意程度较高。	优秀（>9） 良好（6~9） 较差（<6）	
运行机制与人才队伍	运行机制	10	(1) 有专门从事共享服务的业务机构； (2) 完备的用户服务和数据服务规程； (3) 技术档案的整理比较规范； (4) 部门和依托单位能提供科学数据共享政策保障。	优秀（>9） 良好（6~9） 较差（<6）	
	人才队伍	10	(1) 有一支专门从事数据资源建设和共享服务的人才队伍； (2) 各类人员职责分明、通力合作，能保障数据资源建设和共享服务的稳定、健康发展； (3) 有一定的激励机制，促进人才队伍健康发展。	优秀（>9） 良好（6~9） 较差（<6）	
专家签字： 年 月 日			优秀：>90； 良好：60~90； 较差：<60。	总分	

三、全国林业管理区划代码

1 主题内容与适用范围

为了适应林业行业的管理和科学数据共享等需求，本标准规定了全国“县级”以上（含“县级”）林业管理区划单元的编码。这里需要特别明确“县级”和“县级”以上的含义，它主要是从林业数据管理这个角度来考虑的，是对拥有林业数据管理权限的级别划分，包括等同于国家颁布的省、市（地）、县级三级行政区划单元。

本标准适用于林业科学数据共享工作中数据的整合、信息处理和交换。

2 参考依据

GB/T 2260—2002 中华人民共和国行政区划代码

中华人民共和国国家统计局颁发的《最新县及县以上行政区划代码（截止 2005 年 12 月 31 日）》

3 术语和定义

行政区划 regionalism

指国家对地方行政区域、行政建制的划分与设置，如省、市（地）、县、乡等。行政区域的划分是以适应经济和社会发展的需要，以政治、经济、社会等客观条件为根本依据，遵循有利于国家行政管理、有利于经济建设、有利于调动各方面积极性、有利于保持社会稳定等基本原则。

4 编制原则

（1）代码具有唯一性、适用性和可扩展性。

（2）参照国家行政区划代码编制的原则进行编码，采用6 位字符、按层次表示省、市（地）、县级的林业管理单元代码。代码左起第 1、2 位表示省级管理单元，第 3、4 位表示市（地）级管理单元，第 5、6 位表示县级管理单元。

5 代码结构

5.1 遵循国家行政区划单位管理的机构

按国家行政区划单位管理的林业单元，则采用对应的国标代码或在其基础上进行扩充。

（1）林业管理单元为省林业厅（局）、市（地）林业局、县林业局，其代码采用对应的国标代码，国标代码执行国家统计局颁发的《最新县及县以上行政区划代码（截止 2005 年 12 月 31 日）》。

（2）林业管理单元隶属国家行政区划单元的下级单位，即与市（地）级或县级平级且不为上述 A 所列范围，其代码在所属的国家行政区划单元代码的相应位置填写数字 90（极个别填写数字 80）。

5.2 国家林业局直属机构

国家林业局直属机构省级管理单元有黑龙江省森林工业总局、大兴安岭森林工业集团和新疆生产建设兵团，它们及其所属下级管理单元代码详见本标准后的附表《全国林业管理区划补充代码表》。

5.3 林业管理单元的下级单位

林业管理单元如果有下级管理单元，则下级管理单元代码在其上级单位代码的相应位置上从数字01顺序排列。

6 全国林业管理区划补充代码表

对于全国不能采用对应的国标代码的林业管理单元，其代码详见本标准后的附表《全国林业管理区划补充代码表》。

7 编码实例

实例1：山东省的行政区划国标代码为370000，根据本规范第5.1节中（1）规定，山东省林业厅的管理单元代码为370000。

实例2：山东黄河三角洲国家级自然保护区管理局为市（地）级管理单元，根据本规范第5.1节中（2）规定，它的管理单元代码为379000；根据本规范第5.3节规定，它的下级单位一千二管理站、黄河口管理站、大汶流管理站的管理单元代码分别为379001、379002、379003。

实例3：山东省淄博市的行政区划国标代码为370300，根据本规范第5.1节中（2）规定，它的下级单位淄博市鲁山林场、淄博市原山林场、淄博市高新技术开发区的管理单元代码分别为370390、370391、370392。

实例4：黑龙江森林工业总局管理单元代码为910000（见本标准后的附表《全国林业管理区划补充码表》），根据本规范第5.3节规定，它的下级单位伊春林业管理局管理单元代码为910100；同样，伊春林业管理局的下级单位双丰林业局、铁力林业局、桃山林业局的管理单元代码分别为910101、910102、910103。

附加说明：

本技术规范由中国林业科学研究院资源信息研究所负责起草。

本技术规范起草人武红敢 、田永林。

附表　全国林业管理区划补充代码表

所在行政区域		林业管理单元名称	林业管理单元代码
省（自治区、直辖市）	地（市）		
河北省	承德市	隆化林管局	130890
		丰宁林管局	130891
		千松坝林场	130892
		御道口林场	130893
		塞罕坝林场	139000
		千层板林场	139001
		大唤起林场	139002
		第三乡林场	139003
		阴河林场	139004
		北曼甸林场	139005
		三道河口林场	139006
		孟滦林管局	139100
		四合永林场	139101
		八英庄林场	139102
		北沟林场	139103
		桃山林场	139104
		燕格柏林场	139105
		孟滦林场	139106
		新丰林场	139107
		克勒沟林场	139108
		山湾子林场	139109
		龙头山林场	139110
		小五台自然保护区	139200
		金河口管理区	139201
		杨家坪管理区	139202
		山涧口管理区	139203
		雾灵山自然保护区	139300
		东梅寺管理区	139301
		大沟管理区	139302
山西省	太原市	太原市国营林场	140190
		太原市国营苗圃	140191
	大同市	大同市长城山林场	140290
		大同市十里河林场	140291
		大同市桦林背林场	140292
		大同市恒山林场	140293
		大同市国营苗圃	140294
	阳泉市	阳泉市国营苗圃	140390
		阳泉市狮脑山林场	140391

(续)

所在行政区域		林业管理单元名称	林业管理单元代码
省(自治区、直辖市)	地(市)		
山西省	长治市	长治市国营漳泽苗圃	140490
		长治市国营故驿苗圃	140491
	晋城市	晋城市国营苗圃	140590
	晋中市	晋中市国营苗圃	140790
	运城市	运城市林业局苗圃	140890
		运城湿地自然保护区	140891
	忻州市	忻州市国营苗圃	140990
		省直属林业单位	149000
		杨树丰产林实验局	149001
		管涔山森林经营局	149002
		五台山森林经营局	149003
		黑茶山森林经营局	149004
		关帝山森林经营局	149005
		太行山森林经营局	149006
		太岳山森林经营局	149007
		吕梁山森林经营局	149008
		中条山森林经营局	149009
内蒙古自治区	通辽市	霍林河林业局	150590
		经济技术开发区	150591
	鄂尔多斯市	鄂尔多斯市造林总场	150690
	呼伦贝尔市	免渡河林业局	150790
		乌奴尔林业局	150791
		巴林林业局	150792
		红花尔基林业局	150793
		南木林业局	150794
		柴河林业局	150795
	兴安盟	五岔沟林业局	152290
		内蒙古大兴安岭林业管理局	159000
		阿尔山林业局	159001
		绰尔林业局	159002
		绰源林业局	159003
		乌尔旗汉林业局	159004
		库都尔林业局	159005
		图里河林业局	159006
		伊图里河林业局	159007
		克一河林业局	159008
		甘河林业局	159009
		吉文林业局	159010

（续）

所在行政区域		林业管理单元名称	林业管理单元代码
省（自治区、直辖市）	地（市）		
内蒙古自治区		阿里河林业局	159011
		根河林业局	159012
		金河林业局	159013
		阿龙山林业局	159014
		满归林业局	159015
		得耳布尔林业局	159016
		莫尔道嘎林业局	159017
		大杨树林业局	159018
		毕拉河林业局	159019
		北大河林业局	159020
		奇乾林业局	159021
		乌玛林业局	159022
		永安山林业局	159023
		吉拉林林业局	159024
		杜博威林业局	159025
		汗马自然保护区	159026
		诺敏经营所	159027
辽宁省	大连市	大连市开发区	210290
	本溪市	矿柱林总场	210590
		本溪市实验林场	210591
		国家级老秃顶子自然保护区	210592
		本溪市环城森林公园	210593
	锦州市	锦州市闾山保护区	210790
		锦州市经济技术开发区	210791
		锦州市南站新区	210792
吉林省	长春市	长春市净月潭经济技术开发区	220190
		长春市苗圃	220191
	吉林市	上营森经局	220290
		松花湖实验林场	220291
		松花江苗圃	220292
	四平市	市直单位	220390
	辽源市	西站林场	220490
	通化市	通化市国营林场	220590
	白山市	大镜沟林场	220680
		三道沟林场	220681
		五间房林场	220682
		板石林场	220683
		长白森经局	220684

(续)

所在行政区域		林业管理单元名称	林业管理单元代码
省(自治区、直辖市)	地(市)		
吉林省	白山市	横山林场	220685
		十三道沟林场	220686
		新房子林场	220687
		向阳川林场	220688
	白城市	白城市林木良种场	220890
		白城市经济开发区	220891
		查干浩特	220892
	延边朝鲜族自治州	安图森林经营局	222480
		敦化林业局	222481
		大石头林业局	222482
		黄泥河林业局	222483
		白河林业局	222484
		和龙林业局	222485
		八家子林业局	222486
		珲春林业局	222487
		汪清林业局	222488
		大兴沟林业局	222489
		天桥岭林业局	222490
		省厅直属事业单位	229000
		龙湾自然保护区管理局	229001
		蛟河林业实验管理局	229002
		长白山国家级自然保护区管理局	229003
		向海国家级自然保护区管理局	229004
		松花江自然保护区管理局	229005
		莫莫格国家级自然保护区管理局	229006
		吉林森林工业集团	229100
		临江林业局	229101
		三岔子林业局	229102
		湾沟林业局	229103
		松江河林业局	229104
		泉阳林业局	229105
		露水河林业局	229106
		红石林业局	229107
		白石山林业局	229108
黑龙江省	大庆市	肇源县条通管理站	230690
	牡丹江市	林场管理处	231090
		牡丹峰管理处	231091

（续）

所在行政区域		林业管理单元名称	林业管理单元代码
省（自治区、直辖市）	地（市）		
黑龙江省	绥化市	海伦国有林场管理局	231290
		绥棱国有林场管理局	231291
		省厅直属单位	239000
		尚志国有林场管理局	239001
		庆安国有林场管理局	239002
		省防护林研究所	239003
上海市		市直属单位	319000
		农工商林业站	319001
		浦东新区环城绿带建设管理署	319002
浙江省	杭州市	西湖风景名胜区	330190
	宁波市	宁波市林场	330290
	湖州市	鹿山林场	330590
	舟山市	普陀山风景名胜区	330990
安徽省	淮南市	毛集区	340490
	马鞍山市	马鞍山市林场	340590
	铜陵市	铜陵市林场	340790
	安庆市	大龙山林场	340890
	黄山市	博村林场	341090
	滁州市	滁州市琅琊山森林公园	341191
		滁州市管店林业总场	341192
		沙河集林业总场	341193
	池州市	九华山风景区	341790
福建省	漳州市	龙文区林业局	350690
		招商局漳州开发区林业局	350691
		虎伯寮国家级自然保护区管理局	350692
	龙岩市	梅花山自然保护区管理局	350890
		武夷山自然保护区管理局	359000
江西省	南昌市	南昌经济技术开发区	360190
	景德镇市	市林科所	360290
		市苗圃	360291
		大岭垦殖场	360292
		枫树山林场	360293
	九江市	庐山管理局	360490
		共青城开放开发区	360491
		九江市开发区管委会	360492
	新余市	仙女湖区	360590
		高新区	360591
	鹰潭市	龙虎山管理委员会	360690

(续)

所在行政区域		林业管理单元名称	林业管理单元代码
省（自治区、直辖市）	地（市）		
江西省	宜春市	袁州区油茶局	360990
	德兴市	三清山风景名胜区管理委员会	361190
山东省	青岛市	崂山林场	370290
	淄博市	淄博市鲁山林场	370390
		淄博市原山林场	370391
		淄博市高新技术开发区	370392
	枣庄市	国有枣庄市第一苗圃	370490
		枣庄市开发区	370491
	烟台市	烟台市昆嵛山林场	370690
		烟台市经济技术开发区	370691
	潍坊市	潍坊市高新技术开发区	370790
		潍坊市经济技术开发区	370791
		潍坊市海洋化工开发区	370792
	济宁市	济宁高新区	370890
		济宁市高新区	370891
	泰安市	泰安市泰山林场	370990
		泰安市徂徕山林场	370991
		泰安市泰山林业科学院	370992
	威海市	威海市国有海滨林场	371090
		威海市林业中心苗圃	371091
		威海市荣成苗木繁育中心	371092
		威海市高区管委会	371093
		威海市经区管委会	371094
		威海市刘公岛管委会	371095
	日照市	日照市经济开发区	371190
	莱芜市	莱芜市东关苗圃	371290
		莱芜市开发区	371291
	德州市	德州市开发区	371490
	菏泽市	菏泽市林木良种繁育苗圃	371790
		菏泽市开发区	371791
		菏泽市开发区佃户屯办事处	371792
		菏泽市开发区岳程办事处	371793
		菏泽市开发区丹阳办事处	371794
		山东黄河三角洲国家级自然保护区管理局	379000
		一千二管理站	379001
		黄河口管理站	379002
		大汶流管理站	379003
		山东省药乡林场	379100

（续）

所在行政区域		林业管理单元名称	林业管理单元代码
省（自治区、直辖市）	地（市）		
河南省	郑州市	郑州市林场	410190
		登封市林场	410191
		巩义市林场	410192
		中牟县林场	410193
	开封市	开封国有西寨林场	410290
	三门峡市	国有河西林场	411290
	商丘市	民权国有林场	411490
	信阳市	河南鸡公山国家级自然保护区	411590
		罗山董寨国家级自然保护区	411591
		信阳市南湾林场	411592
		新县金兰山森林公园	411593
	驻马店市	驻马店市薄山林场	411790
湖北省	十堰市	武当山特区	420390
		武当山林场	420391
		武当山街办	420392
	宜昌市	后河自然保护区	420590
	襄樊市	襄樊市国营林场	420690
		襄樊市试验林场	420691
	鄂州市	沼山林场	420790
		白雉山林场	420791
	恩施土家族苗族自治州	星斗山自然保护区	422890
湖南省	常德市	常德林场	430790
		河洑林场	430791
		德山林场	430792
	张家界市	八大公山国家级自然保护区	430890
		张家界国家森林公园	430891
	益阳市	朝阳区	430990
		大通湖区	430991
	永州市	回龙圩管理区	431190
		金洞林场	431191
		都庞岭国家级自然保护区管理局	431192
	怀化市	洪江区	431290
		泸阳林场	431291
	娄底市	娄底市市经济技术开发区	431390
广东省	广州市	广州市属林场	440190
	韶关市	韶关市属林场	440290
	深圳市	深圳市属林场	440390

(续)

所在行政区域		林业管理单元名称	林业管理单元代码
省（自治区、直辖市）	地（市）		
广东省	珠海市	珠海市属林场	440490
	汕头市	汕头市属林场	440590
	佛山市	佛山市属林场	440690
	江门市	江门市属林场	440790
	湛江市	湛江市属林场	440890
	茂名市	茂名市属林场	440990
	肇庆市	肇庆市属林场	441290
	惠州市	惠州市属林场	441390
	梅州市	梅州市属林场	441490
	汕尾市	汕尾市属林场	441590
	河源市	河源市属林场	441690
	阳江市	阳江市属林场	441790
	清远市	清远市属林场	441890
	东莞市	东莞市属林场	441990
	中山市	中山市属林场	442900
	潮州市	潮州市属林场	445190
	揭阳市	揭阳市属林场	445290
	云浮市	云浮市属林场	445390
		省厅直属单位	449000
		乳阳林业局	449001
		西江林业局	449002
		乐昌林场	449003
		连山林场	449004
		东江林场	449005
		九连山林场	449006
		天井山林场	449007
		樟木头林场	449008
		龙眼洞林场	449009
		沙头角林场	449010
		自然保护区	449100
		国家级自然保护区	449101
		省级自然保护区	449102
		韶关自然保护区	449103
		珠海自然保护区	449104
		梅州自然保护区	449105
		惠州自然保护区	449106
		清远自然保护区	449107
		河源自然保护区	449108

（续）

所在行政区域		林业管理单元名称	林业管理单元代码
省（自治区、直辖市）	地（市）		
广东省		汕头自然保护区	449109
		肇庆自然保护区	449110
		汕尾自然保护区	449111
		东莞自然保护区	449112
		江门自然保护区	449113
		阳江自然保护区	449114
		潮州自然保护区	449115
		广州自然保护区	449116
		佛山自然保护区	449117
		揭阳自然保护区	449118
		茂名自然保护区	449119
广西壮族自治区	南宁市	南宁市青秀山风景区	450190
		南宁市大明山水源林管理处	450191
		南宁市叮当林场	450192
		南宁市林业中心苗圃	450193
		南宁市林业局苗圃	450194
		南宁市林科所	450195
	桂林市	广西花坪国家级自然保护区管理局	450390
		广西猫儿山国家级自然保护区管理局	450391
		桂林市龙泉林场	450392
		桂林市林业局苗圃	450393
		桂林市林科所	450394
	梧州市	梧州市林科所	450490
	北海市	北海市防护林场	450590
		北海市营盘林场	450591
		北海市苗圃	450592
		北海市林科所	450593
	防城港市	防城港市中心苗圃	450690
	钦州市	钦州市三十六曲林场	450790
		钦州市林科所	450791
	玉林市	贵港市平天山林场	450890
		贵港市覃塘林场	450891
		贵港市苗圃	450892
		贵港市大圩苗圃	450893
		贵港市西郊苗圃	450894
		玉林市福绵区	450990
		玉林市大容山林场	450991
		玉林市仁厚苗圃	450992
		玉林市林科所	450993

(续)

所在行政区域		林业管理单元名称	林业管理单元代码
省（自治区、直辖市）	地（市）		
广西壮族自治区	百色市	百色市老山林场	451090
	贺州市	姑婆山国家森林公园	451190
	河池市	河池市三匹虎自然保护管理处	451290
		广西木论国家级自然保护区管理局	451291
		河池市林科所	451292
		河池市中心苗圃	451293
	崇左市	崇左市凤凰山林场	451490
		区厅直属单位	459000
		高峰林场	459001
		七坡林场	459002
		良凤江森林公园	459003
		东门林场	459004
		派阳山林场	459005
		钦廉林场	459006
		三门江林场	459007
		维都林场	459008
		黄冕林场	459009
		大桂山林场	459010
		六万林场	459011
		博白林场	459012
		雅长林场	459013
		热带林业实验中心	459014
		广西林校林场	459015
		广西三威林产工业有限公司	459016
		广西林木种苗示范基地	459017
		广西林科院	459018
		南宁铁路林业管理分局	459019
海南省		省厅直属单位	469100
		尖峰岭林业局	469101
		霸王岭林业局	469102
		吊罗山林业局	469103
		黎母山林业局	469104
		澄迈林场	469105
		上埇林场	469106
重庆市		缙云山管理区	509000
四川省	乐山市	峨眉山风景区管理委员会	511190
	阿坝藏族羌族自治州	川西林业局	513280
		观音桥林业局	513281

（续）

所在行政区域		林业管理单元名称	林业管理单元代码
省（自治区、直辖市）	地（市）		
四川省	阿坝藏族羌族自治州	黑水林业局	513282
		林业筑路工程处	513283
		马尔康林业局	513284
		岷江造林局	513285
		南坪林业局	513286
		壤塘林业局	513287
		松潘林业局	513288
		小金林业局	513289
		雅尔珠林场	513290
		二郎山林场	513291
	甘孜藏族自治州	白玉林业局	513390
		丹巴林业局	513391
		道孚林业局	513392
		炉霍林业局	513393
		翁达经营林场	513394
		新龙林业局	513395
		驷马桥林场	513396
	凉山彝族自治州	木里林业局	513490
		雷波林业局	513491
		凉北林业局	513492
		川林五处	513493
贵州省	贵阳市	长坡岭林场	520190
		顺海林场	520191
		贵阳市森林公园	520192
		黔灵公园	520193
		贵阳市苗圃所	520194
	安顺市	安顺市开发区	520490
		黄果树管委会	520491
	黔西南布依族苗族自治州	黔西南州普晴林场	522390
		黔西南州巧马林场	522391
	黔东南苗族侗族自治州	黔东南州林场	522690
		贵州省龙里林场	529000
		贵州省扎佐林场	529100
		省林科院图云关试验林场	529200
云南省	昆明市	西山林场	530001
		海口林场	530002
		方旺林场	530003

（续）

所在行政区域		林业管理单元名称	林业管理单元代码
省（自治区、直辖市）	地（市）		
云南省	曲靖市	海寨林场	530390
	玉溪市	北山林场	530490
		玉白顶林场	530491
		红塔山自然保护区管理局	530492
	昭通市	小草坝林场	530690
		三江口林场	530691
	临沧市	森银林场	530990
	楚雄彝族自治州	一平浪林场	532390
	红河哈尼族彝族自治州	石岩寨林场	532590
		芷村林场	532591
	德宏傣族景颇族自治州	畹町经济开发区	533190
		德宏州试验林场	533191
		金殿林场	539000
		云南省林科院	539100
		普文林场	539101
陕西省	西安市	陕西周至国家级自然保护区	610190
	宝鸡市	马头滩林业局	610390
	延安市	黄龙山林业局	610690
		桥山林业局	610691
		桥北林业局	610692
		劳山林业局	610693
		省厅直属单位	619000
		宁东林业局	619001
		宁西林业局	619002
		太白林业局	619003
		汉西林业局	619004
		龙草坪林业局	619005
		长青林业局	619006
		楼观台林场	619100
		陕西太白山国家级自然保护区	619200
		陕西佛坪国家级自然保护区	619300
		陕西长青国家级自然保护区	619400
		陕西牛背梁国家级自然保护区	619500
甘肃省	庆阳市	庆阳市巴家嘴林场	621090
		庆阳市正宁林业总场	621091
		庆阳市湘乐林业总场	621092
		庆阳市合水林业总场	621093
		庆阳市华池林业总场	621094

（续）

所在行政区域		林业管理单元名称	林业管理单元代码
省（自治区、直辖市）	地（市）		
甘肃省	陇南市	陇南市康南林业总场	621290
		陇南市岷江林业总场	621291
		省厅直属单位	629000
		白龙江林管局	629001
		小陇山林业实验管理局	629002
		兴隆山自然保护区管理局	629003
		祁连山自然保护区管理局	629004
		白水江自然保护区管理局	629005
		太子山自然保护区管理局	629006
		莲花山自然保护区管理局	629007
		尕海－则岔国家级自然保护区管理局	629008
		连古城国家级自然保护区管理局	629009
		敦煌西湖国家级自然保护区管理局	629010
青海省	海东地区	孟达自然保护区管理局	632190
	黄南藏族自治州	麦秀林场	632390
	果洛藏族自治州	玛可河林业局	632690
	玉树藏族自治州	江西林场	632790
	海西蒙古族藏族自治州	哈拉哈图省级森林公园	632890
		沙珠玉治沙试验站	639000
		青海湖国家级自然保护区管理局	639100
宁夏回族自治区	银川市	贺兰山保护区	640190
		红寺堡开发区	640390
		罗山自然保护区	640391
		白芨滩自然保护区	640392
		六盘山保护区	640490
新疆维吾尔自治区		区厅直属单位	659100
		天山西部林业局	659101
		阿勒泰山林业局	659102
		乌鲁木齐南山林场	659103
		乌鲁木齐板房沟林场	659104
		呼图壁林场	659105
		玛纳斯平原林场	659106
		玛纳斯南山林场	659107
		沙湾林场	659108
		乌苏林场	659109
		米泉林场	659110
		吉木萨尔林场	659111
		奇台林场	659112

(续)

所在行政区域		林业管理单元名称	林业管理单元代码
省(自治区、直辖市)	地(市)		
新疆维吾尔自治区		木垒林场	659113
		哈密林场	659114
黑龙江省		黑龙江森林工业总局	910000
		伊春林业管理局	910100
		双丰林业局	910101
		铁力林业局	910102
		桃山林业局	910103
		朗乡林业局	910104
		南岔林业局	910105
		金山屯林业局	910106
		美溪林业局	910107
		乌马河林业局	910108
		翠峦林业局	910109
		友好林业局	910110
		上甘岭林业局	910111
		五营林业局	910112
		红星林业局	910113
		新青林业局	910114
		汤旺河林业局	910115
		乌伊岭林业局	910116
		前卫林场	910116
		永胜所	910116
		东克林林场	910116
		福民林场	910116
		阿廷河林场	910116
		翠峰林场	910116
		上游林场	910116
		桔源林场	910116
		建新林场	910116
		移山林场	910116
		林海林场	910116
		美峰林场	910116
		西林区	910117
		伊春区	910118
		牡丹江林业管理局	910200
		大海林林业局	910201
		柴河林业局	910202
		东京城林业局	910203

（续）

所在行政区域		林业管理单元名称	林业管理单元代码
省（自治区、直辖市）	地（市）		
黑龙江省		穆棱林业局	910204
		绥阳林业局	910205
		海林林业局	910206
		林口林业局	910207
		八面通林业局	910208
		青梅林场	910209
		松花江林业管理局	910300
		亚布力林业局	910301
		兴隆林业局	910302
		通北林业局	910303
		方正林业局	910304
		山河屯林业局	910305
		苇河林业局	910306
		沾河林业局	910307
		绥棱林业局	910308
		合江林业管理局	910400
		桦南林业局	910401
		双鸭山林业局	910402
		鹤立林业局	910403
		鹤北林业局	910404
		东方红林业局	910405
		迎春林业局	910406
		清河林业局	910407
		带岭林业局	910500
		大兴安岭森林工业集团	930000
		松岭林业局	930100
		新林林业局	930200
		呼中林业局	930300
		塔河林业局	930400
		图强林业局	930500
		阿木尔林业局	930600
		西林吉林业局	930700
		十八站林业局	930800
		韩家园林业局	930900
		加格达奇林业局	931000
		营林局技术推广站	931100
		林科所实验基地	931200

（续）

所在行政区域		林业管理单元名称	林业管理单元代码
省（自治区、直辖市）	地（市）		
新疆维吾尔自治区		新疆生产建设兵团	950000
		农一师	950100
		1 团	950101
		2 团	950102
		3 团	950103
		4 团	950104
		5 团	950105
		6 团	950106
		7 团	950107
		8 团	950108
		9 团	950109
		10 团	950110
		11 团	950111
		12 团	950112
		13 团	950113
		14 团	950114
		15 团	950115
		16 团	950116
		阿拉尔良繁场	950117
		农二师	950200
		21 团	950201
		22 团	950202
		23 团	950203
		24 团	950204
		25 团	950205
		26 团	950206
		27 团	950207
		28 团	950208
		29 团	950209
		30 团	950210
		31 团	950211
		32 团	950212
		33 团	950213
		34 团	950214
		35 团	950215
		36 团	950216
		204 团	950217
		223 团	950218

（续）

所在行政区域		林业管理单元名称	林业管理单元代码
省（自治区、直辖市）	地（市）		
新疆维吾尔自治区		农三师	950300
		41 团	950301
		42 团	950302
		43 团	950303
		44 团	950304
		45 团	950305
		48 团	950306
		49 团	950307
		50 团	950308
		51 团	950309
		52 团	950310
		53 团	950311
		伽师总场	950312
		红旗农场	950313
		东风农场	950314
		莎车农场	950315
		其克力克农场	950316
		托云牧场	950317
		叶城牧场	950318
		农四师	950400
		61 团	950401
		62 团	950402
		63 团	950403
		64 团	950404
		65 团	950405
		66 团	950406
		67 团	950407
		68 团	950408
		69 团	950409
		70 团	950410
		71 团	950411
		72 团	950412
		73 团	950413
		74 团	950414
		75 团	950415
		76 团	950416
		77 团	950417
		78 团	950418

（续）

所在行政区域		林业管理单元名称	林业管理单元代码
省（自治区、直辖市）	地（市）		
新疆维吾尔自治区		79 团	950419
		一牧场	950420
		二牧场	950421
		拜什墩农场	950400
		良繁场	950401
		农五师	950500
		81 团	950501
		82 团	950502
		83 团	950503
		84 团	950504
		85 团	950505
		86 团	950506
		87 团	950507
		88 团	950508
		89 团	950509
		90 团	950510
		91 团	950511
		农六师	950600
		101 团	950601
		102 团	950602
		103 团	950603
		105 团	950604
		106 团	950605
		107 团	950606
		108 团	950607
		109 团	950608
		110 团	950609
		111 团	950610
		222 团	950611
		芳草湖农场	950612
		新湖农场	950613
		军户农场	950614
		共青团农场	950615
		六运湖农场	950616
		土墩子农场	950617
		红旗农场	950600
		奇台农场	950601
		北塔山牧场	950602

（续）

所在行政区域		林业管理单元名称	林业管理单元代码
省（自治区、直辖市）	地（市）		
新疆维吾尔自治区		农七师	950700
		123 团	950701
		124 团	950702
		125 团	950703
		126 团	950704
		127 团	950705
		128 团	950706
		129 团	950707
		130 团	950708
		131 团	950709
		137 团	950710
		农八师	950800
		121 团	950801
		122 团	950802
		132 团	950803
		133 团	950804
		134 团	950805
		135 团	950806
		136 团	950807
		141 团	950808
		142 团	950809
		143 团	950810
		144 团	950811
		145 团	950812
		147 团	950813
		148 团	950814
		149 团	950815
		150 团	950816
		151 团	950817
		152 团	950818
		203 团	950819
		农九师	950900
		161 团	950901
		162 团	950902
		163 团	950903
		164 团	950904
		165 团	950905
		166 团	950906

（续）

所在行政区域		林业管理单元名称	林业管理单元代码
省（自治区、直辖市）	地（市）		
新疆维吾尔自治区		167 团	950907
		168 团	950908
		169 团	950909
		170 团	950910
		团结农场	950911
		农十师	951000
		181 团	951001
		182 团	951002
		183 团	951003
		184 团	951004
		185 团	951005
		186 团	951006
		187 团	951007
		188 团	951008
		福海渔场	951009
		青河独立营	951010
		农十二师	951100
		104 团	951101
		221 团	951102
		五一农场	951103
		三坪农场	951104
		头屯河农场	951105
		西山农场	951106
		养禽场	951107
		农十三师	951200
		红星一场	951201
		红星二场	951202
		红星三场	951203
		红星四场	951204
		黄田农场	951205
		火箭农场	951206
		柳树泉农场	951207
		红山农场	951208
		淖毛湖农场	951209
		红星一牧场	951210
		红星二牧场	951211
		农十四师	951300
		47 团	951301
		皮山农场	951302
		一牧场	951303

四、林业科学数据集成规范(数据整合)(V2.0)

1　主题内容与适用范围

本技术规范定义了中国林业科学数据中心文档数据库的数据结构和图片数据库的数据结构。规定了林业科学数据中心的数据整合和数据汇交技术规范。适用于中国林业科学数据中心的文档数据整合、图片数据整合以及数据汇交。

2　参考标准

林业科学数据库和数据共享技术标准与规范(第一辑)

3　术语和定义

3.1　数据整合 data conformity

指根据指定的技术标准与规范，加工、整理数据实体的过程。

3.2　数据集成 data integration

指根据指定的数据体系框架，遵循统一技术标准与规范，把各类型数据实体系统化地汇集成一个整体的过程。

3.3　文档数据 Digital Document

指以数字化形式存在的各种研究报告、技术报告等。本规范定义的文档数据为纯文本数据和包含图片的文本数据两种。

3.4　图片数据 Digital Picture

指数码照片、数字化图片等栅格数据。

4　数据结构

4.1　文档数据库结构

文档数据库的结构主要包括标题、作者、著作时间、关键词、内容摘要、所属类别、图片名称。具体结构见下表：

编号	名 称	数据类型	长度	域值	域名
1	标题	文本	100	自由文本	Title
2	作者	文本	50	自由文本	Author

(续)

编号	名 称	数据类型	长度	域值	域名
3	著作时间	时间型			Finishtime
4	关键词	文本	50	自由文本	Keyword
5	内容摘要	文本	255	自由文本	Abstract
6	所属类别	文本	100	自由文本	Classification
7	图片名称	文本	255	自由文本	Picture

4.2 图片数据库结构

图片数据库的结构主要包括标题、制作者、制作时间、制作目的、图片简介、所属类别。具体结构见下表:

编号	名 称	数据类型	长度	域值	域名
1	标题	文本	100	自由文本	Title
2	制作者	文本	50	自由文本	Maker
3	制作时间	时间型			Taketime
4	制作目的	文本	255	自由文本	Purpose
5	图片简介	文本	255	自由文本	Abstract
6	所属类别	文本	100	自由文本	Classification

5 数据项说明

5.1 文档数据说明

(1)标题

标题是指文档数据的题目，包括该文档存放的目录信息。

示例：沙尘暴研究\技术报告\扬沙和沙尘暴移动路径概率预报模型.doc。

(2)作者

作者是指文档数据的撰写人，可以是某个人、课题组、单位等。

示例：国家林业局保护司。

(3)著作时间

著作时间是指文档数据的撰写完成时间或颁布时间等。

示例：2005.3.23。

(4)关键词

关键词是指能涵盖文档内容的关键词汇，多个关键词用逗号隔开。

示例：沙尘暴，预报模型。

(5)内容摘要

内容摘要是指对文档数据的概要描述。

(6)所属类别

所属类别是指文档数据所属的专题或数据类别。

示例：沙尘暴专题。

(7)图片名称

图片名称是指文档数据中包含的插入图片的名称，该名称应包含图片的存放目录信息。多个图片名称用逗号隔开。

示例：沙尘暴研究\文档图片\扬沙和沙尘暴移动路径概率预报模型图1.jpg，沙尘暴研究\文档图片\扬沙和沙尘暴移动路径概率预报模型图2.jpg。

(8)其他说明

不包含图片的示例数据，即纯文本数据，在入库时“图片名称”项空白即可。

5.2　图片数据说明

(1)名称

名称是指图片数据的名称，包括该图片存放的目录信息。

示例：森林景观图片　1999年海南省霸王岭林区\除伐1.jpg。

(2)制作者

制作者是指图片数据的制作人或照片的拍摄人，可以是某个人、课题组、单位等。

示例：海南课题组。

(3)制作时间

制作时间是指图片数据的制作完成时间或照片的拍摄时间等。

示例：2005.3.23。

(4)制作目的

制作目的是指制作该图片或拍摄该照片的目的。

示例：快视图。

(5)图片简介

图片简介是指对图片数据的内容进行的简要说明。

(6)所属类别

所属类别是指图片数据所属的专题或数据类别。

示例：海南热带林专题。

6　数据汇交

汇交数据包括4方面：数据实体、技术文档、数据字典和元数据。

7　数据整理技术规定

7.1　数据实体

数据实体是指具体的数据内容。数据格式包括文档、图片、矢量和统计等。数据实体以access数据库的格式提交，数据库及数据表的命名分别遵循数据实体命名规则。

7.1.1　文档数据

文档数据是指以文本格式(包括*.doc，*.txt，*.rtf)出现的，以文字为主要内容的数据。

本技术规范规定林业科学数据中心文档数据的整合和集成遵循本规范中文档数据整合部分。

7.1.2　图片数据

图片数据是指以图形格式(包括*.jpg，*.gif，*.tiff等)出现的数据。

本技术规范规定林业科学数据中心栅格数据的整合和集成遵循本规范中图片数据整合部分。

7.1.3 矢量数据

矢量数据是指和空间地理位置相关的、以空间坐标表达的数据。

本技术规范规定林业科学数据中心矢量数据的加工遵循林业科学数据中心标准与规范(一)中林业专题空间数据加工处理技术规范。其中，森林分布图的加工需要特殊处理的部分为：① 对图面上的分类，忠实于原图。在属性数据中以 FTYPE 字段出现，值为图面上的类型。② 增加字段 BZTYPE，值为按照《林业科学数据库和数据共享技术标准与规范(第一辑)》中森林类型代码表查找出的类型，如没有，向上查找一级或增补标准规范。③ 增加字段 BZCODE，值为对应的分类代码。④ 字段 BZTYPE 和 BZCODE 的值不允许为空。

7.1.4 统计数据

统计数据是指表格表现形式的数据。

本技术规范规定林业科学数据中心统计数据的加工遵循《林业科学数据库和数据共享技术标准与规范(第一辑)》和本书中各相应标准规范的具体规定。

7.2 技术文档

技术文档是指对数据实体进行技术描述的文档。包括数据源情况说明、数据采集年代、加工时间、加工方法、数据的主要内容等，矢量数据要提供比例尺、投影参数、矢量字段的含义说明，以及数据如何应用等。

7.3 数据字典

数据字典是对数据实体的详细定义。

本技术规范规定林业科学数据中心的数据集成遵循《林业科学数据库和数据共享技术标准与规范(第一辑)》中数据字典的标准规范。

数据字典的标准库版本为 datadic_ blkXP. mdb。

所有数据实体必需提供与之相应的数据字典。

7.4 元数据

元数据是对数据实体框架的描述。

本技术规范规定林业科学数据中心的数据集成遵循本书中的元数据标准(当前版本为 V3. 0_ 3)。

元数据标准由核心元数据和详细元数据两部分组成，其中核心元数据为必填项。

7.5 命名规则

7.5.1 文档、图片及统计数据命名规则

所有数据库、数据表及字段均不允许以中文命名。命名中不能出现特殊字符，如括号( )、百分号%、大于小于符号 >，<、加减号 +，-、@、&、^、#等。可以使用下划线_ 。命名不能以下划线及数字开头。数据库命名字符个数 + 数据表命名字符个数不能超出 20 个字符。

7.5.2 矢量数据命名规则

本规范仅规定矢量图层的命名规则。

7.5.2.1 森林分布图层命名规则

森林分布图层的命名由四部分组成：级别、时间、类型、地点。名称的字符总数不得超过 30 个字符，除特殊规定外，其余地点部分为自由文本。

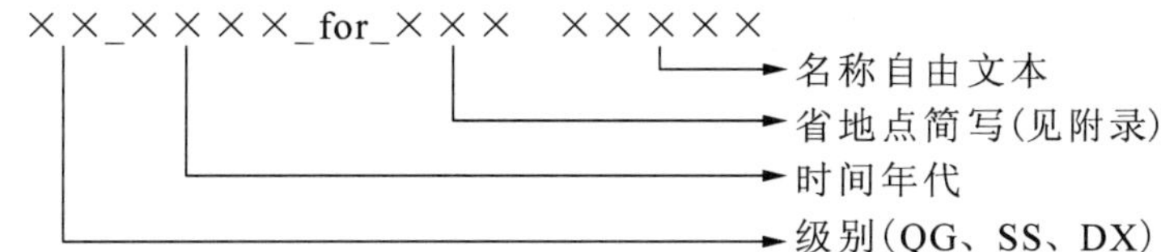

全国图命名中省地点简写和名称自由文本部分统一使用 quanguo。

7.5.2.2 其他矢量图层命名规则

参照森林分布图层的命名规则，仅在类型部分进行变化。

BountA 行政区划(面状)

BountL 行政边界(线状)

HydntA 水系(面状)

HydntL 水系(线状)

RoalL 道路(线状)

RailL 铁路(线状)

Respt 居民点(点状)

Respy 居民点(面状)

Land 土地利用图

Veg 植被图

Soil 土壤图

Forf 林相图

ProtP 防护林规划(面状)

ProtC 防护林现状(面状)

Shelt 防护林带(线状)

Econo 经济林分布(面状)

Comm 商品林分布(面状)

Niche 生态区位图(面状)

Public 公益林区划图(面状)

Reser 自然保护区分布示意图(面状)

Guihua 林业规划图(面状)

Quhua 林业区划图(面状)

未枚举出的图层，制图时可根据具体情况命名，并将结果通告项目组以便统一使用。

7.5.2.3 省(自治区、直辖市)名称简写对照表

序号	省(自治区、直辖市)	简写
1	北京市	BJ
2	天津市	TJ
3	河北省	HB
4	山西省	SX
5	内蒙古自治区	NM
6	辽宁省	LN
7	吉林省	JL
8	黑龙江省	HLJ
9	上海市	SH

(续)

序号	省(自治区、直辖市)	简写
10	江苏省	JS
11	浙江省	ZJ
12	安徽省	AH
13	福建省	FJ
14	台湾省	TW
15	江西省	JX
16	山东省	SD
17	河南省	HEN
18	湖北省	HB
19	湖南省	HUN
20	广东省	GD
21	香港特别行政区	XG
22	澳门特别行政区	AM
23	海南省	HN
24	广西壮族自治区	GX
25	四川省	SC
26	贵州省	GZ
27	云南省	YN
28	西藏自治区	XZ
29	陕西省	SHX
30	甘肃省	GS
31	青海省	QH
32	宁夏回族自治区	NX
33	新疆维吾尔自治区	XJ
34	重庆市	CQ

附加说明:

本技术规范由中国林业科学研究院资源信息研究所负责起草。

本技术规范起草人纪平。

五、林业科学数据分类与编码(V1.0)

1　主题内容与适用范围

本标准根据林业科学的学科构成和学科发展规划编制。规定了林业科学数据的构成、类别和编码，适用于林业科学数据库建设、数据交流和数据共享服务。

2　编制依据

下列文件中的条款通过本标准的应用而成为本标准的条款。凡是注明日期的引用文件，其随后所有的修改单(不包括勘误的内容)或修订版均不适用于本标准。但鼓励根据本标准达成协议各方研究是否可使用这些文件的最新版本。凡是不注明日期的文件，其最新版本适用于本标准。

科学数据共享核心元数据(征求意见稿)

国家科学数据共享工程技术标准《国家科学数据中心建设技术规范》

数字林业标准与规范(一)

3　术语和定义

2.1　林业科学数据资源 data resources on forestry science

特指以公益性和基础性为主体的、具有科学研究与应用价值的林业基础、本底数据、在资源调查、监测、试验、观测以及研究等科学技术活动过程中产生的原始性数据，以及按照不同科技活动需求进行系统加工整理的应用类数据。

2.2　数据集 dataset

是可以标识的数据集合。可以是一个数据库或一个或多个数据文件，能够用一个数据字典唯一描述。

2.3　元数据 metadata

是关于数据的数据，即关于数据的内容、质量、状况和其他有关特征的描述信息。是对科学数据资源的一种规范化描述。元数据有两种类型：数据集内容元数据和数据集结构元数据。

2.4　线分类法 line-taxonomy

又叫层级分类法。是将分类对象按所选定的若干个属性或特征，作为分类的划分基础，逐次地分成相应的若干个层级的类目，并排成一个有层次的，逐级展开的分类体系。

4　分类方法和原则

林业科学数据的分类采用“线分类法”。

林业科学数据的分类遵循面向应用的原则，即按照科学研究人员、管理人员等用户的浏览和数据查询需求进行数据分类，分类数据主要应用于数据组织、编目和查询。

林业科学数据分类采用二级分类，二级分类以下可包含各相关数据集，各数据集的数据内容和具体数据分类、数据表、字段等编码由数据集提供者另行分类和编码，此处不再细分。

5 分类体系

林业科学数据可分为林业科学基础数据、林业科学研究数据和林业成果及管理数据三类数据。科学基础数据内容包含森林资源以及与林业科学研究相关的调查、普查数据，植被、土壤、土地、社会经济背景及相关统计数据等多种用于林业科学研究的公共及背景数据；科学研究数据内容包括林业科学研究领域中各主要专业领域研究数据；成果及管理数据内容包括已完成的科技成果数据、技术推广数据及科研管理数据等。此外，本体系中的类目和数据项可以扩充，在遵循分类原则和层次关系不变的原则下，新出现的类目和数据项可在相应级中扩充或归类。

表1列出了林业科学数据分类体系主要内容，其中数据门类按照数据性质划分，数据的一级类别按照数据的学科领域划分，数据的二级类别按照子学科及数据内容划分。

表1 林业科学数据分类体系表

门类	一级分类	二级分类
1. 科学基础数据	1)森林资源	森林资源连续清查
		森林资源规划设计调查
		森林资源作业设计调查
	2)植被	植被类型、分布
		植物名录
		植物分布、特性
		草地类型、分布
	3)昆虫、微生物及野生动物	昆虫
		微生物
		野生动物
	4)土壤	土壤分类
		土壤分布
	5)土地利用及荒漠化防治	土地利用现状
		土地利用规划
		荒漠化普查
	6)森林水文、气候及气象	森林水文
		森林气候、气象
	7)行业发展统计	营林生产
		人事教育
		灾害统计
		产业与市场发展
	8)社会经济背景	经济发展
		自然地理

(续)

门类	一级分类	二级分类
		生态环境建设因子
	9)林业重点工程	天然林资源保护工程
		退耕还林工程
		重点地区速生丰产用材林基地建设工程
		三北及长江流域等防护林体系建设工程
		野生动植物保护及自然保护区建设工程
		京津风沙源治理工程
2. 科学研究数据	1)森林培育	育种区区划
		林木种苗
		森林培育
	2)森林生态	个体生态
		种群生态
		群落生态
		森林生态系统
	3)森林经理	森林调查(含一、二、三类调查)
		林业区划(含造林区划、立地条件类型和经济林区划)
		森林经营方案
		森林资源管理
	4)林木遗传育种	森林遗传
		林木育种
		林木细胞工程
		林木基因工程
	5)木材科学	木材性质
		木材结构
		木材保存
		木质材料检测
	6)林产化学加工工程	林产化学加工工艺
		林业资源开发及其产品
	7)森林保护	森林病理
		森林昆虫
		森林动物
		病虫防治
		森林火灾防治
	8)水土保持与荒漠化防治	水土保持
		荒漠化防治
		荒漠化评价
	9)植物学	植物分类
		植物形态与解剖
		植物生理

(续)

门类	一级分类	二级分类
	10)林业经济管理	林业经济
		林业企业经营管理
		林业技术经济
	11)森林工程	森林工程管理
		森林作业与环境
	12)野生动植物保护与利用	野生动植物生态与管理
		野生动植物遗传与繁殖
		野生动植物产品利用
	13)森林土壤学	基础土壤
		土壤调查与区划
		土壤性质及改良
	14)园林植物及观赏园艺	园林植物分类与应用
		园林植物育种与栽培
		景观工程与观赏园艺
	15)环境科学与环境工程	基础环境
		应用环境
	16)地图学与地理信息系统	遥感技术及应用
		地理信息系统技术及应用
	17)计算机应用技术	网络技术及应用
		数据库技术及应用
		系统科学与系统工程应用技术
	18)微生物学	基础微生物
		应用微生物
	19)生物化学与分子生物学	生物化学
		分子生物
	20)制浆造纸工程	纤维资源
		制浆工艺
		造纸工艺
		污染治理
	21)机械电子	营林机械
		采伐机械
		林产化工机械
		木材加工机械
	22)草业科学	牧草种苗
		人工草地培育
		牧草病虫及鼠害

(续)

门类	一级分类	二级分类
	23)情报学	情报交流及获取
		文献情报流研究
		情报检索
		情报分析研究
3. 成果及管理	1)技术与产品	科技成果
		专利
		实用技术
	2)科技管理	科研机构、人力资源
		在研科技项目
		科技政策
	3)技术管理	林业技术标准
		相关法律
		林业法规
		技术规程
	4)文献	期刊
		学位论文
		图书
		其他文献资料

6 数据编码

6.1 编码的基本原则

唯一性：虽然一个编码对象可能有不同的名称，也可按各种不同方式对其进行描述，但在一个分类编码标准中，每一个编码对象有且仅有一个代码，一个代码只唯一表示一个编码对象。

可扩充性：必须留有适当的后备容量，以便适应不断扩充的需要。

简单性：代码结构应尽量简单，长度尽量短，以便节省机器存贮空间和减少代码的差错率，同时提高机器处理的效率。

实用性：代码尽可能反映编码对象的特点，有助于记忆，便于使用。

规范性：代码的类型、结构以及编写格式统一。

6.2 编码方法

编码就是将事物或概念(编码对象)赋予有一定规律性、易于计算机和人识别与处理的符号或代码。代码的功能有：

a. 标识：代码是鉴别编码对象的唯一标志；

b. 分类：当按编码对象的属性或特征(如数据、处理和术语等)分类，并分别赋予不同的类别代码时，代码又可以作为区分编码对象类别的标志；

c. 排序：当按编码对象发现(产生)的时间、所占有的空间或其他方面的顺序关系分类，并分别赋予不同的代码时，代码就可以作为区别编码对象排序的标志。

林业科学数据的编码体系由两种编码构成，即分类码和标识码。

分类码是直接利用信息分类的结果，根据分类体系设计出各种信息的分类代码，用以标记不同类别信息的数据，根据它可以将数据按类别存贮进数据库，或从数据库中按类别查询检索数据。

本标准与规范编码体系的分类码使用多级阿拉伯数字，在标准条目名称之前加上"数据库"中各门类数据英文首字母；－W；背景数据－B(见图1、表2)。

标识码又称为识别码，它是利用信息分类结果，即在分类的基础上，对某些类别的数据分别设计出其全部或主要实体的识别代码，简称标识码，用以对某一类数据中的实体进行标识，以便能按实体进行存贮和逐个地进查询检索。

6.3　编码结构

基于分类码和标识码方法制定出的林业科学数据体系的编码结构如图1所示。由门类码、版本号、"."和分级代码组成。其中Y表示标识码定义的部分，XX是分类码定义的部分。编码总长度为8位。

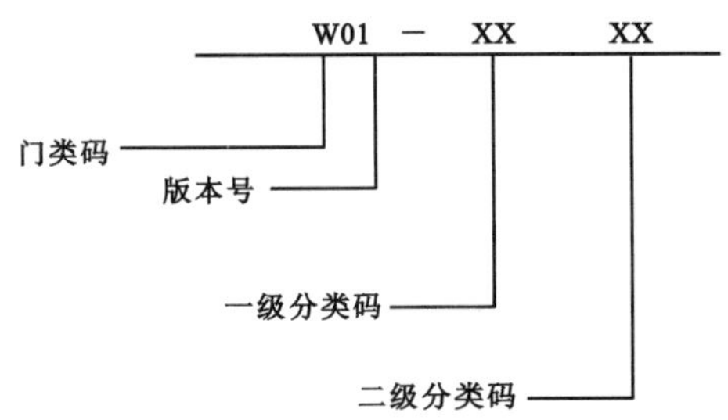

图1　林业科学数据分类编码结构

门类码采用标识码的编码方式，以汉语拼音首字母作为标识，这样，林业基础数据、科学研究数据、成果及管理数据分别标识为：J、Y、C；一级分类和二级分类的编码采用分类码的编码方式，由两位数字构成，编码方式为：01、02、03、04……依次类推。

根据以上编码原则，表2列出二级分类的林业科学数据分类编码。

表2　数据分类编码表

门类	一级分类	二级分类	分类编码
1. 科学基础数据	1)森林资源	森林资源连续清查	J01.0101
		森林资源规划设计调查	J01.0102
		森林资源作业设计调查	J01.0103
		其他	J01.0199
	2)植被	植被类型、分布	J01.0201
		植物名录	J01.0202
		植物分布、特性	J01.0203
		草地类型、分布	J01.0204
		其他	J01.0299
	3)昆虫、微生物及野生动物	昆虫	J01.0301
		微生物	J01.0302
		野生动物	J01.0303
		其他	J01.0399
	4)土壤	土壤分类	J01.0401

(续)

门类	一级分类	二级分类	分类编码
		土壤分布	J01.0402
		其他	J01.0499
	5)土地利用及荒漠化防治	土地利用现状	J01.0501
		土地利用规划	J01.0502
		荒漠化普查	J01.0503
		其他	J01.0599
	6)森林水文、气候及气象	森林水文	J01.0601
		森林气候、气象	J01.0602
		其他	J01.0699
	7)行业发展统计	营林生产	J01.0701
		人事教育	J01.0702
		灾害统计	J01.0703
		产业与市场发展	J01.0704
		其他	J01.0799
	8)社会经济背景	经济发展	J01.0801
		自然地理	J01.0802
		生态环境建设因子	J01.0803
		其他	J01.0899
	9)林业重点工程	天然林资源保护工程	J01.0901
		退耕还林工程	J01.0902
		重点地区速生丰产用材林基地建设工程	J01.0903
		三北及长江流域等防护林体系建设工程	J01.0904
		野生动植物保护及自然保护区建设工程	J01.0905
		京津风沙源治理工程	J01.0906
		其他	J01.0999
2. 科学研究数据	1)森林培育	林业区划(含造林区划、立地条件类型和经济林区划)	Y01.0101
		林木种苗	Y01.0102
		森林培育	Y01.0103
		其他	Y01.0199
	2)森林生态	个体生态	Y01.0201
		种群生态	Y01.0202
		群落生态	Y01.0203
		森林生态系统	Y01.0204
		其他	Y01.0299
	3)森林经理	森林调查(含一、二、三类调查)	Y01.0301
		森林区划(指林场、林班、小班类区划)	Y01.0302
		森林经营方案	Y01.0303

（续）

门类	一级分类	二级分类	分类编码
		森林资源管理	Y01.0304
		其他	Y01.0399
	4）林木遗传育种	森林遗传	Y01.0401
		林木育种	Y01.0402
		林木细胞工程	Y01.0403
		林木基因工程	Y01.0404
		其他	Y01.0499
	5）木材科学	木材性质	Y01.0501
		木材结构	Y01.0502
		木材保存	Y01.0503
		木质材料检测	Y01.0504
		其他	Y01.0599
	6）林产化学加工工程	林产化学加工工艺	Y01.0601
		林业资源开发及其产品	Y01.0602
		其他	Y01.0699
	7）森林保护	森林病理	Y01.0701
		森林昆虫	Y01.0702
		森林动物	Y01.0703
		病虫防治	Y01.0704
		森林火灾防治	Y01.0705
		其他	Y01.0799
	8）水土保持与荒漠化防治	水土保持	Y01.0801
		荒漠化防治	Y01.0802
		荒漠化评价	Y01.0803
		其他	Y01.0899
	9）植物学	植物分类	Y01.0901
		植物形态与解剖	Y01 .0902
		植物生理	Y01 .0903
		其他	Y01 .0999
	10）林业经济管理	林业经济	Y01 .1001
		林业企业经营管理	Y01 .1002
		林业技术经济	Y01.1003
		其他	Y01.1099
	11）森林工程	森林工程管理	Y01.1101
		森林作业与环境	Y01.1102
		其他	Y01.1199
	12）野生动植物保护与利用	野生动植物生态与管理	Y01.1201
		野生动植物遗传与繁殖	Y01.1202
		野生动植物产品利用	Y01.1203

（续）

门类	一级分类	二级分类	分类编码
		其他	Y01.1299
	13)森林土壤学	基础土壤	Y01.1301
		土壤调查与区划	Y01.1302
		土壤性质及改良	Y01.1303
		其他	Y01.1399
	14)园林植物及观赏园艺	园林植物分类与应用	Y01.1401
		园林植物育种与栽培	Y01.1402
		景观工程与观赏园艺	Y01.1403
		其他	Y01.1499
	15)环境科学与环境工程	基础环境	Y01.1501
		应用环境	Y01.1502
		其他	Y01.1599
	16)地图学与地理信息系统	遥感技术及应用	Y01.1601
		地理信息系统技术及应用	Y01.1602
		其他	Y01.1699
	17)计算机应用技术	网络技术及应用	Y01.1701
		数据库技术及应用	Y01.1702
		系统科学与系统工程应用技术	Y01.1703
		其他	Y01.1799
	18)微生物学	基础微生物	Y01.1801
		应用微生物	Y01.1802
		其他	Y01.1899
	19)生物化学与分子生物学	生物化学	Y01.1901
		分子生物	Y01.1902
		其他	Y01.1999
	20)制浆造纸工程	纤维资源	Y01.2001
		制浆工艺	Y01.2002
		造纸工艺	Y01.2003
		污染治理	Y01.2004
		其他	Y01.2099
	21)机械电子	营林机械	Y01.2101
		采伐机械	Y01.2102
		林产化工机械	Y01.2103
		木材加工机械	Y01.2104
		其他	Y01.2199
	22)草业科学	牧草种苗	Y01.2201
		人工草地培育	Y01.2202
		牧草病虫及鼠害	Y01.2203
		其他	Y01.2299

(续)

门类	一级分类	二级分类	分类编码
	23)情报学	情报交流及获取	Y01.2301
		文献情报流研究	Y01.2302
		情报检索	Y01.2303
		情报分析研究	Y01.2304
		其他	Y01.2399
3. 成果及管理	1)技术与产品	科技成果	C01.0101
		专利	C01.0102
		实用技术	C01.0103
	2)科技管理	科研机构、人力资源	C01.0201
		在研科技项目	C01.0202
		科技政策	C01.0203
	3)技术管理	林业技术标准	C01.0301
		相关法律	C01.0302
		林业法规	C01.0303
		技术规程	C01.0304
	4)文献	期刊	C01.0401
		学位论文	C01.0402
		图书	C01.0403
		其他文献资料	C01.0404

7 分类和编码的扩充

标准体系扩充的原则是：①保持原有分类体系的完整性工作的整体框架内进行；②反映现有科学数据的发展趋势与变化；③有助于信息标准化的实际工作。

增加数据类目时，可在其所属的类目级别中按编码规则增加一个新码。

8 原有专题数据的处理

林业科学数据资源建设过程中，对原有的科学数据进行整合形成符合林业科学数据共享的数据格式、规范要求的专题数据，原则上需独立建设专题，不再重新进行数据组织和系统开发建设，但其所提交的用于林业科学数据共享的数据，应按照分类编码的要求，对数据集进行数据分类的编码和标识工作。便于数据分类和编目。

附加说明：

本标准由中国林业科学研究院资源信息研究所负责起草。

本标准起草人为张旭、杨彦臣、邓广、陈艳、雷振宇、刘燕。

六、林业科学数据中心标准体系结构(V1.0)

1 主题内容与适用范围

林业科学数据中心整合各类林业科学数据集和数据库，实现林业科学数据共享的工作目标。制订数据资源建设和数据共享的标准与规范是实现数据共享的必要技术保证。本规范为林业科学数据中心标准与规范的制订作出规定。

林业科学数据中心数据整合和数据共享标准与规范的制订工作须遵照本规范进行。

2 术语和定义

2.1 主体数据库 main-databases

指依据国际标准、国家标准或行业标准构建的一系列科学数据集所组成的，基于计算机系统运行的数据库。

2.2 元数据 metadata

是关于数据的数据，即关于数据的内容、质量、状况和其他有关特征的描述信息。是对科学数据资源的一种规范化描述。元数据有两种类型：数据集内容元数据和数据集结构元数据。

2.3 数据共享 data sharing

指依据国家相关政策、法律和标准，实现数据的流通和使用。

2.4 数据共享服务 data sharing services

是开展数据共享所提供的技术服务，包括：目录服务、导航服务、数据信息发布、数据浏览、查询、下载、数据产品加工、数据以及数据产品分发等。

3 编制原则

(1)所有标准与规范均参考或尽可能利用国内外相关技术标准，均应用于林业科学数据中心。

(2)标准规范的可操作性，即强调所有标准与规范均可实际应用于数据资源建设与数据共享工作。

(3)标准规范的可延续性、编码的可扩展性。

(4)重视数据质量和服务质量，充分考虑相应质量控制和评价。

4 林业科学数据中心标准与规范的体系

4.1 林业科学数据中心标准与规范体系框架

林业科学数据中心标准与规范体系分别是数据库标准与规范、信息分类标准与规范、应用服务分类标准与规范、共享技术标准与规范、政策措施及服务机制五个部分构成。其框架结构如图 1 所示。

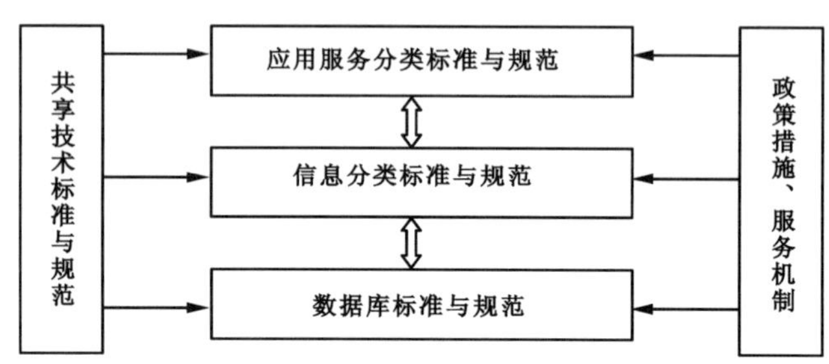

图 1 林业科学数据中心标准体系框架

数据库标准与规范界定了数据采集方法、定义、内容，数据库结构，数据库内数据集、数据表的名称、定义、分类与编码等；信息分类标准与规范是以数据库内容为基础，参考数据库应用需求，对数据信息进行系统的分类和编码，实现数据组织、集成和共享系统的构建；应用服务分类标准与规范以应用服务为目的，通过信息分类、提取、信息数据的处理将最终的统计、分析或计算结果提供给用户；共享技术标准与规范以信息共享为目的，定义元数据、数据组织、数据交换、访问权限、服务分类、定义、实现方法、封装等技术标准；政策措施及服务机制主要作为一种非技术性的管理条例、政策、措施等，重点是对于人员、行为、组织、运行的管理。

从层次关系来看，数据库标准规范处于最底层，其上层是信息分类标准与规范，最上层是应用服务标准与规范。三者中，数据库标准与规范是信息分类标准与规范的基础。而应用服务分类标准与规范则建立在信息分类标准的基础上，从数据共享实际需求来看，则这种层次关系则相反，即应用需求决定需要哪些数据并需要对这些数据进行分类，对这些数据分类后可按照数据来源、类别、形式、性质、内容等决定建立哪些数据库，因此，这三者之间互相关联和影响；而共享技术标准与规范和政策措施、服务机制则以提供共享服务为目的，分别从技术的角度和管理方法的角度贯穿于三者之中。

4.2 林业科学数据中心标准与规范的分类

林业科学数据中心标准与规范的分类采用“线分类法”。本分级体系为两级分类。表 1 列出了林业科学数据中心标准与规范的分类。

表 1　林业科学数据标准与规范分类

一级分类	二级分类	说明
数据库标准与规范	森林资源基础数据技术规范	二级分类主要针对所建立的林业科学数据库具体名称确定
	林业科研机构数据库标准规范	
	国家重点地区速生丰产林建设工程基础数据库内容规范	
	天然林资源保护工程基础数据库内容规范	
	退耕还林工程基础数据库内容规范	
	京津风沙源治理工程基础数据库内容规范	
	三北及长江流域等防护林体系建设工程基础数据库技术规范	
	黄土高原典型生态区基础数据库技术规范	
	青藏高原典型生态区基础数据库技术规范	
	植树造林空间数据加工技术规范	
	森林病虫害空间数据加工技术规范	
	森林火灾数据建库技术规范	
	林业综合统计数据建库技术规范	
	森林病虫害发生空间分布数据库加工技术规范	
	森林病虫害防治空间分布数据库加工技术规范	
	森林病虫害检疫空间分布数据库加工技术规范	
	林业遥感监测评估数据采集和建库的标准和规范	
	林业科技文献标引技术规范	
	林业科技信息基础数据库技术规范	
	全国“县级”林业管理区划代码编制标准	
信息分类标准与规范	数据分类与编码体系	
	林业卫星遥感数据产品分类与编码技术规范	
	……	
应用服务分类标准与规范	数据集成汇交技术规范	
	林业专题空间数据质量控制标准	
	数字栅格林业专题图生产技术规范	
	……	
共享技术标准与规范	元数据标准	
	数据字典标准规范	
	网络与数据库安全技术标准规范	
	共享技术服务标准规范	服务分类、定义、实现方法、封装
	数据访问与权限标准规范	数据组织、数据交换、访问权限等技术标准
	……	

(续)

一级分类	二级分类	说明
政策措施、服务机制	林业科学数据中心服务运行框架	数据库建设共享行为角色描述、成员进出规定及管理；共享成员的权利、义务与责任、管理小组的职责
	用户服务与价格	用户、应用服务分类、应用服务的价格机制、应用服务质量控制
	安全保密管理规定	安全保密管理规定，共享信息服务的法律契约，版权声明
	林业科学数据分中心建设与运行管理规范	负责制度，组织机构与权限，奖惩制度等
	……	

由表1可知，一级分类按照林业科学数据中心框架结构划分，分别是数据库标准与规范，信息分类标准与规范，应用服务分类标准与规范，共享技术标准与规范，政策措施及服务机制共五个部分，二级分类是具体的标准与规范的名称，按照具体标准规范的主题分别列入相应的一级类目之下。

5 数据库标准与规范

5.1 主题内容

数据库标准与规范包括：数据采集标准与规范、数据库内容标准与规范、数据库建库标准与规范、数据内容分类与代码等四方面的内容，适用于与数据采集、加工、数据库改造及建立数据库相关的各类标准规范。

5.2 编写要求

数据采集标准与规范：主要按照现有行业和国家标准执行(略)。

数据库内容标准与规范：主要界定数据库主要数据集、数据表、主要数据项分类、编码、定义、内容。

数据库建库标准与规范：详细定义数据库、各数据集、数据表的空间结构关系、名称、定义、编码；数据项的名称、定义、编码字段类型、长度等。

数据内容分类与代码：充分考虑数据冗余及数据操作效率的平衡，对于具有相同特性的数据内容，如树种、土壤等进行数据内容的分类和编码并建立代码对应表

5.3 主要标准规范文本

- 森林资源基础数据技术规范
- 天然林资源保护工程基础数据库内容规范
- 退耕还林工程基础数据库规范
- 京津风沙源治理工程基础数据库规范
- 三北及长江流域等防护林体系建设工程基础数据库技术规范
- 黄土高原典型生态区基础数据库技术规范
- 青藏高原典型生态区基础数据库技术规范

- 植树造林空间数据加工技术规范
- 森林病虫害空间数据加工技术规范
- 森林火灾数据建库技术规范
- 林业综合统计数据建库技术规范
- 森林病虫害发生空间分布数据库加工技术规范
- 森林病虫害防治空间分布数据库加工技术规范
- 森林病虫害检疫空间分布数据库加工技术规范
- 林业遥感监测评估数据采集和建库的标准和规范
- 林业科技文献标引技术规范
- 林业科技信息基础数据库技术规范
- 全国“县级”林业管理区划代码编制标准

6 信息分类标准与规范

6.1 主题内容

信息分类标准与规范是以数据库内容为基础，参考数据库应用需求，对数据信息进行系统的分类和编码，以实现数据组织、集成和共享系统的构建。

6.2 编写要求

信息分类标准与规范应满足据数据组织、集成和共享系统构建的要求，原则上，每个数据表应具有对应的信息分类编码，同时，每个信息分类编码可对应一到多个数据表。

6.3 主要标准规范文本

- 林业科学数据分类与编码
- 林业卫星遥感数据产品分类与编码技术规范

7 应用服务分类标准与规范

7.1 主题内容

应用服务分类标准与规范主要以应用服务为目的，主题为建立关于信息分类、提取、信息数据的处理、统计、分析或计算结果集的服务标准及规范。

7.2 编写要求

由于用户需求的多样性，信息分类、提取、处理过程与结果不尽相同。根据用户的具体需求选择共性的服务内容或重要的数据指标。针对特定用户需求详细说明主要应用服务指标、应用服务质量标准，如：数据来源、数据质量、数据提取、加工处理方式、分析方法和提交结果集的方式。

7.3 主要标准规范文本

- 数据集成汇交技术规范
- 林业专题空间数据质量控制标准

- 数字栅格林业专题图生产技术规范

8 共享技术标准与规范

8.1 主题内容

以信息共享为目的，定义元数据、数据组织、数据交换、访问权限、服务分类、定义、实现方法、封装等技术标准。

8.2 编写要求

主要规定数据的提供、访问及权限等。

8.3 主要标准规范文本

- 林业科学数据共享元数据标准
- 数据字典标准规范

9 政策措施、服务机制标准与规范

9.1 主题内容

政策措施及服务机制包括各种非技术性的管理条例、政策、措施等，适用于项目人员、行为、组织、运行的管理。

9.2 编写要求

主要规定数据管理、运行管理、用户管理等。

9.3 主要标准规范文本

- 林业科学数据中心服务运行框架
- 林业科学数据中心分中心建设规范
- 林业科学数据分中心运行管理规范

10 林业科学数据中心标准与规范的更新和扩充

林业科学数据中心标准与规范体系的更新主要是更新二级分类中的标准与规范。在进行相应数据库改造之前或在改造过程中，启用用新的标准规范，替代旧的标准规范。

本标准与规范体系的扩充主要是在所属一级分类类目下，在二级分类中添加新的标准规范。

附加说明：

本标准由中国林业科学研究院资源信息研究所负责起草。

本标准起草人为张旭、杨彦臣、刘燕、邓广、陈艳、雷振宇。

七、林业专题空间数据质量控制标准

1 主题内容与适用范围

数据的质量关系到林业科学数据中心的生命力，对数据加工整合的全过程实施有效的监督和质量控制，是数据整合质量的重要保证。本标准对林业科学数据中心的林业专题数据整合过程中的数据质量控制作了相关的规定。

本标准适用于林业科学数据共享工作中对林业专题空间数据的整合处理。

2 参考标准

林业专题空间数据加工处理技术规范[《林业科学数据库和数据共享技术标准与规范(第一辑)》，2004 年 3 月]

3 术语和定义

质量控制 quality control

指为了达到数据质量要求所采取的作业方法。

4 林业专题空间数据质量控制标准

4.1 数据定义范围

林业专题空间数据的来源复杂、类型繁多、分布分散，林业科学数据中心对空间数据的整合工作主要是由纸质图、栅格扫描图、电子版矢量图以及分类遥感影像等加工制作成以矢量格式存储的各种林业专题图和与其相关的辅助图。

4.2 数据类型

由于数据来源的复杂性，它导致了林业专题图的空间范围、时间、比例尺、数学基础、属性等信息的多样性。

林业专题空间矢量数据按照几何特征可分为点、线、面三种基本类型；按照专题类型可分为森林分布图、林相图、林业区划图、林业规划图、林业工程分布图、样地分布图、林带分布图等诸多专题。

4.3 质量控制范围

林业专题空间数据的质量控制主要包括数据自身的质量评估和是否符合林业科学数据中心的汇交规定两方面内容。

4.4 数据质量评估

数据自身的质量是数据的质量控制最核心部分，本标准主要针对这方面内容作相关的规定。

4.4.1 数据整合基本原则

在确保空间数据来源具有可靠性的基础上，林业领域专家根据其使用价值和科技意义等进行评估和筛选、制定有效的整合技术和方法，再由专业人员进行加工。

林业专题空间数据自身的质量评估主要包括数据的完整性、位置精度、属性精度、合理性等方面的情况。

4.4.1.1 数据完整性

林业专题空间数据的完整性主要包括两层含义，即数据覆盖范围和数据层完整。

数据覆盖范围是指数据是否覆盖到应该覆盖的范围，如一个省的数据就应该覆盖到全省空间范围，不能有局部短缺。

数据层完整是指一般应提交与林业专题空间数据配套的地理底图等辅助空间数据。

4.4.1.2 数据位置精度

空间数据位置精度包括数学基础精度和平面位置精度。

4.4.1.2.1 数学基础精度

整合成的空间数据的数学基础精度应符合原图比例尺的制图要求。

如果数据的加工是从数据采集起步，关于这方面要求参见《林业专题空间数据加工处理技术规范》中的“4.1.3 控制点选取与坐标转换”[见《林业科学数据库和数据共享技术标准与规范(第一辑)》]。

4.4.1.2.2 平面位置精度

空间数据平面位置精度是指数据采集中的图元素的采集精度，应该遵循如下原则：

(1)在计算机屏幕上勾绘，勾绘底图的放大尺寸应不小于原图比例尺。

(2)线、面要素的采集密度以几何形状不失真、位置吻合为原则确定。采点密度随着曲率的增大而增加，平直处的采点间隔可适当放大。以比例尺1：1万的图为例，采点间隔一般为0.5mm，最大不应超过10mm。

(3)共线线元素的采集详见《林业专题空间数据加工处理技术规范》中的“4.1.5 共线线元素数据采集原则”的规定。

4.4.1.3 数据属性精度

空间数据属性主要是指描述图元素的属性。属性精度包括图元素数据与描述的属性数据之间对应关系须正确无误，各属性项不能遗漏。如专题分类代码不能输错；如果是标识码，必须唯一有效、不重复。如果有表示行政区划代码的属性信息，则采用的行政区划代码要与该专题图的年代相吻合。

4.4.1.4 数据合理性

数据合理性包括数据逻辑一致性、拓扑一致性、成图合理性等方面。

4.4.1.4.1 逻辑一致性

空间数据的点、线、面类型定义必须正确，不能是有些软件支持的其他混合类型。

图元素的空间关系不应出现矛盾，如道路和河流相交、等高线自相交；又如土地利用图上为水田的位置，在同期的森林分布图上为林地。这些类错误不允许出现。

4.4.1.4.2 拓扑一致性

空间数据的拓扑关系一定要正确。面状空间数据实体最终一定要能生成多变形，应保证多边形闭合、连通，没有破碎多边形和岛多边形未生成的错误。线状空间数据实体应具有连续性，线段相交不应出现悬挂或过头现象。

4.4.1.4.3 成图合理性

(1)数据自身成图合理性。

经过裁切、叠加、拼接的空间数据应特别注意成图合理性。

如面状空间数据拼接后，不应出现缝隙；裁切或叠加后，不应出现面积过小的多边形，一般不小于同比例尺纸质图上的4mm^2，对于有特别意义的多边形面积可以小到2mm^2;，一个多边形的最狭窄处的宽度不应小于同比例尺纸质图上的0.1mm。

(2)数据管理级别与数据尺度的合理性。

一般情况下，空间数据管理级别(国家、市、县、乡、村等)与数据尺度的对应关系必须匹配，有关规定参见《林业专题空间数据加工处理技术规范》中的“4.1.2 数据管理级别与比例尺的对应关系”[见《林业科学数据库和数据共享技术标准与规范(第一辑)》]。

4.5 数据汇交规定

数据汇交规定包括数学基础、数据格式、代码属性的填写及数据库、数据表、数据字段的命名规则，还包括与提交数据配套的技术文档、元数据、数据字典等说明。这些都应遵循林业科学数据中心制订的相关规定，内容详见林业科学数据中心已颁发的《数据集成汇交技术规范》。

4.6 数据质量控制流程

林业科学数据中心的数据整合工作实行数据质量责任制，责任落实到组。数据质量控制流程包括数据整合前的准备工作、整合过程中的质量控制和验收数据三个主要环节。前两个环节完全由提交数据所在的数据整合组操作负责。

4.6.1 准备工作

数据整合前准备工作是数据质量控制的基础，制定有效的整合技术和方法是确保整合质量的关键。

4.6.2 整合数据

整合数据这是最重要的一个环节，在整合的过程中每一工序应有自查、互查和最终检查。

4.6.3 验收数据

数据质量控制组根据提交的数据和相关说明文档进行抽查或专查，提交质量评估。数据整合组根据评估报告，进行数据修改并提交修改报告。数据修改视数据质量情况可反复多次进行。

附加说明：

本技术规范由中国林业科学研究院资源信息研究所负责起草。

本技术规范起草人武红敢、田永林。

八、数字栅格林业专题图生产技术规范

1　主题内容与适用范围

数字栅格林业专题图是纸质林业专题地图的数字形式，具有以它为背景进行数字矢量数据的采集、绘制成纸质地图、永久保存等多种用途。

本技术规范对数字栅格林业专题图的制作等作了统一的规定，适用于林业科学数据共享工作中对林业专题图数字栅格数据的加工处理。

2　编制依据

林业专题空间数据加工处理技术规范［《林业科学数据库和数据共享技术标准与规范（第一辑）》，2004 年 3 月］

3　术语和定义

3.1　数字栅格图 digital raster graphic

数字栅格图简称 DRG，指纸质图经计算机处理的栅格形式的图形数据，它具有在内容、几何精度和色彩上与纸质图基本保持一致的特点。

3.2　专题地图标 thematic map

指着重表示自然现象或社会现象中的某一种或几种要素的地图，即集中表现某种主题内容的地图。

4　数字栅格林业专题图生产技术规范

4.1　数据源

数据源包括不同地域、不同年代、不同比例尺的各种纸质林业专题图。

4.2　作业方法

使用计算机等相关设备直接对纸质林业专题图进行扫描，然后通过栅格编辑、几何校正等过程生成数字栅格图像。

作业流程一般要经过如下过程：

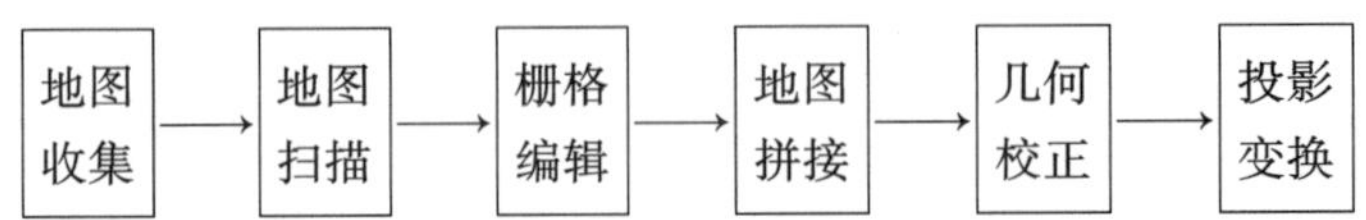

4.2.1　地图收集

收集的专题地图应质量良好，平整、无变形、色正、清晰，图面质量有严重缺陷的，应不采用。

4.2.2　地图扫描

扫描地图一般采用 RGB 彩色模式扫描，可根据扫描设备的配置和对栅格专题图的需求酌情采用 16 色或 256 色扫描(一般 16 色可满足需要)。

采用适当的扫描分辨率，以扫描图像不粘连，不发虚为原则。扫描分辨率设置不低于 200dpi。扫描地图中的要素密度较大时，可酌情提高扫描分辨率设置。

扫描地图北朝上，如果有公里格网线扫描线，尽量与水平方向公里格网线平行。扫描成的图像要保证质量，图像不应发虚、线划与注记清晰、面状要素无明显断线。

4.2.3　栅格编辑

对经过扫描获得的栅格影像应进行必要的编辑处理，粘连严重的图像要进行分割，粘连的注记要删除、重新植入；明显断线、断点的图像要进行填充；明显非要素等图斑要清除；对图廓外的整饰内容进行必要的处理。

经过栅格编辑处理后的图像应色调均匀、清晰、无要素丢失。如果扫描成的图像质量好，能满足实际需要，这步工作可以省略。

4.2.4　地图拼接

如果一个专题地图由多幅纸质图构成，为了保证几何校正时能选取足够多的控制点或提高工作效率，可以先对分幅地图进行拼接。拼接后的栅格图像，在接缝处的色彩应过渡自然，不应出现明显的色彩差异。

如果分幅地图有足够多的控制点，则应先进行几何校正，尔后再对地图进行拼接。

4.2.5　几何校正

在完成栅格编辑、地图拼接的处理后，要对栅格图像进行几何校正(数学基础复原)工作。几何校正前，一般要做标准控制点数据(根据地图标注的投影类型或其他标识信息)或获取大比例尺地形图等准备工作。然后参照标准控制点数据或地形图对扫描图像进行严格几何精校正。校正精度应符合原图比例尺的制图要求，控制点选用的个数以满足图像校正的精度为准。

如果纸质地图上没有标明投影类型，栅格图像应该由专业人员校正或在专业人员指导下进行。

4.2.6　投影变换

在获得高精度的数字栅格影像地图的基础上，再把图像数据转换为符合本项目规定的投影坐标系统，为矢量化等工作奠定坚实的基础。

4.2.7　存储格式

数字栅格林业专题图存储格式为 GeoTIFF 格式。

附加说明：

本技术规范由中国林业科学研究院资源信息研究所负责起草。

本技术规范起草人武红敢、田永林。

九、森林资源基础数据技术规范(修订)

1　主题内容与适用范围

本技术规范规定了森林资源基础数据的分类、编码、数据库表结构等方面的内容。

本技术规范适用于森林资源基础数据的采集及建库工作。

2　参考标准

森林资源基础数据技术规范的制订在广泛参考国家标准和行业标准的前提下进行，其中参考的主要标准如下：

GB/T 14721.1—1993　林业资源分类与代码—森林类型

LY/T 1119—1993　林业资源分类与代码—国营林场名称和代码

LY/T 1439—1999　森林资源代码—树种

LY/T 1438—1999　森林资源代码—森林调查

LY/T 1440—1999　森林资源代码—林业行政区划

LY/T 1441—1999　森林资源代码—林业区划

GB/T 2260—2002　中华人民共和国行政区划代码

《国家森林资源连续清查主要技术规定》(中华人民共和国林业部林资通字[1994]42 号文颁布)

《森林资源规划设计调查主要技术规定》(中华人民共和国林业部林资通字[1996]103 号文颁发)

森林资源统计数据以国家林业局(原林业部)公布的森林资源统计数据内容为标准

3　术语和定义

3.1　森林 Forest

植被类型之一。以乔木为主体的，包括灌木、草本植物、其他生物及林中土壤在内的自然综合体。

3.2　森林类型 Forest Types

森林按其自然历史地理条件、外貌、树种组成与结构的不同所划分的类别。

3.3　优势树种 Dominant Species

简称优势种。在主林层中，数量最多，盖度最大，对森林环境作用最明显，并对森林生态环境起指示作用的树种。

3.4　龄级 Age Class

对林木年龄的分级。是经营上计算林龄的单位。各龄级所包括的年数称为龄级期限。根据林木主伐年龄的长短和起源的不同，通常天然起源的针叶树和硬阔叶树以 20 年为一个龄级，软阔叶树以

10 年为一个龄级；人工林的龄级年限要短些。我国有些速生树种，如杉木、檫木、杨树、泡桐等人工林，多以 5 年为一个龄级；竹林和灌木树种，根据经济用途不同，又常以 1 年或 2 年为一个龄级。龄级由小到大以罗马数字 1、Ⅱ、Ⅲ、Ⅳ……表示。

3.5 地位级 Site Class

反映一定树种立地条件的优劣或林分生产能力的一种指标，一般分为五级，由高到低以符号Ⅰ、Ⅱ、Ⅲ、Ⅳ、Ⅴ表示。地位级越高，说明立地条件越好，其自然生产力也越高。任一林分的地位级可根据其平均树高和年龄在地位级表中查得。地位级是组织作业级的主要依据之一。对地位级不同的林分应采取不同的经营利用措施。

3.6 树种组成 Species Composition

又叫林分组成。它说明某一林分中各个树种所占的比重。比重的大小以各树种的蓄积量为准。如各树种的直径相差不大，也可以其株数多少为准。林木组成以各树种所占的十分比表示，叫组成式。如 6/10 是落叶松、4/10 是桦树，其组成式为 6 落 4 桦。凡比重不到一成，但在 0.5 成以上则算做一成。比重不到 0.5 但在 0.2 成以上时，则以“＋”号代之。不到 0.2 成者，则以“－”代之。如 6 落 4 桦＋云－冷(落是落叶松，桦是桦树，云是云杉，冷是冷杉)。在组成式里，按树种比重大小排列。如遇比重相同，则经济价值较高树种排在前头。

3.7 国家森林资源连续清查 National Forest Continues Inventory

简称一类清查。国家森林资源连续清查是全国森林资源监测体系的重要组成部分，是掌握宏观森林资源现状及其消长动态，制定和调整林业方针政策、规划、计划，监督检查领导干部实行森林资源消长任期目标责任制的重要依据。以省(自治区、直辖市)为单位，每 5 年复查一次。

3.8 森林资源规划设计调查 Forest Management Inventory

简称二类调查，也称森林经理调查。森林资源规划设计调查是以国有林业局、林场、自然保护区、县(旗)为单位，以满足森林经营、编制森林经营方案、总体设计和县级林业区划、规划等需要进行的森林资源清查，其成果亦是建立或更新森林资源档案，制定森林采伐限额，实行森林资源资产化管理，指导和规范林业基层单位科学经营的重要依据。森林资源规划设计调查周期一般为 10 年。

3.9 作业设计调查 Forest Operating Investigation

简称三类调查。查清一个伐区内，或者一个抚育、改造林分范围内的森林资源数量、出材量、生长状况、结构规律等，据以确定采伐或抚育、改造的方式、采伐强度、预估出材量以及更新措施、工艺设计等。一类调查是企业经营利用的手段，应在二类调查的基础上，根据规划设计的要求逐年进行，森林资源应落实到具体的伐区或一定范围的作业地块上。

3.10 林种 Sorts of Forest

按经营目的不同而划分的森林类别。如防护林、用材林、经济林、薪炭林、特种用途林。

3.11 生态公益林 Ecological Forest

生态公益林是以保护和改善人类生存环境、保持生态平衡、保存物种资源、科学实验、森林旅游、国土保安等需要为主要经营目标的森林和灌木林。生态公益林涉及到防护林和特种用途林两个林种，相应包括水源涵养林、水土保持林、防风固沙林、农田牧场防护林、护岸林、护路林、国防林、实验林、母树林、环境保护林、风景林、名胜古迹和革命纪念地林、自然保护区林等 13 个二级林种。

3.12 商品林 Commercial Forest

以生产木材、薪炭、干鲜果品及其他工业原料等为主要经营目标的森林和灌木林。商品林涉及用材林、薪炭林和经济林 3 个林种，相应包括一般用材林、短轮伐期用材林、薪炭林、油料林、特种经济林、果树林、其他经济林等 7 个二级林种。

3.13 伐区 Harvesting Area

在林业生产中，通常把确定为采伐的森林地段，叫做伐区。或者是林场(所)一年所采伐作业的区域，也就是林场(所)一年采伐作业林地面积的总和。

3.14 作业区 Operating Area

作业区是组织采伐作业的一个单位。作业区一般情况下是在伐区内按集材系统，把一个装车场吸引原木的林地划归为一个作业区。

3.15 林班 Compartment

为了便于调查设计和长期的经营管理，在基层林业单位(如林场)内，把土地分成大致相等的基本单位。林班具有永久性质，其境界线必须明确标明。林班面积的大小，因经营强度而不同。划分林班的方法有人工区划、自然区划和综合区划三种。林班的编号用大写正体的阿拉伯数字，以便与小班编号相区别。

3.16 小班 Sub-Compartment

小班是进行森林经营、组织木材生产的最小单位，也是调查设计的基本单位。在作业区内把立地条件、林分因子、采伐方式、经营措施相同和集材系统一致的林分划为一个小班。小班界限按集材系统以自然区划为主。一个小班的面积，一般以 $5hm^2$ 左右为宜，最大不应超过 $20hm^2$。

3.17 森林分布图 Forest Distributing map

以林业局或林场为单位进行绘制，其比例尺一般小于林相图一倍。森林分布图是以林相图为基础缩绘而成。图内的区划网只绘到林班，从西北到东南按顺序注记林班号，按照林班标注地类，以林班内优势林分着色。该图是林业局的森林资源分布图，也是林业局指挥生产的基本图面材料。

3.18 林相图 Forest Sub-Compartment Map

林相图是根据小班调查材料，以林场为单位进行绘制。林相图的主要特点是按不同的地类，不同的优势树种，不同的龄组，分别小班着绘不同的颜色，因此，林相图能清楚地反映整个林场的地物、地类及森林按优势树种及龄组的分布特征，也能反映出各个小班的林分及土地生产力的特征，它是森林经理及经营不可缺少的图面材料。

4 森林资源数据类别及内容

数据类别	内容	基本单元
森林资源连续清查结果	森林分布图	全国、省(自治区、直辖市)
	森林资源统计数据	
	样地连续观测数据	
森林资源规划设计调查结果	林相图	县(林业局)
	森林资源分布图	
	森林资源统计数据	
	小班调查数据	
森林资源作业设计调查结果	造林	乡(林场)
	抚育间伐	
	主伐	
林业分类区划结果	林业区划图	全国、省(自治区、直辖市)、县(林业局)
	立地类型图	
	林业规划图	
专题研究临时样地观测数据	样地调查因子	

5 森林资源数据库

5.1 森林资源连续清查结果

5.1.1 森林分布图

森林分布图自定义属性项见表1。

表1 森林分布图自定义属性项

序号	数据项名称	存储名称	数据类型	长度	单位
1	行政单元	FNAME	字符型	50	
2	行政代码	FNAMECODE	字符型	9	
3	类型	FTYPE	字符型	50	
4	类型代码	FTYPECODE	字符型	3	
5	标准类型	BZTYPE	字符型	20	
6	标准类型代码	BZCODE	字符型	7	

5.1.2 森林资源统计数据

一类调查森林资源统计数据包括森林资源概况表、林业用地各类土地面积统计表、森林资源面积蓄积统计表、林分各林种各龄组面积蓄积统计表、森林资源按权属统计表、人工林各林种各龄组面积蓄积统计表、人工林资源统计表、天然林各林种各龄组面积蓄积统计表、天然林资源统计表、竹林面积株数统计表和经济林面积统计表，具体见表2至表12。

表 2 森林资源概况

序号	数据项名称	存储名称	数据类型	长度	单位	备注
1	统计单位名称	TJDW	字符型	30		
2	统计单位代码	DAIM	字符型	6		
3	总面积	ZMJ	数值型	10	$100hm^2$	
4	林业用地面积	LYYD	数值型	10	$100hm^2$	
5	活立木总蓄积	HMXJ	数值型	10	$100m^3$	
6	有林地面积	YLMJ	数值型	10	$100hm^2$	
7	有林地蓄积	YLXJ	数值型	10	$100m^3$	
8	林分面积	LFMJ	数值型	10	$100hm^2$	
9	林分蓄积	LFXJ	数值型	10	$100m^3$	
10	林分蓄积面积比例	LFBL	数值型	10		
11	针叶林面积	ZYMJ	数值型	10	$100hm^2$	
12	针叶林蓄积	ZYXJ	数值型	10	$100m^3$	
13	针叶林蓄积面积比例	ZYBL	数值型	10		
14	阔叶林面积	KYMJ	数值型	10	$100hm^2$	
15	阔叶林蓄积	KYXJ	数值型	10	$100m^3$	
16	阔叶林蓄积面积比例	KYBL	数值型	10		
17	经济林面积	JJMJ	数值型	10	$100hm^2$	
18	竹林面积	ZLMJ	数值型	10	$100hm^2$	
19	森林覆盖率	FBL	数值型	10	%	
20	林业用地占总面积比例	LYBL	数值型	10		
21	有林地占林业用地面积比例	YLDBL	数值型	10		
22	人均有林地面积	RJMJ	数值型	10	$100hm^2$	
23	人均有林地蓄积	RJXJ	数值型	10	$100m^3$	

表 3 林业用地各类土地面积统计表

序号	数据项名称	存储名称	数据类型	长度	单位	备注
1	统计单位名称	TJDW	字符型	30		
2	统计单位代码	DAIM	字符型	6		
3	权属代码	QS	字符型	5		见 6. 2. 9
4	林业用地面积	LYMJ	数值型	10	$100hm^2$	
5	有林地合计	YLMJ	数值型	10	$100hm^2$	
6	林分合计	LFHJ	数值型	10	$100hm^2$	
6	用材林	YCL	数值型	10	$100hm^2$	
7	防护林	FHL	数值型	10	$100hm^2$	
8	薪炭林	XTL	数值型	10	$100hm^2$	
9	特用林	TYL	数值型	10	$100hm^2$	
10	经济林	JJL	数值型	10	$100hm^2$	
11	竹林	ZL	数值型	10	$100hm^2$	

(续)

序号	数据项名称	存储名称	数据类型	长度	单位	备注
12	疏林地	SLMJ	数值型	10	$100hm^2$	
13	灌木林地	GMMJ	数值型	10	$100hm^2$	
14	未成林造林地	WCZMJ	数值型	10	$100hm^2$	
15	苗圃地	MPMJ	数值型	10	$100hm^2$	
16	无林地合计	WLMJ	数值型	10	$100hm^2$	
17	宜林荒山荒地	YLHS	数值型	10	$100hm^2$	
18	采伐迹地	CJMJ	数值型	10	$100hm^2$	
19	火烧迹地	HJMJ	数值型	10	$100hm^2$	
20	宜林沙荒地	YLSH	数值型	10	$100hm^2$	

表 4　森林资源面积蓄积统计表

序号	数据项名称	存储名称	数据类型	长度	单位	备注
1	统计单位名称	TJDW	字符型	30		
2	统计单位代码	DIAM	字符型	6		
3	活立木总蓄积	HMXJ	数值型	10	$100m^3$	
4	林分面积	LFMJ	数值型	10	$100hm^2$	
5	林分蓄积	LFXJ	数值型	10	$100m^3$	
6	疏林地面积	SLMJ	数值型	10	$100hm^2$	
7	疏林地蓄积	SLXJ	数值型	10	$100m^3$	
8	散生木蓄积	SSXJ	数值型	10	$100hm^2$	
9	四旁树株数	SPZS	数值型	10	万株	
10	四旁树蓄积	SPXJ	数值型	10	$100m^3$	
11	枯倒木蓄积	KMXJ	数值型	10	$100m^3$	

表 5　林分各林种各龄组面积蓄积统计表

序号	数据项名称	存储名称	数据类型	长度	单位	备注
1	统计单位名称	TJDW	字符型	30		
2	统计单位代码	DAIM	字符型	6		
3	林种代码	LZ	字符型	6		见 6.2.2
4	面积合计	MJHJ	数值型	10	$100hm^2$	
5	蓄积合计	XJHJ	数值型	10	$100m^3$	
6	幼龄林面积	YLMJ	数值型	10	$100hm^2$	
7	幼龄林蓄积	YLXJ	数值型	10	$100m^3$	
8	中龄林面积	ZLMJ	数值型	10	$100hm^2$	
9	中龄林蓄积	ZLXJ	数值型	10	$100m^3$	
10	近熟林面积	JSMJ	数值型	10	$100hm^2$	
11	近熟林蓄积	JSXJ	数值型	10	$100m^3$	
12	成熟林面积	CSMJ	数值型	10	$100hm^2$	
13	成熟林蓄积	CSXJ	数值型	10	$100m^3$	

(续)

序号	数据项名称	存储名称	数据类型	长度	单位	备注
14	过熟林面积	GSMJ	数值型	10	$100hm^2$	
15	过熟林蓄积	GSXJ	数值型	10	$100m^3$	

表 6　森林资源按权属统计表

序号	数据项名称	存储名称	数据类型	长度	单位	备注
1	统计单位名称	TJDW	字符型	30		
2	统计单位代码	DAIM	字符型	6		
3	权属代码	QS	字符型	5		见 6.2.9
4	活立木总蓄积	HMXJ	数值型	10	$100m^3$	
5	有林地面积	YLMJ	数值型	10	$100hm^2$	
6	林分面积	LFMJ	数值型	10	$100hm^2$	
7	林分蓄积	LFXJ	数值型	10	$100m^3$	
8	人工林面积	RGMJ	数值型	10	$100hm^2$	
9	人工林蓄积	RGXJ	数值型	10	$100m^3$	
10	经济林面积	JJMJ	数值型	10	$100hm^2$	
11	竹林面积	ZLMJ	数值型	10	$100hm^2$	

表 7　人工林各林种各龄组面积蓄积统计表

序号	数据项名称	存储名称	数据类型	长度	单位	备注
1	统计单位名称	TJDW	字符型	30		
2	统计单位代码	DAIM	字符型	6		
3	林种代码	LZ	字符型	6		见 6.2.2
4	面积合计	MJHJ	数值型	10	$100hm^2$	
5	蓄积合计	XJHJ	数值型	10	$100m^3$	
6	幼龄林面积	YLMJ	数值型	10	$100hm^2$	
7	幼龄林蓄积	YLXJ	数值型	10	$100m^3$	
8	中龄林面积	ZLMJ	数值型	10	$100hm^2$	
9	中龄林蓄积	ZLXJ	数值型	10	$100m^3$	
10	近熟林面积	JSMJ	数值型	10	$100hm^2$	
11	近熟林蓄积	JSXJ	数值型	10	$100m^3$	
12	成熟林面积	CSMJ	数值型	10	$100hm^2$	
13	成熟林蓄积	CSXJ	数值型	10	$100m^3$	
14	过熟林面积	GSMJ	数值型	10	$100hm^2$	
15	过熟林蓄积	GSXJ	数值型	10	$100m^3$	

表 8　人工林资源统计表

序号	数据项名称	存储名称	数据类型	长度	单位	备注
1	统计单位名称	TJDW	字符型	30		
2	统计单位代码	DAIM	字符型	6		

(续)

序号	数据项名称	存储名称	数据类型	长度	单位	备注
3	面积合计	MJHJ	数值型	10	$100hm^2$	
4	蓄积合计	XJHJ	数值型	10	$100m^3$	
5	已成林面积	CLMJ	数值型	10	$100hm^2$	
6	林分面积	LFMJ	数值型	10	$100hm^2$	
7	林分蓄积	LFXJ	数值型	10	$100m^3$	
8	林分公顷蓄积	GQXJ	数值型	10	$100m^3$	
9	经济林面积	JJMJ	数值型	10	$100hm^2$	
10	竹林面积	ZLMJ	数值型	10	$100hm^2$	
11	未成林造林地面积	WCLMJ	数值型	10	$100hm^2$	
12	疏林地面积	SLMJ	数值型	10	$100hm^2$	
13	疏林地蓄积	SLXJ	数值型	10	$100m^3$	

表 9　天然林各林种各龄组面积蓄积统计表

序号	数据项名称	存储名称	数据类型	长度	单位	备注
1	统计单位名称	TJDW	字符型	30		
2	统计单位代码	DAIM	字符型	6		
3	林种代码	LZ	字符型	6		见 6.2.2
4	面积合计	MJHJ	数值型	10	$100hm^2$	
5	蓄积合计	XJHJ	数值型	10	$100m^3$	
6	幼龄林面积	YLMJ	数值型	10	$100hm^2$	
7	幼龄林蓄积	YLXJ	数值型	10	$100m^3$	
8	中龄林面积	ZLMJ	数值型	10	$100hm^2$	
9	中龄林蓄积	ZLXJ	数值型	10	$100m^3$	
10	近熟林面积	JSMJ	数值型	10	$100hm^2$	
11	近熟林蓄积	JSXJ	数值型	10	$100m^3$	
12	成熟林面积	CSMJ	数值型	10	$100hm^2$	
13	成熟林蓄积	CSXJ	数值型	10	$100m^3$	
14	过熟林面积	GSMJ	数值型	10	$100hm^2$	
15	过熟林蓄积	GSXJ	数值型	10	$100m^3$	

表 10　天然林资源统计表

序号	数据项名称	存储名称	数据类型	长度	单位	备注
1	统计单位名称	TJDW	字符型	30		
2	统计单位代码	DAIM	字符型	6		
3	天然林合计	TRHJ	数值型	10	$100m^3$	
4	林分面积	LFMJ	数值型	10	$100hm^2$	
5	林分蓄积	LFXJ	数值型	10	$100m^3$	
6	林分每公顷蓄积	GQXJ	数值型	10	$100m^3$	
7	经济林面积	JJMJ	数值型	10	$100hm^2$	

(续)

序号	数据项名称	存储名称	数据类型	长度	单位	备注
8	竹林面积	ZLMJ	数值型	10	$100hm^2$	
9	疏林地面积	SLMJ	数值型	10	$100hm^2$	
10	疏林地蓄积	SLXJ	数值型	10	$100m^3$	

表 11 竹林面积株数统计表

序号	数据项名称	存储名称	数据类型	长度	单位	备注
1	统计单位名称	TJDW	字符型	30		
2	统计单位代码	DAIM	字符型	6		
3	竹林总面积	ZLMJ	数值型	10	$100hm^2$	
4	毛竹面积	MZMJ	数值型	10	$100hm^2$	
5	毛竹总株数	MZZS	数值型	10	万株	
6	毛竹林分株数	MZLZS	数值型	10	万株	
7	毛竹散生株数	MZSZS	数值型	10	万株	
8	杂竹面积	ZZMJ	数值型	10	$100hm^2$	
9	杂竹株数	ZZZS	数值型	10	万株	

表 12 经济林面积统计表

序号	数据项名称	存储名称	数据类型	长度	单位	备注
1	统计单位名称	TJDW	字符型	30		
2	统计单位代码	DAIM	字符型	6		
3	经济林总面积	JJMJ	数值型	10	$100hm^2$	
4	果树林面积	GLMJ	数值型	10	$100hm^2$	
5	食用油料林面积	SYMJ	数值型	10	$100hm^2$	
6	饮料林面积	YLMJ	数值型	10	$100hm^2$	
7	调香料林面积	TXMJ	数值型	10	$100hm^2$	
8	药材林面积	YCMJ	数值型	10	$100hm^2$	
9	工业原料林面积	GYMJ	数值型	10	$100hm^2$	
10	其他经济林面积	QTMJ	数值型	10	$100hm^2$	

5.1.3 监测样地连续观测数据

监测样地连续观测数据属性项见表 13。

表 13 监测样地连续观测数据

序号	数据项名称	存储名称	数据类型	长度	单位	备注
1	统计单位	TJDW	字符型	30		
2	统计单位代码	DAIM	字符型	6		
3	乡镇(林班)代码	LB	字符型	3		
4	村(小班)代码	XB	字符型	3		
5	样地号	YDH	数值型	4		
6	纵坐标	ZZB	字符型	20		
7	横坐标	HZB	字符型	20		

(续)

序号	数据项名称	存储名称	数据类型	长度	单位	备注
8	样地类别	YDLB	字符型	6		见 6.2.5
9	地类代码	TDLB	字符型	6		见 6.2.1
10	权属代码	QS	字符型	5		见 6.2.9
11	海拔	HB	数值型	4	m	
12	地貌类型代码	DMLX	字符型	6		见 6.2.5
13	坡向代码	PX	字符型	6		见 6.2.5
14	坡位代码	PW	字符型	6		见 6.2.5
15	坡度级代码	PDJ	字符型	6		见 6.2.5
16	可及度代码	KJD	字符型	6		见 6.2.5
17	土壤名称代码	TR	字符型	6		见 6.2.5
18	土壤厚度	TH	数值型	3	cm	
19	林种代码	LZ	字符型	6		见 6.2.2
20	优势树种(组)代码	YSSZZ	字符型	11(6)		见 6.2.10
21	林分起源代码	QY	字符型	6		见 6.2.3
22	平均年龄	AGE	数值型	3	年	
23	龄组代码	LZU	字符型	6		见 6.2.3
24	平均胸径	DBH	数值型	4.1	cm	
25	平均树高	PJH	数值型	5.2	m	
26	地位级代码	DWJ	字符型	6		见 6.2.5
27	郁闭度	YBD	数值型	3.1		
28	出材等级代码	CCDJ	字符型	6		见 6.2.3
29	活立木蓄积	HLXJ	数值型	10	m^3	
30	林分蓄积	LFXJ	数值型	10	m^3	
31	散生蓄积	SSXJ	数值型	10	m^3	
32	四旁树株数	SPZS	数值型	10	株	
33	四旁树蓄积	SPXJ	数值型	10	m^3	
34	枯倒木蓄积	GDXJ	数值型	10	m^3	
35	采伐蓄积	CFXJ	数值型	10	m^3	
36	林分毛竹株数	LFZZ	数值型	10	株	
37	散生毛竹株数	SSZZ	数值型	10	株	
38	杂竹株数	ZSZZ	数值型	10	株	

5.2 森林资源规划设计调查结果

5.2.1 林相图

林相图自定义属性项见表 14。

表 14　林相图自定义属性项表

序号	数据项名称	存储名称	数据类型	长度	单位	备注
1	小班标识码	XB_ ID	字符型	15		
2	县(林业局)代码	C_ code	字符型	6		
3	乡镇(林场)代码	T_ code	字符型	3		
4	村(工区)代码	V_ code	字符型	3		
5	林班	LB	字符型	3		
6	小班	XB	字符型	3		
7	面积	MJ	数值型			
8	地类代码	TDLB	字符型	6		见 6. 2. 1
9	优势树种组代码	YSSZZ	字符型	11		见 6. 2. 10
10	龄组代码	LZU	字符型	6		见 6. 2. 3
11	郁闭度	YBD	数值型	3. 1		见 6. 2. 3

5. 2. 2　森林分布图

森林分布图自定义属性项见表 15。

表 15　森林分布图自定义属性项表

序号	数据项名称	存储名称	数据类型	长度	单位
1	行政单元	FNAME	字符型	50	
2	行政代码	FNAMECODE	字符型	9	
3	类型	FTYPE	字符型	50	
4	类型代码	FTYPECODE	字符型	3	
5	标准类型	BZTYPE	字符型	20	
6	标准类型代码	BZCODE	字符型	7	

5. 2. 3　森林资源统计数据

二类调查森林资源统计数据包括生态公益林统计表、林业用地各类土地面积统计表、森林资源面积蓄积统计表、林种统计表、红树林资源统计表、乔木林面积蓄积按龄组统计表、用材林近成过熟林面积蓄积按可及度及出材等级表、用材林近成过熟林各树种株数、材积按径级组、林木质量统计表、用材林与一般公益林中异龄林面积蓄积按大径木比等级统计表、用材林面积蓄积按龄组统计表、灌木林统计表、竹林统计表和经济林统计表，具体见表 16 至表 28。

表 16　生态公益林统计表

序号	数据项名称	存储名称	数据类型	长度	单位	备注
1	统计单位名称	TJDW	字符型	30		
2	统计单位代码	DAIM	字符型	6		
3	总面积	ZMJ	数值型	10	hm^2	
4	事权等级	SQDJ	字符型	30		
5	保护等级	BHDJ	字符型	30		
6	合计	HJ	数值型	10	hm^2	
7	有林地小计	YLXJ	数值型	10	hm^2	
8	乔木林小计	QMXJ	数值型	10	hm^2	

(续)

序号	数据项名称	存储名称	数据类型	长度	单位	备注
9	纯林	CLMJ	数值型	10	hm^2	
10	混交林	HJMJ	数值型	10	hm^2	
11	竹林	ZLMJ	数值型	10	hm^2	
12	红树林	HSLMJ	数值型	10	hm^2	
12	疏林地	SLMJ	数值型	10	hm^2	
13	灌木林地	GMMJ	数值型	10	hm^2	
14	国家特别规定灌木林	TGGM	数值型	10	hm^2	
15	其他灌木林	QTGM	数值型	10	hm^2	
16	未成林造林地	WCMJ	数值型	10	hm^2	
17	人工未成林造林地	RGWCMJ	数值型	10	hm^2	
18	封育未成林地	FYWCL	数值型	10	hm^2	
19	苗圃地	MPMJ	数值型	10	hm^2	
20	无立木林地	WLMLD	数值型	10	hm^2	
21	采伐迹地	CJMJ	数值型	10	hm^2	
22	火烧迹地	HJMJ	数值型	10	hm^2	
23	其他无立木林地	QTWLM	数值型	10	hm^2	
24	宜林地小计	YLXJ	数值型	10	hm^2	
25	宜林荒山荒地	YLHS	数值型	10	hm^2	
26	宜林沙荒地	YLSH	数值型	10	hm^2	
27	其他宜林地	QTYLD	数值型	10	hm^2	

表 17　林业用地各类土地面积统计表

序号	数据项名称	存储名称	数据类型	长度	单位	备注
1	统计单位名称	TJDW	字符型	30		
2	统计单位代码	DAIM	字符型	6		
3	总面积	ZMJ	数值型	10	hm^2	
4	权属代码	QS	字符型	5		见 6.2.9
5	森林类别	SLLB	字符型	7		见 6.2.11
6	林地合计	LDHJ	数值型	10	hm^2	
7	有林地小计	YLMJ	数值型	10	hm^2	
8	乔木林地小计	QMMJ	数值型	10	hm^2	
9	纯林	CLMJ	数值型	10	hm^2	
10	混交林	HJMJ	数值型	10	hm^2	
11	竹林	ZL	数值型	10	hm^2	
12	红树林	HSL	数值型	10	hm^2	
13	疏林地	SLMJ	数值型	10	hm^2	
14	灌木林地	GMMJ	数值型	10	hm^2	
15	国家特别规定灌木林	TGGM	数值型	10	hm^2	
16	灌木经济林	GMJJ	数值型	10	hm^2	

(续)

序号	数据项名称	存储名称	数据类型	长度	单位	备注
17	未成林造林地	WCMJ	数值型	10	hm^2	
18	人工未成林造林地	RGWCMJ	数值型	10	hm^2	
19	封育未成林地	FYWCL	数值型	10	hm^2	
20	苗圃地	MPMJ	数值型	10	hm^2	
21	无立木林地	WLMLD	数值型	10	hm^2	
22	采伐迹地	CJMJ	数值型	10	hm^2	
23	火烧迹地	HJMJ	数值型	10	hm^2	
24	其他无立木林地	QTWLM	数值型	10	hm^2	
25	宜林地小计	YLXJ	数值型	10	hm^2	
26	宜林荒山荒地	YLHS	数值型	10	hm^2	
27	宜林沙荒地	YLSH	数值型	10	hm^2	
28	其他宜林地	QTYLD	数值型	10	hm^2	
29	辅助生产林地	FZSC	数值型	10	hm^2	
30	非林地	FLD	数值型	10	hm^2	
31	森林覆盖率	SLFGL	数值型	3.2	%	

表 18 森林资源面积蓄积统计表

序号	数据项名称	存储名称	数据类型	长度	单位	备注
1	统计单位名称	TJDW	字符型	30		
2	统计单位代码	DAIM	字符型	6		
3	活立木总蓄积	HMXJ	数值型	10	m^3	
4	林木使用权	LMSYQ	字符型	5		见 6.2.9
5	有林地面积	YLMJ	数值型	10	hm^2	
6	乔木面积	QMMJ	数值型	10	hm^2	
7	乔木蓄积	QMXJ	数值型	10	m^3	
8	纯林面积	CLMJ	数值型	10	hm^2	
9	纯林蓄积	CLXJ	数值型	10	m^3	
10	混交林面积	HJMJ	数值型	10	hm^2	
11	混交林蓄积	HJXJ	数值型	10	m^3	
12	竹林面积	ZLMJ	数值型	10	hm^2	
13	竹林蓄积	ZLXJ	数值型	10	m^3	
14	红树林面积	HSLMJ	数值型	10	hm^2	
15	疏林面积	SLMJ	数值型	10	hm^2	
16	疏林蓄积	SLXJ	数值型	10	m^3	
17	四旁树株数	SPZS	数值型	10	万株	
18	四旁树蓄积	SPXJ	数值型	10	m^3	
19	散生木株数	SSZS	数值型	10	万株	
20	散生木蓄积	SSXJ	数值型	10	hm^2	

表 19　林种统计表

序号	数据项名称	存储名称	数据类型	长度	单位	备注
1	统计单位名称	TJDW	字符型	30		
2	统计单位代码	DAIM	字符型	6		
3	活立木总蓄积	HMXJ	数值型	10	m^3	
4	林种代码	LZ	字符型	6		见 6.2.2
5	亚林种代码	YLZ	字符型	6		见 6.2.2
6	有林地合计	YLHJ	数值型	10	hm^2	
7	乔木林面积	QMMJ	数值型	10	hm^2	
8	乔木林蓄积	QMXJ	数值型	10	m^3	
9	幼龄林面积	YLMJ	数值型	10	hm^2	
10	幼龄林蓄积	YLXJ	数值型	10	m^3	
11	中龄林面积	ZLMJ	数值型	10	hm^2	
12	中龄林蓄积	ZLXJ	数值型	10	m^3	
13	近熟林面积	JSMJ	数值型	10	hm^2	
14	近熟林蓄积	JSXJ	数值型	10	m^3	
15	成熟林面积	CSMJ	数值型	10	hm^2	
16	成熟林蓄积	CSXJ	数值型	10	m^3	
17	过熟林面积	GSMJ	数值型	10	hm^2	
18	过熟林蓄积	GSXJ	数值型	10	m^3	
19	竹林面积	ZLMJ	数值型	10	hm^2	
20	竹林株数	ZLZS	数值型	10	万株	
21	红树林面积	HSLMJ	数值型	10	hm^2	
22	疏林面积	SLMJ	数值型	10	hm^2	
23	疏林蓄积	SLXJ	数值型	10	m^3	
24	灌木林地	GMMJ	数值型	10	hm^2	
25	国家特别规定灌木林	TGGM	数值型	10	hm^2	
26	其他灌木林	QTGML	数值型	10	hm^2	

表 20　红树林资源统计表

序号	数据项名称	存储名称	数据类型	长度	单位	备注
1	统计单位名称	TJDW	字符型	30		
2	统计单位代码	DAIM	字符型	6		
3	权属代码	QS	字符型	5		见 6.2.9
4	森林类型	SLLX	字符型	7		见 6.2.11
5	地类合计	DLXJ	数值型	10	hm^2	
6	有林地	YLD	数值型	10	hm^2	
7	未成林造林地	WCLMJ	数值型	10	hm^2	
8	人工造林未成林地	RGWCL	数值型	10	hm^2	
9	封育未成林地	FYWCL	数值型	10	hm^2	

(续)

序号	数据项名称	存储名称	数据类型	长度	单位	备注
10	益林地	YLDMJ	数值型	10	hm^2	
11	规划造林地	GHZLMJ	数值型	10	hm^2	
12	其他益林地	QTYLD	数值型	10	hm^2	
13	林种合计	LZHJ	数值型	10	hm^2	
14	自然保护区林地	BHQLMJ	数值型	10	hm^2	
15	护岸林	HALMJ	数值型	10	hm^2	
16	其他特种用途林	QTYTL	数值型	10	hm^2	
17	郁闭度合计	YBDHJ	数值型	10	个	
18	高(0.7)郁闭度	GYBD	数值型	10	个	
19	中(0.4~0.69)郁闭度	ZYBD	数值型	10	个	
20	低(0.2~0.39)郁闭度	DYBD	数值型	10	个	

表21 乔木林面积蓄积按龄组统计表

序号	数据项名称	存储名称	数据类型	长度	单位	备注
1	统计单位名称	TJDW	字符型	30		
2	统计单位代码	DAIM	字符型	6		
3	林分起源	QY	字符型	6		见6.2.3
4	优势树种	YSSZ	字符型	11		见6.2.10
5	纯林面积	CLMJ	数值型	10	hm^2	
6	混交林面积	HJLMJ	数值型	10	hm^2	
6	面积合计	MJHJ	数值型	10	hm^2	
7	蓄积合计	XJHJ	数值型	10	m^3	
8	幼龄林面积	YLMJ	数值型	10	hm^2	
9	幼龄林蓄积	YLXJ	数值型	10	m^3	
10	中龄林面积	ZLMJ	数值型	10	hm^2	
11	中龄林蓄积	ZLXJ	数值型	10	m^3	
12	近熟林面积	JSMJ	数值型	10	hm^2	
13	近熟林蓄积	JSXJ	数值型	10	m^3	
14	成熟林面积	CSMJ	数值型	10	hm^2	
15	成熟林蓄积	CSXJ	数值型	10	m^3	
16	过熟林面积	GSMJ	数值型	10	hm^2	
17	过熟林蓄积	GSXJ	数值型	10	m^3	

表22 用材林近成过熟林面积蓄积按可及度及出材等级表

序号	数据项名称	存储名称	数据类型	长度	单位	备注
1	统计单位名称	TJDW	字符型	30		
2	统计单位代码	DAIM	字符型	6		
3	林分起源	QY	字符型	6		见6.2.3

（续）

序号	数据项名称	存储名称	数据类型	长度	单位	备注
4	优势树种	YSSZ	字符型	11		见 6.2.10
5	可及度面积合计	KJDMJHJ	数值型	10	hm^2	
6	可及度蓄积合计	KJDXJHJ	数值型	10	m^3	
7	即可及面积合计	JKJMJHJ	数值型	10	hm^2	
8	即可及蓄积合计	JKJXJHJ	数值型	10	m^3	
9	将可及面积合计	JIKJMJHJ	数值型	10	hm^2	
10	将可及蓄积合计	JIKJXJHJ	数值型	10	m^3	
11	不可及面积合计	BKJMJHJ	数值型	10	hm^2	
12	不可及蓄积合计	BKJXJHJ	数值型	10	m^3	
13	出材等级面积合计	CCDJMJHJ	数值型	10	hm^2	
14	出材等级蓄积合计	CCDJXJHJ	数值型	10	m^3	
15	Ⅰ出材等级面积合计	YCCDJMJHJ	数值型	10	hm^2	
16	Ⅰ出材等级蓄积合计	YCCDJXJHJ	数值型	10	m^3	
17	Ⅱ出材等级面积合计	ECCDJMJHJ	数值型	10	hm^2	
18	Ⅱ出材等级蓄积合计	ECCDJXJHJ	数值型	10	m^3	
19	Ⅲ出材等级面积合计	SCCDJMJHJ	数值型	10	hm^2	
20	Ⅲ出材等级蓄积合计	SCCDJXJHJ	数值型	10	m^3	

表 23　用材林近成过熟林各树种株数、材积按径级组、林木质量统计表

序号	数据项名称	存储名称	数据类型	长度	单位	备注
1	统计单位名称	TJDW	字符型	30		
2	统计单位代码	DAIM	字符型	6		
3	林分起源	QY	字符型	6		见 6.2.3
4	龄组	LZ	数值型	10		见 6.2.3
5	树种	SZ	字符型	11		见 6.2.10
6	径级组株数合计	JJZZS	数值型	10	百株	
7	径级组材积合计	JJZCJ	数值型	10	m^3	
8	小径组株数合计	XJZZS	数值型	10	百株	
9	小径组材积合计	XJZCJ	数值型	10	m^3	
10	中径组株数合计	ZJZZS	数值型	10	百株	
11	中径组材积合计	ZJZCJ	数值型	10	m^3	
12	大径组株数合计	DJZZS	数值型	10	百株	
13	大径组材积合计	DJZCJ	数值型	10	m^3	
14	特大径组株数合计	TDJZZS	数值型	10	百株	
15	特大径组材积合计	TDJZCJ	数值型	10	m^3	
16	林木质量株数合计	LMZLZS	数值型	10	百株	
17	林木质量材积合计	LMZLCJ	数值型	10	m^3	
18	商品林株数合计	SPLZS	数值型	10	百株	
19	商品林材积合计	SPLCJ	数值型	10	m^3	

(续)

序号	数据项名称	存储名称	数据类型	长度	单位	备注
20	半商品林株数合计	BSPLZS	数值型	10	百株	
21	半商品林材积合计	BSPLCJ	数值型	10	m^3	
22	薪材林株数	XCLZS	数值型	10	百株	
23	薪材林材积	XCLCJ	数值型	10	m^3	

表 24 用材林与一般公益林中异龄林面积蓄积按大径木比等级统计表

序号	数据项名称	存储名称	数据类型	长度	单位	备注
1	统计单位名称	TJDW	字符型	30		
2	统计单位代码	DAIM	字符型	6		
3	林分起源	QY	字符型	6		见 6.2.3
4	优势树种	YSSZ	字符型	11		见 6.2.10
5	面积合计	MJHJ	数值型	10	hm^2	
6	蓄积合计	XJHJ	数值型	10	m^3	
7	大径比 < 30% 面积合计	MJHJ30	数值型	10	hm^2	
8	大径比 < 30% 蓄积合计	XJHJ30	数值型	10	m^3	
9	大径比 30% ~70% 面积合计	MJHJ70	数值型	10	hm^2	
10	大径比 30% ~70% 蓄积合计	XJHJ70	数值型	10	m^3	
11	大径比 > 70% 面积合计	MJHJ	数值型	10	hm^2	
12	大径比 > 70% 蓄积合计	XJHJ	数值型	10	m^3	

表 25 用材林面积蓄积按龄组统计表

序号	数据项名称	存储名称	数据类型	长度	单位	备注
1	统计单位名称	TJDW	字符型	30		
2	统计单位代码	DAIM	字符型	6		
3	林木使用权	QS	字符型	5		见 6.2.9
4	亚林种代码	YLZ	字符型	6		见 6.2.2
5	面积合计	MJHJ	数值型	10	hm^2	
6	蓄积合计	XJHJ	数值型	10	m^3	
7	Ⅰ龄级面积	YLJMJ	数值型	10	hm^2	
8	Ⅰ龄级蓄积	YLJXJ	数值型	10	m^3	
9	Ⅱ龄级面积	ELJMJ	数值型	10	hm^2	
10	Ⅱ龄级蓄积	ELJXJ	数值型	10	m^3	
11	Ⅲ龄级面积	SLJMJ	数值型	10	hm^2	
12	Ⅲ龄级蓄积	SLJXJ	数值型	10	m^3	
13	Ⅳ龄级面积	SILJMJ	数值型	10	hm^2	
14	Ⅳ龄级蓄积	SILJXJ	数值型	10	m^3	
15	Ⅴ龄级面积	WLJMJ	数值型	10	hm^2	
16	Ⅴ龄级蓄积	WLJXJ	数值型	10	m^3	

（续）

序号	数据项名称	存储名称	数据类型	长度	单位	备注
17	Ⅵ龄级面积	LLJMJ	数值型	10	hm^2	
18	Ⅵ龄级蓄积	LLJXJ	数值型	10	m^3	
19	Ⅶ龄级面积	QLJMJ	数值型	10	hm^2	
20	Ⅶ龄级蓄积	QLJXJ	数值型	10	m^3	
21	Ⅷ龄级面积	BLJMJ	数值型	10	hm^2	
22	Ⅷ龄级蓄积	BLJXJ	数值型	10	m^3	

表 26 灌木林统计表

序号	数据项名称	存储名称	数据类型	长度	单位	备注
1	统计单位名称	TJDW	字符型	30		
2	统计单位代码	DAIM	字符型	6		
3	使用权	SYQ	字符型	5		见 6. 2. 9
4	林分起源	QY	字符型	6		见 6. 2. 3
5	优势树种	YSSZ	字符型	11		见 6. 2. 10
6	合计	HJ	数值型	10	hm^2	
7	疏	SHU	数值型	10	hm^2	
8	中	ZHONG	数值型	10	hm^2	
9	密	MI	数值型	10	hm^2	
10	国家特别规定灌木林	TBGM	数值型	10	hm^2	
11	疏	TBSHU	数值型	10	hm^2	
12	中	TBZHONG	数值型	10	hm^2	
13	密	TBMI	数值型	10	hm^2	
14	其他灌木林	QTGML	数值型	10	hm^2	
15	疏	QTSHU	数值型	10	hm^2	
16	中	QTZHONG	数值型	10	hm^2	
17	密	QTMI	数值型	10	hm^2	

表 27 竹林统计表

序号	数据项名称	存储名称	数据类型	长度	单位	备注
1	统计单位名称	TJDW	字符型	30		
2	统计单位代码	DAIM	字符型	6		
3	林分起源	QY	字符型	6		见 6. 2. 3
4	林种	LZ	字符型	6		见 6. 2. 2
5	面积合计	MJHJ	数值型	10	hm^2	
6	株数合计	ZSHJ	数值型	10	百株	
7	毛竹面积	MZMJ	数值型	10	hm^2	
8	株数小计	ZSXJ	数值型	10	百株	
9	幼龄竹株数	YLZS	数值型	10	百株	
10	壮龄竹株数	ZLZS	数值型	10	百株	

(续)

序号	数据项名称	存储名称	数据类型	长度	单位	备注
11	老龄竹株数	LLZS	数值型	10	百株	
12	杂竹面积	ZZMJ	数值型	10	hm^2	
13	杂竹株数	ZZZS	数值型	10	百株	
14	毛竹散生株数	MZSZS	数值型	10	百株	

表 28 经济林统计表

序号	数据项名称	存储名称	数据类型	长度	单位	备注
1	统计单位名称	TJDW	字符型	30		
2	统计单位代码	DAIM	字符型	6		
3	林木使用权	QS	字符型	5		见 6. 2. 9
4	林木起源	LMQY	字符型	6		见 6. 2. 3
5	树种代码	SZ	字符型	11		见 6. 2. 10
6	乔木面积	QMMJ	数值型	10	hm^2	
7	乔木株数	QMZS	数值型	10	百株	
8	乔木产前期面积	QMCQQMJ	数值型	10	hm^2	
9	乔木产前期株数	QMCQQZS	数值型	10	百株	
10	乔木初产期面积	QMCCQMJ	数值型	10	hm^2	
11	乔木初产期株数	QMCCQZS	数值型	10	百株	
12	乔木盛产期面积	QMSCQMJ	数值型	10	hm^2	
13	乔木盛产期株数	QMSCQZS	数值型	10	百株	
14	乔木衰产期面积	QMSHCQMJ	数值型	10	hm^2	
15	乔木衰产期株数	QMSHQZS	数值型	10	百株	
16	灌木合计	GMHJ	数值型	10	hm^2	
17	灌木产前期面积	GMCQQMJ	数值型	10	hm^2	
18	灌木初产期面积	GMCCQMJ	数值型	10	hm^2	
19	灌木盛产期面积	GMSCQMJ	数值型	10	hm^2	
20	灌木衰产期面积	GMSHCQMJ	数值型	10	hm^2	

5. 2. 4 调查样地观测数据

调查样地观测数据项见表 29。

表 29 调查样地观测数据表

序号	数据项名称	存储名称	数据类型	长度	单位	备注
1	省代码	SHENG	字符型	6		
2	县(林业局)代码	LC	字符型	6		
3	乡镇(林班)代码	LB	字符型	3		
4	村(小班)代码	XB	字符型	3		
5	面积	MJ	数值型	5	hm^2	
6	地类代码	TDLB	字符型	6		见 6. 2. 1
7	权属代码	QS	字符型	5		见 6. 2. 9
8	立地类型代码	LDLX	字符型	6		见 6. 2. 5

(续)

序号	数据项名称	存储名称	数据类型	长度	单位	备注
9	林种代码	LZ	字符型	6		见 6.2.2
10	起源代码	QY	字符型	6		见 6.2.3
11	林相代码	LX	字符型	6		见 6.2.3
12	优势树种组代码	YSSZZ	字符型	11(6)		见 6.2.10
13	树种组成	SZZC	字符型	50		
14	年龄	AGE	数值型	3	年	
15	龄组代码	LZU	字符型	6		见 6.2.3
16	龄级代码	LJ	字符型	6		见 6.2.3
17	直径	DBH	数值型	5	cm	
18	树高	HEIGHT	数值型	5	m	
19	郁闭度	YBD	数值型	4		
20	有疏公顷蓄积	YSXJ	数值型	5	m^3	
21	经营类型代码	JYLX	字符型	6		见 6.2.7
22	造林树种代码	ZLSZ	字符型	11		见 6.2.10
23	造林前地类代码	ZLQDL	字符型	6		见 6.2.1
24	株行距	ZLZHJ	字符型	7		
25	公顷造林株数	ZLZS	数值型	5	株	
26	保存率	ZLBCL	数值型	3	%	
27	造林年度	ZLND	日期型	4		
28	生长情况	ZLSZQK	字型型	1		
29	散生树种 1 代码	SSMSZ1	字符型	11		见 6.2.10
30	散生树种 2 代码	SSMSZ2	字符型	11		见 6.2.10
31	散生木公顷蓄积	SSMXJ	数值型	5	m^3	
32	四旁株数	SPZS	数值型	4	株	
33	四旁公顷蓄积	SPXJ	数值型	5	m^3	
34	枯倒木公顷蓄积	KDXJ	数值型	5	m^3	
35	土壤亚类(种类)代码	TRYL	字符型	6		见 6.2.5
36	土壤质地代码	TRZD	字符型	6		见 6.2.5
37	土壤厚度	TRHD	数值型	3	cm	
38	土壤干湿度	TRGSD	数值型	1		
39	土壤酸碱度	TRSJD	数值型	1		
40	土壤石砾含量	TRSLHL	数值型	1		
41	幼树树种 1 代码	YSSZ1	字符型	11		见 6.2.10
42	幼树树种 2 代码	YSSZ2	字符型	11		见 6.2.10
43	幼树株数	YSZS	数值型	5		
44	幼树分布	YSFB	数值型	1		
45	下木种类 1 代码	XMZL1	字符型	11		见 6.2.10
46	下木种类 2 代码	XMZL2	字符型	11		见 6.2.10
47	下木高度	XMGAOD	数值型	4	cm	

(续)

序号	数据项名称	存储名称	数据类型	长度	单位	备注
48	下木盖度	XMGAID	数值型	3	%	
49	下木分布	XMFB	数值型	1		
50	地被种类1代码	DBZL1	字符型	11		见6.2.10
51	地被种类2代码	DBZL2	字符型	11		见6.2.10
52	地被高度	DBGAOD	数值型	4	cm	
53	地被盖度	DBGAID	数值型	3	%	
54	地被分布	DBFB	字符型	6		见6.2.5
55	地被盘结度	DBPJD	数值型	1		
56	坡向代码	PX	字符型	6		见6.2.5
57	坡位代码	PW	字符型	6		见6.2.5
58	坡度级代码	PDJ	字符型	6		见6.2.5
59	海拔高	HBG	数值型	4	m	
60	生长量	SZL	数值型	5	m^3	
61	针叶幼树株数	ZYYSN	数值型	4		
62	阔叶幼树株数	KYYSN	数值型	4		
63	小班特点	XBTD	字符型	10		
64	经营史	XBJYS	字符型	40		
65	小班株数	XBZS	数值型	4		

5.3 森林资源作业设计调查结果

仅供乡、林场级使用。包括育苗表、造林表、抚育间伐表和采伐表，具体见表30至表33。

表30 育苗表

序号	数据项名称	存储名称	数据类型	长度	单位	备注
1	年度	NIANDU	日期型	4		
2	县(林业局)代码	XIAN	字符型	6		
3	乡(林场)代码	XIANG	字符型	3		
4	村代码	CUN	字符型	3		
5	地点	DIDIAN	字符型	30		
6	树种代码	SZ	字符型	11		见6.2.10
7	出苗量	CML	数值型	10	株	
8	一级苗比例	YMBL	数值型	2	%	
9	二级苗比例	EMBL	数值型	2	%	
10	三苗比例	SMBL	数值型	2	%	

表31 造林表

序号	数据项名称	存储名称	数据类型	长度	单位	备注
1	县(林业局)代码	XIAN	字符型	6		
2	乡(林场)代码	XIANG	字符型	3		

(续)

序号	数据项名称	存储名称	数据类型	长度	单位	备注
3	村代码	CUN	字符型	3		
4	小班号	XBH	字符型	10		
5	面积	MJ	数值型	10	亩	
6	地类代码	TDLB	字符型	6		见6.2.1
7	造林类别	ZLLB	字符型	6		见6.2.6
8	权属代码	QS	字符型	5		见6.2.9
9	造林模式号	ZLH	数值型	10		
10	林种代码	LZ	字符型	6		见6.2.2
11	造林树种代码	SZ	字符型	11		见6.2.10
12	营造方式	ZLFS	字符型	6		见6.2.6
13	立地类型代码	LDLX	字符型	6		见6.2.5
14	坡度代码	PD	字符型	6		见6.2.5
15	坡向代码	PX	字符型	6		见6.2.5
16	坡位代码	PW	字符型	6		见6.2.5
17	坡形代码	PX	字符型	6		见6.2.5
18	海拔高	HBG	数值型	10	m	
19	土壤名称代码	TRMC	字符型	6		见6.2.5
20	土层厚度	TCHD	数值型	10	cm	
21	pH值	PHZ	数值型	10		
22	质地	ZHD	数值型	10		
23	植被种类及盖度	ZHIB	字符型			
24	初植密度	CZMD	数值型	10		
25	混交方式代码	HJFS	字符型	6		见6.2.6
26	混交比例	HJBL	数值型	10		
27	整地方式代码	ZDFS	数值型	6		见6.2.6
28	整地时间	ZDSJ	数值型	10		
29	整地规格	ZDGG	字符型			
30	造林方式代码	ZLFS	字符型	6		见6.2.6
31	造林时间	ZLSJ	数值型	10		
32	需种量	XZL	数值型	10	kg	
33	需苗量	XML	数值型	10	万株	
34	苗木规格	MMGG	字符型			
35	用工量	YGL	数值型	10		
36	种苗费	ZMF	数值型	10	元	
37	物料费	FLF	数值型	10	元	
38	用工费	YGF	数值型	10	元	
39	投资预算	TZGS	数值型	10	元	

表 32 抚育间伐表

序号	数据项名称	存储名称	数据类型	长度	单位	备注
1	年度	NIANDU	日期型	4		
2	林业局(县)	XIAN	字符型	30		
3	林场(乡镇)	LC	字符型	30		
4	分类经营区	JYQ	数值型	3		
5	林班(村)	LB	数值型	3		
6	作业区	ZYQ	数值型	2		
7	小班	XB	数值型	3		
8	面积	MJ	数值型	5	hm^2	
9	起源	QY	字符型	6		见 6. 2. 3
10	抚育前树种组成	FQZC	字符型	20		
11	抚育前平均年龄	FQNL	数值型	3	年	
12	抚育前平均胸径	FQXJ	数值型	4. 1	cm	
13	抚育前平均树高	FQSG	数值型	4. 1	m	
14	抚育前郁闭度	FQYB	数值型	2. 1		
15	抚育前株数	FQZS	数值型	5	株	
16	抚育前蓄积	FQXJ	数值型	6. 2	m^3	
17	抚育间伐方式	CFFS	字符型	6		见 6. 2. 7
18	株数间伐强度	ZSQD	数值型	2	%	
19	蓄积采间伐度	XJQD	数值型	2	%	
20	间伐株数	CFZS	数值型	5	株	
21	间伐蓄积	CFXJ	数值型	6. 2	m^3	
22	原条出材量	YTCC	数值型	5	m^3	
23	原木出材量	YMCC	数值型	5	m^3	
24	抚育后树种组成	FHZC	字符型	10		
25	抚育后郁闭度	FHYBD	数值型	2. 1		
26	抚育后株数	FHZS	数值型	4	株	
27	抚育后蓄积	FHXJ	数值型	6. 2	m^3	
28	备注	NOTES	字符型	30		

表 33 采伐表

序号	数据项名称	存储名称	数据类型	长度	单位	备注
1	年度	NIANDU	日期型	4		
2	林业局(县)	XIAN	字符型	30		
3	林场(乡镇)	LC	字符型	30		
4	分类经营区	JYQ	字符型	3		
5	林班(村)	LB	字符型	3		
6	作业区	ZYQ	字符型	2		
7	小班	XB	数值型	3		

（续）

序号	数据项名称	存储名称	数据类型	长度	单位	备注
8	面积	MJ	数值型	5	hm^2	
9	起源	QY	数值型	2		见 6.2.3
10	伐前树种组成	FQZC	字符型	20		
11	伐前平均年龄	FQNL	数值型	3	年	
12	伐前平均胸径	FQXJ	数值型	4.1	cm	
13	伐前平均树高	FQSG	数值型	4.1	m	
14	伐前郁闭度	FQYB	数值型	2.1		
15	伐前株数	FQZS	数值型	5	株	
16	伐前蓄积	FQXJ	数值型	6.2	m^3	
17	采伐方式代码	CFFS	字符型	6		见 6.2.7
18	株数采伐强度	ZSQD	数值型	2	%	
19	蓄积采伐强度	XJQD	数值型	2	%	
20	采伐株数	CFZS	数值型	5	株	
21	采伐蓄积	CFXJ	数值型	6.2	m^3	
22	采伐薪材株数	CXCZS	数值型	5	株	
23	采伐薪材蓄积	CXCXJ	数值型	6.2	m^3	
24	原条出材量	YTCC	数值型	5	m^3	
25	原木出材量	YMCC	数值型	5	m^3	
26	伐后树种组成	FHZC	字符型	10		
27	伐后郁闭度	FHYBD	数值型	2.1		
28	伐后株数	FHZS	数值型	4	株	
29	伐后蓄积	FHXJ	数值型	6.2	m^3	
30	备注	NOTES	字符型	30		

5.4　各种林业分类区划结果

包括林业区划图、立地类型图、森林土壤类型分布图、树种资源分布图和林业规划图，具体见表 34 至表 38。

表 34　林业区域图

序号	数据项名称	存储名称	数据类型	长度	单位	备注
1	行政单元	FNAME	字符型	50		
2	行政代码	FNAMECODE	字符型	6(9)		
3	区划面积	QHMJ	数值型	5	hm^2	
4	一级区划名称	YJQ	字符型	255		
5	一级区划代码	YJQDM	字符型	2		
6	二级区划名称	EJQ	字符型	255		
7	二级区划代码	EJQDM	字符型	2		
8	三级区划名称	SJQ	字符型	255		
9	三级区划代码	SJQDM	字符型	2		

表 35 立地类型图

序号	数据项名称	存储名称	数据类型	长度	单位	备注
1	省代码	SHENG	字符型	6		
2	县(林业局)代码	LC	字符型	6		
3	乡镇(林班)代码	LB	字符型	3		
4	村代码	CUN	字符型	3		
5	小班(图斑)	XB	数值型	3		
6	面积	MJ	数值型	5	hm^2	
7	立地类型区	LXQ	字符型	6		
8	立地类型亚区	LXYQ	字符型	6		
9	立地类型组	LXZU	字符型	6		
10	立地类型	LDLX	字符型	6		见 6.2.3

表 36 森林土壤类型分布图

序号	数据项名称	存储名称	数据类型	长度	单位	备注
1	省代码	SHENG	字符型	6		
2	县(林业局)代码	LC	字符型	6		
3	乡镇(林班)代码	LB	字符型	3		
4	村代码	CUN	字符型	3		
5	小班(图斑)	XB	数值型	3		
6	面积	MJ	数值型	5	hm^2	
7	土壤类型代码	TRLX	字符型	6		见 6.2.3

表 37 树种资源分布图

序号	数据项名称	存储名称	数据类型	长度	单位	备注
1	县(林业局)代码	LC	字符型	6		
2	乡镇(林班)代码	LB	字符型	3		
3	村代码	CUN	字符型	3		
4	小班	XB	数值型	3		
5	面积	MJ	数值型	5	hm^2	
6	地类代码	TDLB	字符型	6		见 6.2.1
7	树种代码	SZZ	字符型	11		见 6.2.10

表 38 林业规划图

序号	数据项名称	存储名称	数据类型	长度	单位	备注
1	行政单元	FNAME	字符型	50		
2	行政代码	FNAMECODE	字符型	6(9)		
3	规划类型名称	GHMC	字符型	20		
4	规划类型代码	GHDM	字符型	2		

5.5 专题研究样地观测数据

由于研究目的不同，调查内容不尽相同，因此，不做具体规定。

6 森林资源数据分类与编码

6.1 分类与编码方法

本技术规范将森林资源数据分为13个大类(表39)，并用两位数字作为类标识码，在此基础上进行编码。采用层次编码与顺序编码相结合的方法。代码长度为4～11位。最低层次数据代码的扩展方法是：新出现数据项时，接着原数据项按顺序进行编码。如二级林种的防护林又出现一个新的三级林种－“XX林”，则在“防火林”代码“021107”后，编码为“021108”。其他层次数据扩展时，在所属的层次上按原有的序列顺序或有间隔项后编码。在一幅森林分布图中即出现按照森林类型、地类命名，又出现按林种命名的数据，选择类型和代码的优先级为：森林类型 > 地类 > 林种。

表39 森林资源数据分类

数据类	类标识码
地类划分数据	01
林种划分数据	02
林分因子数据	03
单株林木数据	04
森林环境数据	05
人工造林措施数据	06
森林经营措施数据	07
林分(资源)动态变化因子数据	08
森林权属因子数据	09
森林主要植物种数据	10
森林类型数据	11
森林灾害数据	12
其他数据	13

6.1.1 地类划分数据

地类划分主要参照国家林业局《森林资源规划设计调查主要技术规定》进行。代码结构如下：

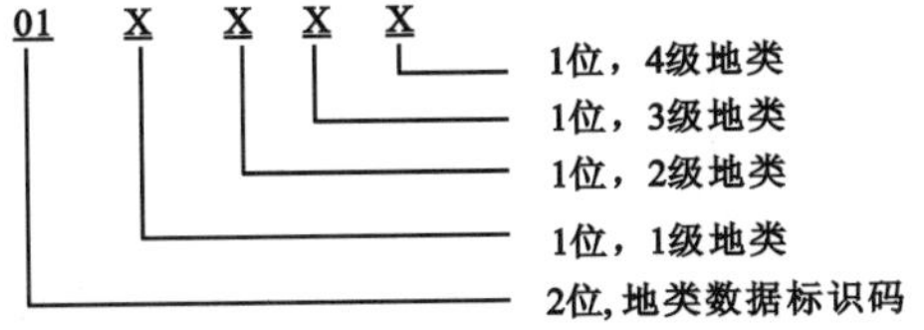

例如：“针叶林地”的代码为011111，其中“01”为地类数据的类标识码，第3位“1”为一级地类“林地”的代码，第4位“1”为二级地类“有林地”的代码，第5位“1”为三级地类“乔木林地”的代码，最后1位“1”为四级地类“针叶林地”的代码。

6.1.2 林种划分数据

代码结构如下：

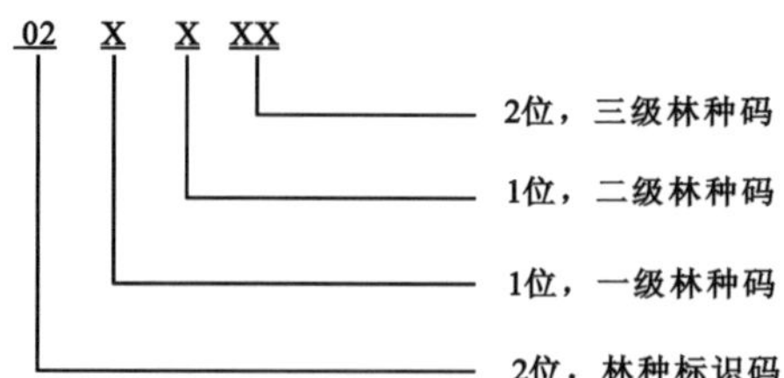

例如："水土保持林"的代码为"021102"，其中前两位"02"为林种数据的类标识码，第 3 位"1"为一级林种"生态公益林"的代码，第 4 位"1"为二级林种"防护林"的代码，最后两位"02"为三级林种"水土保持林"的代码。

6.1.3 林分因子数据

代码结构如下：

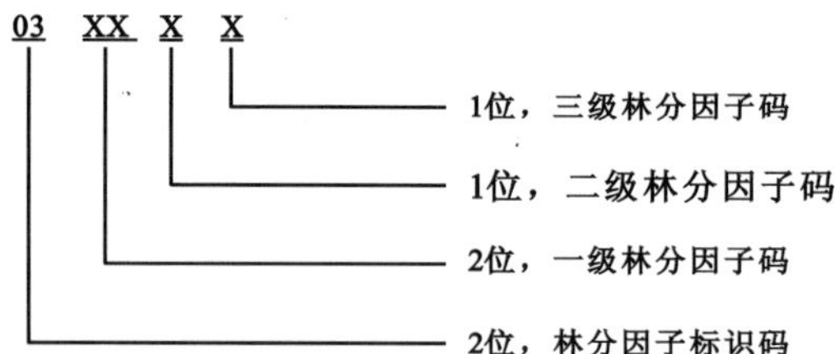

例如："人工扦插"的代码为"030722"，其中前两位"03"为林分因子数据的类标识码，接着两位"07"为一级林分因子"森林起源"的代码，第 5 位"2"为二级林分因子"人工林"的代码，最后 1 位"2"为三级因子"人工扦插"的代码。

6.1.4 单株林木因子数据

代码结构如下：

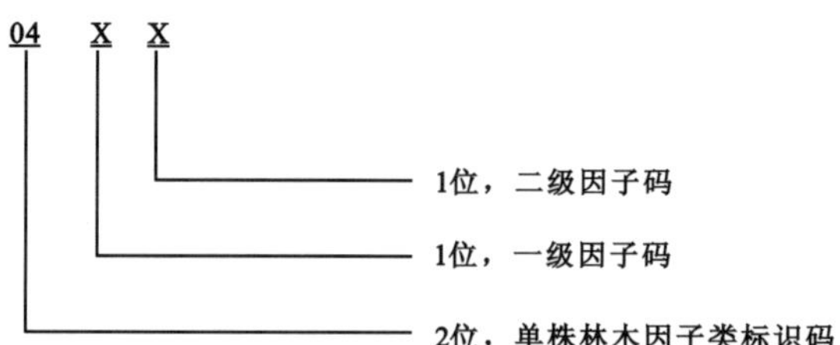

例如："亚优势木"的代码为"0422"，其中前两位"04"为单株林木因子数据的类标识码，第 3 位"2"为一级林分因子"林木生长类型"的代码，第 4 位"2"为二级因子"亚优势木"的代码。

6.1.5 森林环境因子数据

代码结构如下：

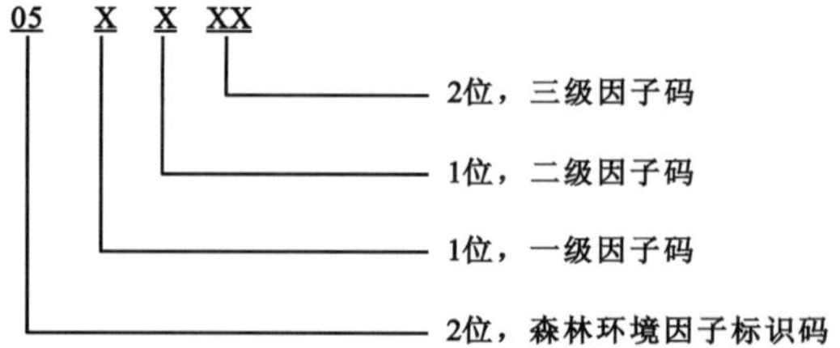

例如："陡坡"的代码为"052304"，其中前两位"05"为森林环境因子数据的类标识码，第 3 位"2"为一级因子"地形特征"的代码，第 4 位"3"为二级因子"坡位"的代码，最后 2 位"04"为三级因子"陡坡"的代码。

6.1.6 人工造林措施因子数据

代码结构如下：

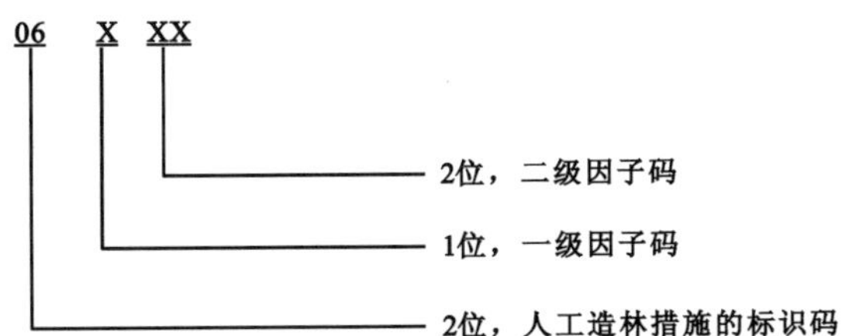

例如："块状整地"的代码为"06106"，其中前两位"06"为人工造林措施因子数据的类标识码，第3位"1"为一级因子"整地方式"的代码，最后两位"06"为二级因子"块状整地"的代码。

6.1.7　森林经营措施因子数据

代码结构如下：

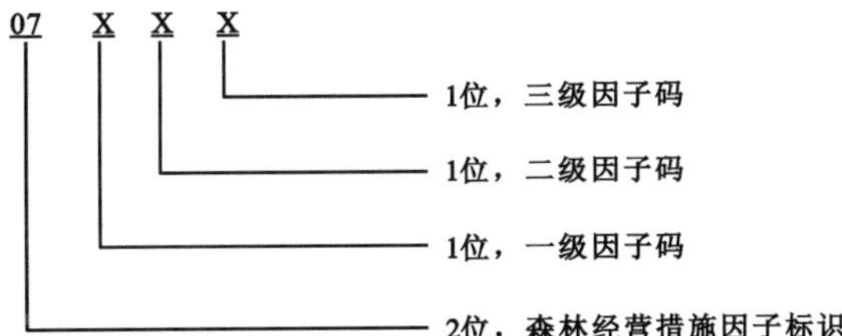

例如："采育择伐"的代码为"07624"，其中前两位"07"为森林经营措施因子数据的类标识码，第3位"6"为一级因子"主伐"的代码，第4位"2"为二级因子"择伐"的代码，最后1位"4"为三级因子"采育择伐"的代码。

6.1.8　林分(资源)动态变化因子数据

代码结构如下：

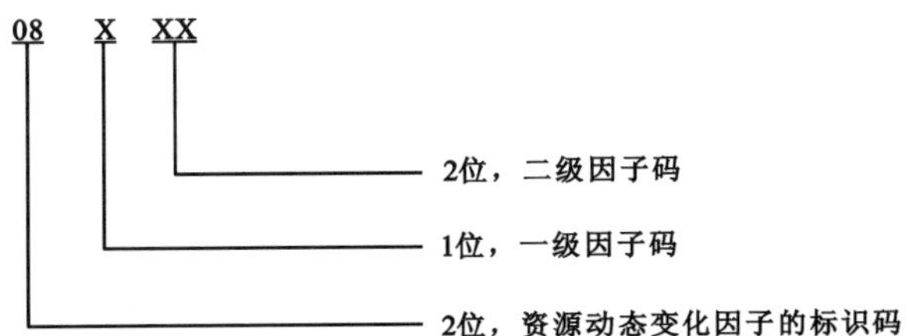

例如："自然灾害消耗"的代码为"08206"，其中前两位"08"为资源动态变化因子的类标识码，第3位"2"为一级因子"消耗类型"的代码，最后两位"06"为二级因子"自然灾害消耗"的代码。

6.1.9　森林权属因子数据

代码结构如下：

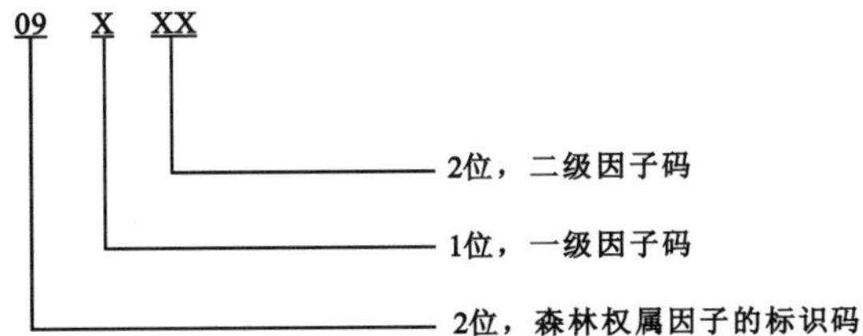

例如："集体所有"的代码为"09200"，其中前两位"09"为森林权属因子数据的类标识码，第3位"2"为一级因子"集体所有"的代码，二级因子留待扩充，因此最后两位为"00"。

6.1.10　森林主要植物种数据

根据物种的自然属性，按植物分类学体系科－属－种进行编码。树种的其他属性如"统计树种"、"珍贵树种"和"经济树种"可通过建立代码与所需要的属性间的关系获得。本技术规范包括了原有标准"LY/T 1439—1999 森林资源代码－树种"类目中的全部条目，并加入了部分乔木、灌木、草本、竹类的资料,使该类数据目前包括了103个科、268个属、1510个种。编码体系由3层数据结构,9位分类代码,加上本类数据2位标识码,共11位代码。属和属之间、科和科之间、种与种之间均予留有扩充位。以后新增或变化的种,均排列在其所属的科、属内的各种之后。代码结构如下:

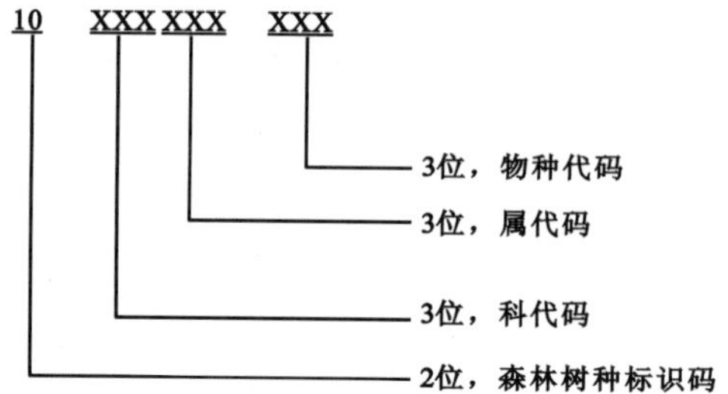

6.1.11　森林类型数据

引用了森林类型标准(GB/T 14721.1—1993)，规定了乔木林和具有一定盖度、面积并且相对稳定的灌木林的类型、代码及其分类原则。

采用三级分类，由高到低分别为森林植被型、森林类型组和森林类型。

(1)森林植被型：主林层优势树种(建群种)的生活型相同或相似的森林组成森林植被型。

(2)森林类型组：主林层优势树种(建群种)间亲缘关系相近，因而在一些森林特征上相近的森林联合为森林类型组。一般由同一属或相近不同属的优势树种构成的森林联合而成。

(3)森林类型：由主林层(即建群种或共建种)相同的森林组成。

本技术规范的编码方法用4层代码表示森林类型，自左至右分别表示类标识、森林植被型、森林类型组、森林类型，其结构如下：

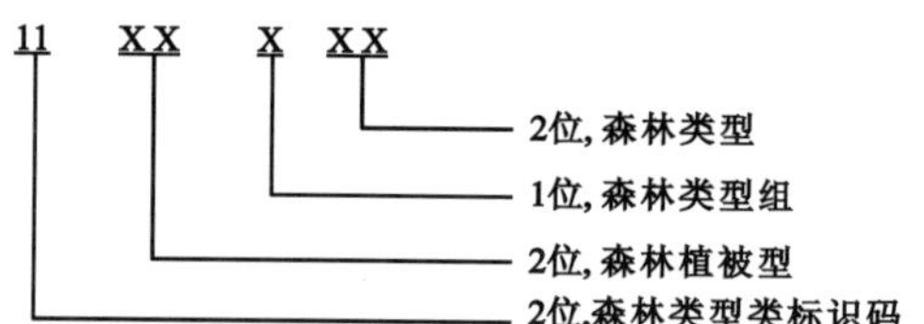

例如：“1111104”为“华北落叶松林”的代码。前两位“11”为森林类型的类标识码，接着两位“11”为针叶林标识码，第5位“1”为落叶松林组的标识码，最后两位“04”为华北落叶松林的代码。在本标准规范中找不到具体名称的森林类型，视为新的森林类型，按照原有的分类体系和编码方法，进行扩充，确定森林类型名称和代码。

6.1.12　森林灾害数据

代码结构如下：

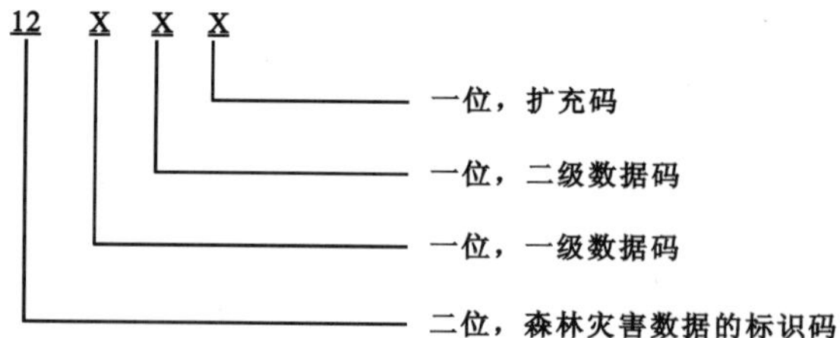

例如：“乱砍滥伐”的代码为“12240”，其中前两位“12”为森林灾害数据的标识码，第3位“2”为一级数据“人为灾害”的代码，最后两位“40”为二级因子“乱砍滥伐”的代码。

6.1.13　其他数据

指除前12类现有数据以外的数据，其类标识码为“13”，编码方法按“6.1 编码方法”进行。

6.2 代码表

对于地类、林种、林分因子、单株林木因子、森林环境因子、人工造林措施、森林经营、资源动态变化数据、森林权属、森林灾害等数据，代码表中每一词语由以下内容构成：

(1)数据代码：对描述性的数据，给出其数字代码。

(2)数据的汉语名称：作为数据的标准名称。

(3)缩写名：用汉语拼音各音节字头的字母组成，长度为2~6个字符，超过6个字符时，则取关键的6个字符。汉语名称只有一个字时，取完整的拼音名。如遇重复，后出现的重复第一个声母。汉语拼音缩写名可作为数据项名或记录名。

(4)数据的定义：即对各种数据及其取值给以定义说明。避免在数据采集和使用时由于理解不同而出错，以便于数据管理。

对于主要植物种，代码表的内容包括种名、代码和拉丁名。

6.2.1 地类代码列表

地类代码见表40。

表40　地类代码列表

代 码	名称	拼音缩写	定 义
011000	林地	LD	用来发展林业的土地，它包括有林地、疏林地、未成林地、灌木林地、苗圃地和其他
011100	有林地	YLD	包括乔木林和竹林
011110	乔木林地	QMLD	由乔木树种组成，满足以下条件，连续面积大于0.066hm^{2}的林地和乔木红树林：郁闭度大于0.2(含0.2)；人工林到成林年限时保存率80%以上；飞播林到成林年限时有苗面积占宜播面积南方31%以上、北方21%以上且单位宜播面积的苗木株数在1050株/hm^{2}以上；林冠冠幅宽度10m或2行(乔木宽度4m、灌木宽度3m)以上的林带；采用大树栽植，造林密度750株/hm^{2}以上，次年成活率85%以上的造林地
011111	针叶林地	ZYLD	针叶树蓄积或针叶树株数占65%以上的有林地
011112	针阔混交林地	ZKHJLD	针叶树或阔叶树的蓄积或株数均达不到65%以上的有林地
011113	阔叶林地	KYLD	阔叶树蓄积或阔叶树株数占65%以上的有林地
011120	竹林地	ZLD	由竹类植物组成满足以下条件之一的林地，不包括胸径2cm以下的小杂竹丛： 郁闭度大于0.2(含0.2)；天然毛竹林750株//hm^{2}以上；人工毛竹林造林3年后300株/hm^{2}以上、杂竹林1500株/hm^{2}或750丛/hm^{2}以上
011200	疏林地	SLD	由乔木树种组成，郁闭度为0.1~0.19的林地和乔木红树林
011300	灌木林地	GMLD	由灌木树种或因生境恶劣矮化成灌木型的乔木树种及胸径小于2cm的小杂竹丛组成，以经营灌木为目的或起防护作用、覆盖度大于等于30%的林地和灌木红树林土地或分布在乔木生长界限以上的没有明显主干或主干很短的丛生或单生灌木林地，灌木必须是次生木质部发达的多年生植物
011310	国家特别规定的灌木林地	GJTGGM	包括400 mm等雨量线以下灌木林地、乔木生长线以上灌木林地和灌木经济林
011320	其他灌木林地	QTGM	不属于国家特别规定的灌木林地
011400	未成林地	WCLD	包括未成林造林地和未成林封育地

(续)

代 码	名称	拼音缩写	定 义
011410	未成林造林地	WCLZLD	人工造林和飞播造林后不超过成林年限，人工造林当年成活率85%以上或保存率80%以上(降水量400mm以下的地区为70%以上)、飞播造林带成苗调查3000株/hm^2以上，且分布均匀，有苗样方频度大于50%，未达到有林地和灌木林地成林标准但有成林希望的林地
011420	未成林封育地	WCLFYD	采取封山育林或人工促进天然更新后，天然更新等级达到中等以上有成林希望，但未达成林标准的林地
011500	无林地	WLD	包括宜林宜林荒山荒地、宜林沙荒、采伐迹地、火烧迹地和退耕地
011510	宜林荒山荒地	YLHSHD	包括未达到以上有林地、疏林地、灌木林地、未成林地标准且经县级以上人民政府批准为林地的荒山、荒滩、荒沟、荒地
011520	宜林沙荒地	YLSH	造林后可以成活且经县级以上人民政府规划为林地的流动、固定、半固定沙丘或沙地，有明显沙化趋势土地
011530	采伐迹地	CFJD	采伐后保留的活立木达不到疏林地标准、天然更新调查也达不到中等等级且未超过5年的林地
011540	火烧迹地	HSJD	火灾后保留的活立木达不到疏林地标准、天然更新调查也达不到中等等级且未超过5年的林地
011550	退耕(牧)地	TGD	经县级以上人民政府(或国家重点国有林区的国有林经营单位)规划为退耕还林地的坡耕地、风沙地、草牧场
011600	苗圃地	MPD	固定的苗圃用地
011700	其他林业用地	QTLD	为辅助林业生产用地，是由森林经营单位或林业部门管理的林业基础设施与配套设施用地
012000	非林地	FLD	不属于林业用地的其他所有土地，包括农用地、建设用地、水域和难利用地
012100	农用地	NYD	包括耕地、草地和其他农用地
012110	耕地	GD	种植农作物的土地，包括水田、水浇地、旱地、菜地、新开荒地、轮歇地、草田轮作地和这些土地中<2.0m的沟、渠、路和田埂
012120	草地	CAD	以生长草本植物为主，主要用于畜牧业的土地，包括植被盖度>10%的天然草地、改良草地和人工草地
012130	其他农用地	QTNYD	
012200	建设用地	JSYD	包括城市用地、建制镇用地、农村居民点用地、工矿用地、特殊用地(军事、宗教、监狱、陵园等)、风景旅游设施用地、交通用地
012300	水域	SY	指河流、湖泊、水库、池塘等
012400	难利用地	NLYD	指雪山、沼泽地、悬崖、沟壑，岩石 裸露地等目前不能利用或难以利用的土地
012500	其他非林地	QTFLD	指城乡居民点，工矿用地、交通用地等
012600	其他	QT	指在上述地类中没有包括，不能确定地类类型的

6.2.2 林种代码列表

林种代码见表41。

表41 林种代码列表

代 码	名称	拼音缩写	定 义
021000	生态公益林	STGYL	一级林种划分，以环保和生态效益为主要经营目的的森林

（续）

代 码	名称	拼音缩写	定 义
021100	防护林	FHL	二级林种划分，以防护为主要目的的森林
021101	水源涵养林	SYHYL	防护林的一种，以涵养水源、改善水文状况、调节水的小循环和防止河流、湖泊、水库淤塞以及保护居民点饮水水源为主要目的的森林
021102	水土保持林	STBCL	以减缓地表径流、减少冲刷、防止水土流失，保持和恢复土壤肥力为主要用途的森林
021103	防风固沙林	FFGSL	以降低风速，防止风蚀，固定沙地，保护农田、果园、经济作物、牧场免受风沙侵袭为主要用途的森林
021104	农田牧场防护林	NMFHL	以保护农田、牧场减免自然灾害，改善生态环境，保障农牧业生产条件为主要目的的森林
021105	护路林	HLL	以保护铁路公路免受风沙水雪危害为主要目的的森林
021106	护岸林	HAL	以防止岸坡被水冲刷崩塌、固定河床为主要目的的森林
021107	防火林	FHL	以阻隔或延缓森林火灾蔓延为主要目的的森林、林木、林地
5021200	特种用途林	TYL	以自然保护、美化环境、科学实验、采种、增强国防等为目的而经营的森林
021201	国防林	GFL	特用林的一种，为军事需要而划定的森林。如沿海边疆或要塞、基地等有利于我方军事隐蔽的森林
021202	实验林	SYL	特用林的一种，以进行教学或科学实验为目的而经营的森林
021203	母树林	MSL	特用林的一种，指专供采种或培育良种为目的而经营的森林
021204	环境保护林	HJBHL	特用林的一种，位于城市和工矿区周围，以清洁空气、减少噪音、改善气候、美化环境为目的而经营的森林
021205	风景林	FJL	特用林的一种，构成幽美环境，提供人们游览和观赏为目的而经营的森林
021206	名胜古迹和革命纪念林	MSJNL	特用林的一种，指在风景名胜、革命纪念地所在地专门划定的地段进行保护和利用的森林
021207	自然保护林	ZRBHL	特用林的一种，指专门划定的，用以保护珍奇动植物资源、典型的生物群落和自然景观等的森林
022000	商品林	SPL	一级林种，以商品生产为主要目的的森林
022300	用材林	YCL	二级林种，以生产木材(包括竹材)为主要目的的森林
022301	一般用材林	YBYCL	以一般商品材生产为主要目的的森林
022302	速生丰产用材林	SFYCL	通过使用良种壮苗和实施集约经营，缩短培育周期，获取最佳经济效益，森林生长指标达到相应树种速生丰产林国家(行业)标准的森林
022303	短周期工业原料林	GYYYL	以生产纸浆材及特殊林业用木质原料为主要目的，按照工程项目管理，采取集约经营、定向培育的森林
022400	薪炭林	XTL	二级林种，以生产热能燃料为主要经营目的森林
022500	经济林	JJL	二级林种，以生产果品、油料、饮料，调料、工业原料和药材为主要经营目的的森林
022501	果树林	GSL	以生产各种干、鲜果品为主要目的的森林

(续)

代 码	名称	拼音缩写	定 义
022502	食用原料林	SYYLL	以生产食用油料、饮料、调料、香料等为主要目的的森林
022503	林化原料林	LHYLL	以生产树脂、橡胶、木栓、单宁等非木质林产化工原料为主要目的的森林
022504	药用林	YYL	以生产药材、药用原料为主要目的的林木
022505	其他经济林	QTJJL	除以上经济林以外的其他经济林

6.2.3 林分因子代码列表

林分因子代码见表42。

表42 林分因子代码列表

代 码	名称	拼音缩写	定 义
030100	样地类型	YDLX	根据样地的使用期、抽取原则、调查方法等的不同而划分的类型
030110	固定样地	GDYD	定期进行观测的长期保留的样地
030120	临时样地	LSYD	对森林的数量和质量进行一次性估算的样地
030130	增设固定样地	ZSYD	在复查时增设的固定样地
030140	改设固定样地	GSYD	复测时改变位置或改变形状、面积的固定样地
030150	目测样地	MCYD	由于某些原因不能实测，只能目测地类等少数因子的样地
030160	放弃样地	FQYD	复查时未能复位且前期调查数据也不能利用的样地
030200	样地设置方法	YDSZFF	设置样地的方法的分类
030210	定面积样地	DMJYD	具有固定面积的样地
030220	定株样地	DZYD	依某种规定只测定一定株数的样地
030230	角规样地	JGYD	样地类型的一种，利用角规设置的可变圆形样地
030240	成数样地	CSYD	目的在于确定各种规定标志比例的样地
030250	模拟样地	MNYD	样地类型的一种，只需测定固定株数(一般7株)距样点最近的水平距离和胸径，不需测设边界的一种样地
030260	群状样地	QZYD	指在定位点设置的一组样地
030300	样地形状	YDXZ	指样地的边界几何形状
030310	方形样地	FXYD	呈正方形的样地
030320	圆形样地	YXYD	呈圆形的样地
030330	矩形样地	JXYD	呈长方形的样地
030340	可变样地	KBYD	指角规样地、模拟样地等不需测设边界面积可变的样地

（续）

代 码	名称	拼音缩写	定 义
030400	标准地类型	BZDLX	按标准地设立目的要求而对标准地进行的分类
030410	制表标准地	ZBBZD	标准地设置的目的是为了编制各种测树用表，如生长过程表、标准表、材种等级表、材种出材量表等
030420	材种标准地	CZBZD	以获得各种材种出材量和出材率为目的而设置的标准地
030430	生长标准地	SZBZD	以获得各种测树因子的生长量和生长率以及生长过程为目的而设立的标准地
030440	固定标准地	GDBZD	在具有典型代表性的林分内设置的进行定期观测长久保存的标准地，以研究生长或既定经营措施对生长的影响
030450	皆伐标准地	JFBZD	为研究林分的材种结构、出材率等，在具有代表性的林分中设置，将全部等于和大于检尺径的全部树木进行伐倒量测的标准地
030460	林型标准地	LXBZD	在典型的林型中设置，目的是为了获取构成该林型的各种因子之间的关系，以及该林型的立木生产力及演替方向等因子，以便提出经营措施
030500	林相	LX	森林群落中由乔木树种林冠形成的树冠层次
030510	单层林	DCL	林冠的水平层次只有一层的林相称为单层林
030520	复层林	FCL	林冠的水平层次有两层或两层以上的林相为复层林
030530	林层号	LCH	对复层林林冠所区分的层次代号
030531	Ⅰ林层	YLC	林冠层次处于最上层的林分
030532	Ⅱ林层	ELC	林冠层次处于第二层的林分
030533	Ⅲ林层	SLC	林冠层次处于第三层的林分
030600	林龄特征	LLTZ	指反映森林在年龄上的差异的林分因子
030610	同龄林	TLL	林木年龄相同或相差不超过一个龄级的林分
030620	异龄林	YILL	林木年龄相差超过一个龄级的林分
030630	林龄组	LLZ	根据年龄对林分生长发育阶段的分组
030631	幼龄林	YLL	指处于幼年阶段的林分，一般为Ⅰ到Ⅱ龄级，个别年幼期生长缓慢可到Ⅲ龄级
030632	中龄林	ZLX	指年龄达到主伐年龄一半的林分，具体标准按有关规定
030633	近熟林	JSL	主伐年龄前一个龄级的林分
030634	成熟林	CSL	指达到主伐年龄或超过主伐年龄一个龄级的林分
030635	过熟林	GSL	一般指超过主伐年龄一个龄级以上的老龄林分
030640	龄级	LJ	林分按年龄的分级，每一龄级的年龄范围由技术规程规定，根据树木生长快慢，一个龄级的年龄范围划分为5年，10年或20年
030641	Ⅰ龄级	YLJ	林分按年龄分级的第一级(参见龄级)
030642	Ⅱ龄级	ELJ	林分按年龄分级的第二级

(续)

代 码	名称	拼音缩写	定 义
030643	III 龄级	SLJ	林分按年龄分级的第三级
030644	IV 龄级	SHLJ	林分按年龄分级的第四级
030645	V 龄级	WLJ	林分按年龄分级的第五级
030646	VI 龄级	LLJ	林分按年龄分级的第六级
1030647	VII 龄级	QLJ	林分按年龄分级的第七级
030648	VIII 龄级	BLJ	林分按年龄分级的第八级
030649	IX 龄级以上	JLJ	林分按年龄分级的第九级及第九级以上
030700	森林起源	SLQY	指森林形成的方式，包括最初形成时的方式和繁殖的方法两层含义
030710	天然林	TRL	由天然形成的森林
030711	天然实生	TRSS	由天然下种而形成的森林
030712	天然萌生	TRMS	由天然萌芽而形成的森林
030720	人工林	RGL	由人工方式形成的森林
030721	人工实生	RGSS	人工播种或栽植实生苗而形成的森林
030722	人工扦插	RGQC	由人工扦插、压条等利用母株营养器官的一部分繁殖而形成的森林
030730	飞播林	FBL	由飞机播种形成的森林
030800	I a 及以上地位级	YADWJ	地位级的一个级别，生产力最高，超过 I 地位级一个地位级以上的林分(通过查表得到)
030810	I 地位级	YDWJ	通过林分平均高、年龄、起源，由地位级表上查得的地位级级别之一
030820	II 地位级	EDWJ	由地位级表上查得的地位级级别之一
030830	III 地位级	SDWJ	由地位级表上查得的地位级级别之一
030840	IV 地位级	SIDWJ	由地位级表上查得的地位级级别之一
030850	V 地位级	WDWJ	由地位级表上查得的地位级级别之一
030860	Va 及以下地位级	WADWJ	由地位级表上查得的地位级级别之一，低于 V 地位级 1 级以上
030900	郁闭度、覆盖度等级	YFDJ	按乔木林的郁闭度、灌木林和草地覆盖度划分的等级
030910	郁闭度等级	YBDJ	对林分郁闭度的分级，分为高、中、低三级
030911	低	DI	林分郁闭度为 0.2 ~ 0.39
030912	中	ZHONG	林分郁闭度为 0.40 ~ 0.69
030913	高	GAO	林分郁闭度在 0.7 以上
030920	覆盖度等级	FGDJ	对灌木林和草地覆盖度的分级，分为密、中、疏三级
030921	疏	SHU	覆盖度 30% 以下
030922	中	ZHONG	覆盖度 30% ~69%
030923	密	MI	覆盖度 70% 以上
031000	优势树种组	YSSZZ	当每个组成树种的蓄积或株数都在 65% 以下、优势树种不明显时合并为树种组
031100	针叶林	ZYL	针叶树蓄积或针叶树株数占 65% 以上的森林

(续)

代 码	名称	拼音缩写	定　　义
031200	针阔混交林	ZKL	针叶树或阔叶树的蓄积或株数均达不到65%以上的森林
031300	阔叶林	KYL	阔叶树蓄积或阔叶树株数占65%以上的森林
031100	出材率等级	CCLDJ	根据出材量占林分总蓄积量的%或用材树株数占总株数的%而划分的、标志林分相对出材量多少的等级，共分三级
031110	1出材级	YCCJ	出材率等级的第一级，针叶树用材出材率大于或等于71%或用材树株数占91%或91%以上，阔叶树用材出材率大于或等于51%或用材树株数占71%或91%以上
031120	2出材级	ECCJ	出材率等级的第二级，针叶树用材出材率在51%～70%或用材树株数占总株数71%～90%，阔叶树用材出材率在31%～50%，或用材树株数占46%～70%
031130	3出材级	SCJJ	出材率等级的第三级，针叶树用材出材率在50%以下，或用材树株数在70%以下，阔叶树用材出材量占30%以下，或用材树株数占45%以下
031200	天然更新等级	TRGXDJ	按幼树不同高度及单位面积上株数确定的标志天然更新好坏的等级
031210	良好	LH	幼苗高30cm以下，每公顷5001株以上或幼苗高31～50cm，幼苗每公顷3001株以上或幼苗高51cm以上，每公顷幼苗2501株以上的为良好
031220	中等	ZD	幼苗高30cm以下时每公顷幼苗3001～5000株，31～50cm时，1001～3000株，51cm以上时501～2500株
031230	不良	BL	幼苗高30cm以下时每公顷幼苗3000株以下，31～50cm时1000株以下，51cm时500株以下为更新不良
031400	自然度级	ZRDJ	天然林按照植被状况与原始顶极群落的差异或次生群落位于演替中的阶段，分为5级
031410	I	YZR	人为干扰极大且持续，天然植被几乎破坏殆尽，难以恢复的逆行演替后期群落
031420	II	EZR	人为干扰极大，演替逆行处于极为残次的次生群落
031430	III	SZR	人为干扰很大，处于演替中期的次生群落
031440	IV	SHZR	有明显的人为干扰的天然植被或处于演替后期的次生群落
031450	V	WZR	原始或基本原始的植被

6.2.4　单株林木因子代码列表

单株林木因子代码见表43。

表43　单株林木因子代码列表

代 码	名称	拼音缩写	定　　义
0410	量测木类别	LCMLB	在森林调查中，根据对林木调查量测的方法和目的不同，而对量测木进行的分类
0411	标准木	BZM	量测木类别的一种，指按预定要求选定的在胸径、树高、生长发育等级各方面具有典型代表性的立木
0412	计算木	JSM	量测木类别的一种，指在标准地内用抽样方法(一般用机械抽样法)选定进行量测的立木
0413	解析木	JXM	量测木类别的一种，指在森林调查中，按解析木量测要求，选定做树干解析的立木
0414	固定样木	GDYM	量测木类别的一种，指样地要定期连续进行量测的立木
0415	普通样木	PTYM	量测木类别的一种，指在抽样调查中，按预定抽样方法抽取的做为样本进行量测的立木

(续)

代 码	名称	拼音缩写	定　　义
0420	林木生长类型	LMSZLX	根据林木生长空间的差异及生长状况的不同，对其进行分类的单位
0421	优势木	YSM	指林分中树冠居于林冠最上层能接受充分阳光自由生长的林木
0422	亚优势木	YYSM	在林分中，处于林冠上层，上方有充分阳光自由生长的林木
0423	中等木	ZDM	在林分中，生长中等，树冠位于林冠的中层，直径、树高均属中等的林木
0424	受压木	SYM	林分中处于林冠的下层，生长受到限制，树冠窄小，生长缓慢的林木
0425	濒死木	BSM	在林分中由于受压或其他灾害即将死亡的林木
0430	立木群体类型	LMQTLX	根据活立木生长空间和形态的不同，而对其进行分类的单位
0431	林木	LM	林分中生长着的乔木树种的总称
0432	散生木	SSM	幼、中龄林中特别粗、高的成龄木。林地上郁闭度小于0.1，不够疏林地条件，但达到检尺径标准的树木，亦称孤立木
0433	四旁树	SPS	在村旁、宅旁、路旁、水旁生长的达到检尺径标准，在森林调查中又未折算成有林地面积的树木
0440	样木检尺类型	YMJCLX	在连续森林资源清查中，为了分析森林资源动态变化，而对样地中检尺木，参照前次检尺，进行复位。根据复位样木的不同情况，而划分的类型
0441	保留木	BLM	样地检尺木类别的一种，指能正确复位的检尺木
0442	进界木	JJM	样地检尺木类型的一种，指前次调查时，小于起始检尺径，而本次调查时已进入检尺径的立木
0443	枯死木	KSM	样地检尺木类型的一种。指前次调查时属于活立木，而本次调查时已经枯死的立木
0444	采伐木	CFM	样地检尺木类型的一种，指前次调查时尚存在，但本次调查时已砍伐掉的立木
0445	倒木	DM	样地检尺木类型的一种，指由于自然衰老、病虫害、风拔、风折等自然原因复查时已经倒下的立木
0446	漏测木	LCM	样地检尺木类型的一种，指前次调查时达到起始检尺径且调查时漏检的立木
0447	复测木	FCM	样地检尺木类型的一种，指前次调查时重复检尺的立木
0448	遗弃木	YQM	复查时，找不到原测样木，未能复位，本次调查遗弃掉的林木
0470	检尺木材质类型	JCMCZ	每木调查检尺时，对活立木按其可出材情况划分的类型
0471	用材树	YCS	指经济用材部分长度占树高40%以上的活立木
0472	半用材树	BYCS	指经济用材部分的长度大于2m(针叶树)或1m(阔叶树)但不足树高的40%的活立木
0473	薪炭树	XTS	指经济用材部分长度不足2m(针叶树)或1m(阔叶树)的活立木

6.2.5 森林环境因子代码列表

森林环境因子代码见表44。

表 44　森林环境因子代码列表

代 码	名称	拼音缩写	定　　义
051000	地貌类型	DMLX	指一定范围内地表总形态的类型，地貌通过土壤气候及地理因素影响了森林的分布和植物的生长发育
051100	极高山	JGS	海拔为 5000m 以上的山地
051200	高山	GS	海拔为 3500～4999m 的山地
051300	中山	ZHS	海拔为 1000～3499m 的山地
051400	低山	DS	海拔低于 1000m 的山地
051500	丘陵	QL	地势起伏相对较小，相对高差不超过 200m，海拔不超过 500m，没有明显山脉走向的区域
051600	平原	PY	地貌类型的一种，指那种面积广阔，地表起伏不大的区域，海拔高度低于 200m
051800	其他地貌	QTDM	上述地貌以外的其他地貌
052000	地形特征	DXTZ	指一个具体的地理空间位置上的地表型态的数量和质量特征
052200	坡位	PW	指定区域在山坡上的部位
052201	脊部	JB	有走向的山脉的顶部平坦地段
052202	上部	SHB	山坡中部以上的地段，其范围在山脚开始的 2/3 以上的地段
052203	中部	ZHB	山坡中部若以山脚为起点，其范围位于 1/3～2/3 处
052204	下部	XB	即山麓，是山坡向山谷或平原过渡的地段
052205	全坡位	QPW	包含上、中、下 3 种坡位的地段
052206	谷部平地	GBPD	两山之间的平坦地段
052300	坡度级	PDJ	根据坡度大小对坡度划分的级别
052301	平坡	PP	坡度为 0°～5°的坡面
052302	缓坡	HP	坡度为 6°～15°的坡面
052303	斜坡	XIEP	坡度为 16°～25°的坡面
052304	陡坡	DP	坡度为 26°～35°的坡面
052305	急坡	JP	坡度为 36°～45°的坡面
052306	险坡	XP	坡度为 46°以上的坡面
052400	坡向	PX	指山坡所面对的方向，以具体的方位角表示，如 25°即北向东 25°，或以东北、东南、西北、西南、东、南、西、北以及平坡等坡向组表示
052401	北坡	BP	面对北方的山坡，方位角为 338°～360°，0°～22°
052402	东北坡	DBP	面对东北的山坡，方位角为 23°～67°

(续)

代 码	名称	拼音缩写	定　　义
052403	东坡	DOP	面对东方的山坡，方位角为 68°～112°
052404	东南坡	DNP	指面对东南的山坡，方位角为 113°～157°
052405	南坡	NP	指面对南方的山坡，方位角为 158°～202°
052406	西南坡	XNP	指面向西南方的山坡，方位角为 203°～247°
052407	西坡	XIP	指面对西方的山坡，方位角为 248°～292°
052408	西北坡	XBP	指面向西北的山坡，方位角为 293°～337°
052409	无坡向(平地)	WPX	指平地没有坡向的地块
052500	坡形	POX	山坡倾斜的外部形态
052501	凸坡	TP	坡面凸起，土壤干燥的幼年期地形
052502	凹坡	WP	下部堆积层较厚的坡形，呈盆形
052503	直坡	ZHP	坡面上下呈直线形的坡面
052504	凹凸坡	WTP	由凹形和凸形斜坡共同组成的复合形坡面
052600	可及性	KJX	指一定区域(县、林场、林班、…)木材采运条件具备的程度，即当前条件下采运工具可以到达的程度
052601	即可及林	JKJL	可及性的一种，指已经具备采运条件的地区
052602	将可及林	JKJL	指近期可建成运输线路即将具备采运条件的地区
052603	不可及林	BKJL	指地势险峻、暂时无法建成木材运输线路的地区
055000	土壤	TR	在陆地表面上，具有肥力，能够生长植物的疏松表层
055100	土壤名称	TRMC	按我国现行土壤分类原则，对土壤的命名
055101	南方水稻土	NFSDT	
055102	鲜血水稻土	XXSDT	
055103	北方水稻土	BFXDT	
055104	黄刚土	HGT	
055105	黄堰土	HYT	
055106	黄垆土	HLT	
055107	娄土	LT	
055108	黑垆土	HELT	

（续）

代 码	名称	拼音缩写	定　　义
055109	绵土	MT	
055110	潮土	CT	
055111	灌淤土	GYT	
055112	绿洲土	LZT	
055113	砖红壤	ZHR	
055114	赤红壤	CHR	
055115	红壤	HR	
055116	燥红土	ZHT	
055117	黄壤	HR	
055118	黄棕壤	HZR	
055119	棕壤	ZR	
055120	褐土	HT	
055121	灰褐土	HHT	
055122	暗棕壤	AZR	
055123	漂灰土	PHT	
055124	灰色森林土(灰黑土)	HSSLT	
055125	黑土	HT	
055126	白浆土	BJT	
055127	黑钙土	HEGT	
055128	栗钙土	SGT	
055129	棕钙土	ZGT	
055130	灰钙土	HGT	
055131	灰漠土	HMT	
055132	灰棕漠土	HZMT	
055133	棕漠土	ZMT	
055134	暗色草甸土	ASCDT	

(续)

代码	名称	拼音缩写	定义
055135	灰色草甸土	HSCDT	
055136	沼泽土	ZZT	
055137	滨海盐土	BHYT	
055138	盐土	YT	
055139	内陆盐土	NLYT	
055140	碱土	JT	
055141	磷质石灰土	LZSHT	
055142	石灰(岩)土	SHT	
055143	紫色土	ZST	
055144	龟裂土	GLT	
055145	风沙土	FST	
055146	山地草甸土	SDCDT	
055147	山地灌丛草原土	SDGCCT	
055148	黑毡土(亚高山草甸土)	HZT	
055149	巴嘎土(亚高山草原土)	BGT	
055150	草毡土(高山草甸土)	CZT	
055151	莎嘎土(高山草原土)	SGT	
055200	土壤湿度	TRSHD	指野外调查时，根据对土壤剖面进行观察时，确定的土层湿润度
055201	干	GAN	土体放在手中，没有明显的凉爽感觉，细土起灰
055202	潮	CHAO	土体放在手中有潮湿的感觉，不起灰
055203	湿	SHI	用手挤压土体，手上有湿印
055204	重湿	ZHSH	土体用手挤压，没有水流出，在手上有明显的水湿痕迹
055205	极湿	JSH	用手挤压土体，有水流出
055300	土壤母质	TRMZH	指地壳表面岩石经自然界风化后产生的、处在土壤淀积层以下，不具肥力的疏松矿物碎屑，亦称为 C 层
055301	花岗岩	HGY	
055302	砂岩	SHY	

（续）

代码	名称	拼音缩写	定　义
055303	砾岩	LY	
055304	页岩	YY	
055305	紫色页岩	ZSHYY	
055306	板岩	BY	
055307	片岩	PY	
055308	千枚岩	QMY	
055309	泥质岩	LZY	
055311	玄武岩	XWY	
055312	石灰岩	SHHY	
055313	第四纪红土	DSJHT	
055314	冲积母质	CHMZ	
055315	风积母质	FJMZ	
055400	土壤质地	TRZHD	即土壤的机械组成。指土壤中由于各种粒级的不同比例而表现出来的土壤黏性和砂性程度
055401	黏土	NT	黏性很重的土壤，黏粒含量在25%以上，湿时可搓成细条并弯成环，捻之有滑感，干时能划出光滑线条
055402	重壤土	ZRT	黏性较重的土壤，黏粒含量在15%～25%湿时能搓成细条，弯成环时微微开裂
055403	壤土	RT	砂性和黏性适中的土壤，黏粒含量为0～15%，砂粒含量在55%以下，湿时能搓成条，弯成环明显开裂
055404	砂壤土	SRT	砂性很重的土壤，黏粒含量在0～15%，砂粒含量55%～85%，湿时能搓成团，但不能搓成条
055405	砂土	ST	砂性很重的土壤，砂粒含量在85%以上，湿时不能搓成团
055500	土壤紧密度	TRJMD	即土壤的紧密或坚实程度
055501	疏松	SS	用很小的力就可将刀插入土壤中，土壤没有一点黏结性
055502	稍紧密	SHJM	用较小的力就可以将刀插入土中，为稍紧密
055503	较紧密	JIAOJM	土块比较容易掰开，用力划时划痕宽，痕迹均匀
055504	紧密	JM	需要用力才能将土块掰开
055505	极紧密	JJM	土块用手掰不开
055600	土壤酸碱性	TRSJX	
055601	酸性	SX	

(续)

代 码	名称	拼音缩写	定　　义
055602	中性	ZX	
055603	碱性	JX	
055700	土壤排水状况	TRPS	
055701	稍过量	SHGL	排水快，持水力差，多为山地陡坡上的土壤
055702	良好	LH	水分易从土中流走，但流动不快，能蓄相当水分供植物生长
055703	中等	ZHD	土内水分流动慢，在相当长时期土壤剖面大部分潮湿
055704	不畅	BUCH	半年以上(不到一年)土壤剖面大部分潮湿
055705	极差	JCH	半年以上时期地表土壤潮湿，有时地下水升至地面
055800	土壤侵蚀等级	TRQSDJ	
055801	无侵蚀	WQS	无土壤流失现象，无因风力作用的表土侵蚀现象
055802	轻度侵蚀	QDQS	完全是片蚀或细土中有明显的沙粒
055803	中度侵蚀	ZHDQ	有片蚀和细沟蚀，沟宽与深均小于20cm或表土侵蚀小于5cm
055804	强度侵蚀	QDQS	严重沟蚀，有大的蚀沟或表土侵蚀5～15cm

6.2.6 人工造林措施数据代码列表

人工造林措施数据代码见表45。

表45　人工造林措施数据代码列表

代 码	名称	拼音缩写	定　　义
06100	整地方式	ZDFS	指造林前对造林地进行各种挖穴翻土整修的方式
06101	全面整地	QMZD	全面翻耕造林地，彻底清除杂草灌木的一种整地方式
06102	水平带整地	SPDZD	沿等高线方向开垦翻土割灌的一种整地方式
06103	撩壕整地	LHZD	沿等高线方向从下而上开挖槽沟，把心土堆在上坡筑成土埂的一种整地方式
06104	穴状整地	XZZD	在造林地上根据地形挖掘一定面积和深度的穴坑的一种整地方式
06105	鱼鳞坑整地	YLKZD	在造林地山坡上挖掘一定规格的半圆形呈品字形排列的穴坑
06106	块状整地	KZZD	在造林地上，在种植点按一定规格进行小块开垦的一种整地方式
06107	反坡梯田	FPTT	在造林地上，沿水平方向按一定间距开挖一级一级的外高内低，与山坡构成一个反坡度的梯田
06108	台田整地	TTZD	在地下水位高，易遭水淹的造林地上，挖沟修台的一种整地方式
06109	高垄整地	GLZD	在涝洼地带按一定行距挖沟，将土放在两沟中间筑成上垄

（续）

代 码	名称	拼音缩写	定　　义
06110	未整地	WZD	造林前未进行任何整地
06200	造林地清理	ZLDQL	指在造林地整地前，清除一切有碍造林的杂草、灌木和残留木的一种工序
06201	全面清理	QMQL	将造林地上的杂草，灌木全部砍除的一种清理
06202	带状清理	DZQL	在造林地上按种植行砍除杂草、灌木的一种清理方式
06203	块状清理	KZQL	按种植点位置砍除其周围杂草、灌木的一种清理方法
06204	火烧清理	HSQL	将造林地上的杂草、灌木全部焚烧或砍除焚烧
06500	造林方式	ZLFS	指在无林地上恢复森林的方式
06501	植苗造林	ZMZL	采用移栽苗木使其成林的营造森林的一种方法
06502	播种造林	BZZl	将种子直接播种于造林地上使其成林的一种营造森林的方法
06503	分根造林	FGZL	直接利用母树林的营养器官中的根埋入土中进行造林
06504	插条造林	CTZL	直接将母树上的枝干插入造林地上使其成林的 一种造林方法
06505	地下茎造林	DXJZL	将母树的地下茎埋人土中以育新林的一种造林方法(一般用于营造竹林)
06506	飞播造林	FBZL	利用飞机播撒林木种子以便恢复森林的一种造林方法
06507	林农间种	LNJZ	在造林地上利用苗间空隙种植对林木生长有利的农作物以培育新林
06600	混交类型	HJLX	根据树种在造林地上配置情况划分的种类
06601	针叶纯林	ZYCL	所造幼林由 1 种针叶树组成
06602	针叶混交	ZYHJ	所造幼林由 2 种以上的针叶树组成
06603	阔叶纯林	KYCL	所造幼林由 1 种阔叶树组成
06604	阔叶混交	KYHJ	所造幼林由 2 种以上的阔叶树组成
06605	针阔混交	ZKHJ	所造幼林的主要树种有针叶树和阔叶树 2 种以上树种组成
06606	乔灌混交	QGHJ	所造幼林的主要树种为乔木、混交树种为灌木
06700	混交图式	HJTS	营造幼林时各树种配置的图面表示与分布方式
06701	纯林	CL	只有 1 个树种的林分
06702	带状混交	DZHJ	主要树种和混交树种成带状混交，2 个树种只在带间接触
06703	块状混交	KZHJ	主要树种与混交树种以不同大小、不同的排列方式块状分布
06704	复层混交	FCHJ	具有多层林冠的混交林

(续)

代 码	名称	拼音缩写	定 义
06705	行间混交	HJHJ	主要树种和混交树种隔行种植
06706	株间混交	ZJHJ	主要树种和混交树种在同一行内隔株种植
06800	幼林抚育	YLFY	指为了调节幼林生长发育与环境之间的关系，促进幼林成活和健康生长所采取的措施的总称
06801	补植	BZ	保存率为41% ~84%的造林地上，在种植点补植苗木，以达到必要的密度
06802	补播	BB	造林后保存率在41% ~84%的造林地上，在缺苗处补播种子以达到必要的密度
06803	除草松土	CCST	造林后在幼苗四周进行清除杂草，疏松土壤
06804	培土	PT	在有风害或水土流失的造林地，对新造幼林根部培土的一种抚育措施
06805	间苗	JIM	在幼林过密处，除去过密的苗木以保证苗木有适当的营养空间
06806	修枝	XZ	在幼林内砍除多余的枝叉以促进生长发育
06807	浇水	JIAS	采用人力取水、机械取水对新造林地补充水分
06808	施肥	SF	对新造幼林施以有机或无机肥
06900	造林保存率等级	ZLBCDJ	按人工造林3 ~5 年后或飞播造林5 ~7 年后幼树保存率大小划分的等级
06901	1 保存级	YBCJ	保存率在85%以上
06902	2 保存级	EBCJ	保存率在41% ~84%
06903	3 保存级	SBCJ	保存率在40%以下

6.2.7 森林经营数据代码列表

森林经营数据代码见表46。

表46 森林经营数据代码列表

代 码	名称	拼音缩写	定 义
07000	森林经营	SLJY	培育森林的各种措施的总称
07200	森林更新	SLGX	指在原有森林的迹地上重新恢复森林的方式
07210	人工促进更新	RGCJGX	依靠天然下种，只用人工辅助方法(如对缺苗地段的补植补插等)促进天然生长成幼林的一种更新方式
07220	人工更新	RGGX	指采用手工或机械作业方式植苗、扦插以形成幼林
07230	封山育林	FSYL	采用封禁山林，限制开垦、采樵和放牧等，利用树木天然下种和根部萌芽以恢复森林的措施
07240	天然更新	TRGX	利用林木天然下种能力，不采取人工措施自然恢复成林
07400	抚育采伐	FYCF	从幼林形成起到主伐前所进的有一定时间间隔的、以提高森林的质量和数量为目的的采伐
07410	透光伐	TGF	抚育采伐措施之一，在幼龄混交林完全郁闭前采取的一种抚育采伐，以伐除抑制主要树种生长的次要树种为目的

(续)

代 码	名称	拼音缩写	定　　义
07420	除伐	CHF	在幼龄林完全郁闭后(幼龄林后期)所进行的抚育采伐
07430	疏伐	SHF	在林木高生长最旺盛时期进行的抚育采伐
07440	卫生伐	WSF	为除去森林中的病腐木、枯立木、虫害木等不良树木而进行的抚育采伐
07450	整枝	ZZ	森林抚育措施之一，即在林木成材前修去枯枝和部分活枝以提高林木品质
07600	主伐	ZF	以取得木材为目的而进行的采伐
07610	皆伐	JF	在伐区上一般是一年内，除留少量母树外，伐除全部树木的一种采伐方式
07611	大面积皆伐	DMJJF	伐区面积在 $10hm^2$ 以上的皆伐
07612	块状皆伐	KZJF	伐区面积在 $1\sim2hm^2$ 的小面积皆伐
07613	条件皆伐	TJJF	在伐区上有条件地进行皆伐，主要是伐去材质和树形好的树木
07614	带状皆伐	DZJF	伐区呈窄带状的皆伐
07620	择伐	ZEF	在规定的伐区内，分期选择个别树木进行采伐的一种主伐方式
07621	更新择伐	GXZF	即经营择伐，在保证森林更新并防止林地条件恶化所进行的一种择伐
07623	经济择伐	JJZF	单纯根据利用价值而进行的择伐
07624	采育择伐	CYZF	把培育森林与木材生产结合起来的一种主伐方式
07625	群状择伐	QZZF	在两个龄级的期限内，将成熟林木成群地分数次伐尽的一种择伐方式
07630	渐伐	JIF	在一个龄级期限内，把林木分 2 ~ 4 次分批伐尽。更新在林木伐尽前完成的一种采伐方式
07631	二次渐伐	ECJF	在一个龄级期限内分 2 次将林分伐尽，并保证林木伐尽前更新的一种采伐方式
07632	三次渐伐	SCJF	在一个龄级期限内，分 3 次将林木伐尽，并保证林木伐尽前得到更新的一种采伐方式
07633	四次渐伐	SICJF	在一个龄级期限内，分 4 次将林木伐尽，并保证林木伐尽前得到更新的一种采伐方式
07800	林分改造	LFGZ	指对价值低的天然次生林或人工林进行改造使其成为价值高的林分的措施
07810	块状改造	KZGZ	在被改造的林分内块状伐除全部林木和灌丛，然后整地造林的一种林分改造措施
07820	带状改造	DZGZ	在被改造的林分内，间隔一定距离带状伐除全部林木和灌丛，并进行整地造林的改造措施
07830	林冠下造林	LGXZl	选择耐荫树种，在林冠下造林，然后逐步伐除上层林木的林分改造方式

6.2.8　资源动态变化数据代码列表

资源动态变化数据代码见表 47。

表 47 资源动态变化数据代码列表

代码	名称	拼音缩写	定义
08100	资源动态	ZYDT	森林资源随时间变化的情况
08101	增加	ZJ	蓄积量和覆盖率等标志值增长
08102	减少	JS	蓄积量和覆盖率等标志值降低
08103	持平	CP	蓄积量和覆盖率等标志值保持原有水平
08200	消耗类型	XHLX	指原有森林资源在某一范围内消失掉的原因
08201	木材生产消耗	MCSCXH	完成木材生产计划包括正常采伐、准备作业、伐区损失、运输损失等所消耗掉的森林资源
08202	基建消耗	JJXH	林区修建道路、架设输变电线路、通讯线路、开设防火道、修建林道、建筑房屋、采石开矿等占用林地，砍伐木材所消耗的森林资源
08203	林副产品消耗	LFCPXH	林区采集、加工和利用林副产品，如培育木耳及蘑菇、生产小径材、木杆等消耗的森林资源
08204	能源消耗	NYXH	林区用于烧制砖瓦、石灰、陶瓷器皿、居民生活烧材及生产木炭所消耗的森林资源
08205	林区生活消耗	LQSHXH	林区居民建房制作家俱和建设生活设施所消耗的木材
08206	自然灾害消耗	ZRZHXH	由于森林火灾、病虫害、灾害性天气等原因而损失掉的森林资源
08207	乱砍滥伐消耗	LKLFXH	由于乱砍滥伐所消耗的森林资源
08208	自然枯损	ZRKS	由于自然稀疏等原因而损失掉的森林资源
08209	其他消耗	QTXH	除上述类型外，由其他原因而消耗的森林资源

6.2.9 森林权属数据代码列表

森林权属数据代码见表 48。

表 48 森林权属数据代码列表

代码	名称	拼音缩写	定义
09100	全民所有	QMSY	国家所有的森林和林木
09200	集体所有	JTSY	集体所有的森林和林木
09300	单位所有	DWSY	指全民所有制企业、事业单位所有的森林和林木
09400	个人所有	GRSY	个人所有的森林和林木
09500	其他所有	QTSY	除全民、集体或单位所有以外的其他所有
09600	所有权未定	SYQWD	林权有争议或不明确暂时未定

6.2.10　森林主要植物种代码列表

内容与《林业科学数据库和数据共享技术标准与规范（第一辑)》中“五、森林资源基础数据技术规范”的6.2.10条文相同。

6.2.11　森林类型代码列表

6.2.11.1　乔木林

内容与《林业科学数据库和数据共享技术标准与规范（第一辑)》“五、森林资源基础数据技术规范”的6.2.11.1条文相同。

6.2.11.2　竹林

内容与《林业科学数据库和数据共享技术标准与规范（第一辑)》“五、森林资源基础数据技术规范”的6.2.11.2条文相同。

6.2.11.3　经济林

内容与《林业科学数据库和数据共享技术标准与规范（第一辑)》“五、森林资源基础数据技术规范”的6.2.11.3条文相同。

6.2.11.4　灌木林

内容与《林业科学数据库和数据共享技术标准与规范（第一辑)》“五、森林资源基础数据技术规范”的6.2.11.4条文相同。

6.2.11.5　自定义森林类型

自定义森林类型代码见表49。

表49　自定义森林类型代码表

代码	类型名称	说明
1190000	自定义森林类型	本 本标准没有包括，而由使用者自行分类定义的森林类型
1191100	自定义针叶林	由针叶树种构成的森林，但具体类型本技术规范没有包括，而由使用者自行分类定义的森林类型
1191200	自定义阔叶林	由阔叶乔木树种构成的森林，但难以确定是落叶还是常绿阔叶
1191210	自定义落叶林阔叶林	由落叶阔叶乔木树种构成的森林，但具体类型本技术规范没有包括，而由 使用者自行分类定义
1191220	自定义落叶常绿阔叶混交林	由落叶及常绿阔叶乔木树种构成的森林，但本技术规范没有包括，而由使用者自行分类定义的森林类型
1191230	自定义常绿阔叶林	由常绿阔叶乔木树种构成的森林，但本技术规范没有包括而由使用者自行分类定义的森林类型
1191300	自定义季雨林或雨林	属热带、亚热带季雨林或雨林森林类型但本技术规范没有包括，而由使用者自行分类定义的森林类型
1191400	自定义亚高山矮曲林	由生长在森林线上限的低矮弯曲的小乔木构成的森林，但本技术规范没有包括，而由使用者自行分类定义的森林类型
1192000	自定义竹林	由竹类构成的森林，但具体类型本技术规范没有包括，而由使用者自行分类定义的森林类型
1193000	自定义经济林	由经济林树种构成，但具体类型本技术规范没有包括，而由使用者自行分类定义的类型
1194000	自定义灌木林	由生长低矮无明显主干的木本植物构成，但具体类型本技术规范没有包括，而由使用者自行分类定义的类型

6.2.12　森林灾害数据代码列表

森林灾害数据代码见表50。

表 50 森林灾害数据代码表

代　码	汉语名称	拼音缩写	定　　义
12000	森林灾害	SLZH	森林因受人为和自然因素作用而发生的损害
12200	人为灾害	RWZH	由于人类的不合理的生产活动以及各种过失而使森林受到的损害
12210	过度放牧	GDFM	由于过度的放牧使幼林受到伤害或导致水土流失使森林遭到一定面积的破坏
12220	毁林开荒	HLKH	在有林地或疏林地将林木砍掉开荒种地因而导致森林资源损失
12230	过度砍伐	GDKF	指由于砍伐量过多，使成片的森林被破坏
12240	乱砍滥伐	LKLF	不考虑经营要求和永续利用原则而进行的不合理采伐
12250	盗伐	DF	以不合法的手段对森林进行砍伐取得木材造成森林破坏
12400	森林火灾	SLHZ	指由于各种原因引起的火灾，造成成片林木被烧
12410	地表火	DIBH	沿林地表面燃烧蔓延的一种火灾，使幼树被烧死，大树烧伤
12420	树冠火	SGH	沿树冠和部分下木燃烧蔓延的一种火灾，树叶烧毁，树干烧焦
12430	地下火	DXH	沿地下腐植层或泥炭层燃烧蔓延的一种火灾，导致大量树根烧毁而死亡
12600	生态性灾害	STXZH	由于生态系统的破坏而引起的灾害
12610	水土流失	STLS	由于植被破坏，土壤裸露、地表径流冲刷土壤，使表土、水分和土壤养分同时流失的现象
12620	沙化	SHH	由于干旱，缺少植被，土地利用不当，造成风蚀等使表面沃土流失，土壤生产力下降的现象
12630	风蚀	FSH	风吹走表土或沙粒的现象
12640	森林病害	SLBH	由于各种致病因素的影响，而使林木在生理机能，细胞和组织结构以及外部形态等方面发生了病理性变化
12650	森林虫害	SLCH	由于有害昆虫为害，而造成一定面积的森林的生长衰弱或死亡

7 数据存储格式

数据存储格式见表 51。

表 51 数据存储格式

序号	数据类型	存储格式
1	遥感图像	ERDAS IMG 格式
2	矢量图层	GeoMedia 格式
3	文本数据	ACCESS 格式
4	其他图像	JPG 格式

修订说明

由于《林业科学数据库和数据共享技术标准与规范（第一辑)》中“五、森林资源基础数据技术规范”在具体实施过程中部分内容不能够满足数据加工和整合的需要，因此对其进行了修订，具体修订内容如下：

（1）对《林业科学数据库和数据共享技术标准与规范（第一辑）》第47页“4 森林资源数据类别及内容”中的数据类别和内容进行了修改。

（2）根据以往数据出现的问题及适应数据共享的需要，对《林业科学数据库和数据共享技术标准与规范（第一辑）》第47页表5.1.1 森林分布图自定义属性项表的表结构进行了修订。

（3）对《林业科学数据库和数据共享技术标准与规范（第一辑）》第53页表5.2.1 林相图自定义属性项表的数据项名称、存储名称等内容进行了修订。

（4）对《林业科学数据库和数据共享技术标准与规范（第一辑）》第54页表5.2.2 森林分布图自定义属性项表的表结构进行了修订。

（5）对《林业科学数据库和数据共享技术标准与规范（第一辑）》第73页6.2.1 地类代码表进行了修订，增加了“其他”，代码为“012600”。

（6）根据森林分布图的特点以及项目组意见，对《林业科学数据库和数据共享技术标准与规范（第一辑）》第161页表6.2.11.5 自定义森林类型代码表进行了修订。

附加说明：

本技术规范由中国林业科学研究院资源信息研究所负责起草并修订。

本技术规范主要修订人员张会儒、李春明。

十、常用林业数表数据加工整合技术规范

1　主题内容与适用范围

本技术规范规定了林业各种数表数据的分类、编码、数据库表结构等方面的内容。

本技术规范适用于林业各种数表数据的规范化和数据库建设工作。

2　术语和定义

2.1　地位指数表 the site index table

是以林分优势木的平均高与年龄的相关关系，用标准年龄时林分优势木的平均高的绝对值定量地描述林地生产力等级的数表称为地位指数表。

2.2　总生长量 total increment

树木自种植(或天然苗出现)开始至调查时止，整个期间的累计生长量称为该树的总生长量。

2.3　定期生长量 periodic increment

树木在一定间隔期间内的生长量。

2.4　连年生长量 current annual increment

树木在单位时间内某年龄时的生长速度，即树木在一年间的生长值。

2.5　总平均生长量 mean annual increment

总生长量被总年龄所除之商称为总平均生长量

2.6　定期平均生长量 periodic annual increment

指树木在一定间隔期的平均生长速度，即定期生长量被定期的年数除之商。

2.7　收获表 yield table

按树种、立地质量、林龄和密度表达同龄纯林的单位产量及其林分特征因子的数表。

2.8　正常收获表(标准收获表)normal yield table

反映正常林分各主要调查因子生长过程的数表，也称为林分生长过程表。

2.9　经验收获表 empirical yield table

以现实林分为对象，以现实林分中具有平均密度状态的林分为基础所编制的收获表，亦称为现实收获表。

2.10　标准林分 standard forest

某一树种在一定年龄、一定立地条件下最完善和最大限度地利用所占空间的林分，这样林分的疏密度等于“1.0”。

2.11　标准表 standard table

载有标准林分每公顷总断面积和蓄积依林分平均高而变化的数表称为“每公顷断面积和蓄积量标准表”简称标准表。

2.12　一元材积表 single entry volume table

根据胸径与材积的相关关系，编制的材积数表称为一元材积表。

2.13　二元材积表 general volume table

根据树高和胸径两个因子与材积的相关关系，编制的材积数表称为二元材积表，又称为一般材积表或标准材积表。

2.14　三元材积表 three – way volume table

分别形率级编制的二元材积表。实质上是根据材积与胸径、树高及一个上部直径等三个因子的相关关系编制的材积表，故称为三元材积表。

2.15　形高表 factor

形数与树高之乘积称为形高。

3　数表分类与编码

本技术规范是在森林资源基础数据技术规范的基础上进行分类，并用两位数字作为类标识码，在此基础上进行编码。采用层次编码与顺序编码相结合的方法。代码长度为 8 位。最低层次数表代码的扩展方法是：新出现数表类型时，接着原数表类型按顺序进行编码。所有类型都分成共性数据项和个性数表数据项。共性数据项的数据类别名称和数据类别编码与相应的各数表数据项的数据类别名称和数据类别编码一致。代码结构如下：

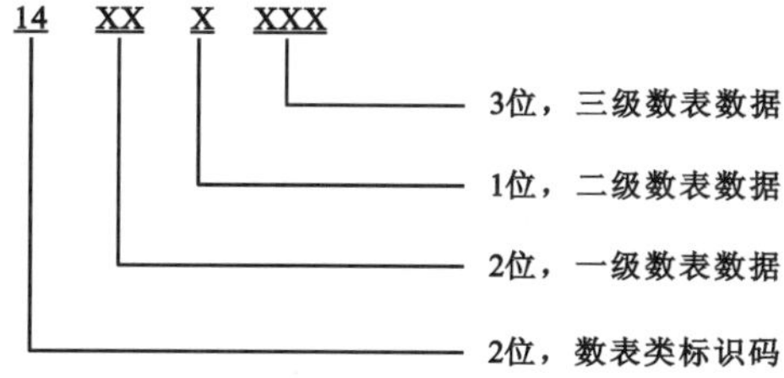

目前本规范制定的数表主要包括：

一级数表类别	一级数表编码	二级数表类别	二级数表编码
标准表数据	1401	标准表	14011
材积表数据	1402	一元材积表	14021
		二元材积表	14022
		三元材积表	14023
收获表数据（生长过程表）	1403	标准收获表	14031
		经验收获表	14032
		可变密度收获表	14033
地位指数表数据	1404	地位指数表	14041
形高表数据	1405	形高表	14051
出材率表数据	1406	出材率表	14061
生长量表数据	1407	胸径、树高、材积生长量表	14071
扩充表	…	…	…

4 共性数据项结构及编码

本编码对林业各种数表数据的共性数据项进行如下编码：

序号	数据项名称	存储名称	数据类型	长度	单位	备注
1	资料来源	ZLLY	文本型	255		
2	建表单位	JBDW	文本型	255		
3	资料名称	ZLMC	文本型	255		
4	建表人	JBR	文本型	8		
5	分布区域	FBQY	文本型	255		
6	建表时间	JBSJ	日期型	8		
7	树种	SZ	文本型	50		
8	数据类别名称	SJMC	文本型	50		
9	数据类别编码	SJBM	字符型	8		

5 个性数表数据结构及编码

5.1 标准表数据

序号	数据项名称	存储名称	数据类型	长度	单位	备注
1	数据类别名称	SJMC	文本型	50		
2	数据类别编码	SJBM	字符型	8		
3	树种	SZ	文本型	50		
4	平均树高	PJG	数值型	4	m	
5	公顷断面积	GQDMJ	数值型	10	m^2/hm^2	
6	公顷蓄积	GQXJ	数值型	10	m^3/hm^2	

5.2 材积表数据

5.2.1 一元材积表

序号	数据项名称	存储名称	数据类型	长度	单位	备注
1	数据类别名称	SJMC	文本型	50		
2	数据类别编码	SJBM	字符型	8		
3	树种	SZ	文本型	50		
4	径级	JJ	数值型	3	cm	
5	材积	CJ	数值型	10	m^3	

5.2.2 二元材积表

序号	数据项名称	存储名称	数据类型	长度	单位	备注
1	数据类别名称	SJMC	文本型	50		
2	数据类别编码	SJBM	字符型	8		
3	树种	SZ	文本型	50		
4	径级	JJ	数值型	10	cm	
5	树高	SG	数值型	10	m	
6	材积	CJ	数值型	10	m^3	

5.2.3 三元材积表

序号	数据项名称	存储名称	数据类型	长度	单位	备注
1	数据类别名称	SJMC	文本型	50		
2	数据类别编码	SJBM	字符型	8		
3	树种	SZ	文本型	50		
4	径级	JJ	数值型	10	cm	
5	树高	SG	数值型	10	m	
6	上部直径	SBZJ	数值型	10	cm	
7	材积	CJ	数值型	10	m^3	

5.3 收获表数据

5.3.1 正常收获表(标准收获表)

序号	数据项名称	存储名称	数据类型	长度	单位	备注
1	数据类别名称	SJMC	文本型	50		
2	数据类别编码	SJBM	字符型	8		
3	树种	SZ	文本型	50		
4	地位指数(地位级)	DWZS(DWJ)	数值型	2		
5	林龄	SL	数值型	3	年	
6	优势木平均高	YSM	数值型	4	m	
7	平均胸径	PJXJ	数值型	10	cm	

(续)

序号	数据项名称	存储名称	数据类型	长度	单位	备注
8	平均树高	PJG	数值型	4	m	
9	公顷株数	GQZS	数值型	10	株	
10	公顷断面积	GQDMJ	数值型	10	m^2/hm^2	
11	公顷蓄积	GQXJ	数值型	10	m^3/hm^2	
12	树皮率	SPL	数值型	4	%	
13	去皮蓄积	QPXJ	数值型	10	m^3	
14	形数	XS	数值型	5		
15	平均材积	PJCJ	数值型	10	m^3	
16	平均生长量	PJSZ	数值型	10	m^3	
17	连年生长量	LNSZ	数值型	10	m^3	
18	自然死亡木公顷株数	SGQZS	数值型	10	株	
19	自然死亡木平均材积	SPJCJ	数值型	10	m^3	
20	自然死亡木蓄积	SXJ	数值型	10	m^3	
21	自然死亡木蓄积累计	SXJLJ	数值型	10	m^3	
22	总生长量	ZSZL	数值型	10	m^3	
23	总平均生长量	ZPJSZ	数值型	10	m^3	
24	总连年生长量	ZLNSZ	数值型	10	m^3	

5.3.2 经验收获表(现实收获表)

序号	数据项名称	存储名称	数据类型	长度	单位	备注
1	数据类别名称	SJMC	文本型	50		
2	数据类别编码	SJBM	字符型	8		
3	树种	SZ	文本型	50		
4	地位指数(地位级)	DWZS(DWJ)	数值型	2		
5	林龄	SL	数值型	3	年	
6	优势木平均高	PJYSM	数值型	4	m	
7	平均胸径	PJXJ	数值型	10	cm	
8	平均树高	PJG	数值型	4	m	
9	平均材积	PJCJ	数值型	10	m^3	
10	公顷株数	GQZS	数值型	10	株/hm^2	
11	公顷断面积	GQDMJ	数值型	10	m^2/hm^2	
12	公顷蓄积	GQXJ	数值型	10	m^3/hm^2	
13	平均生长量	PJSZ	数值型	10	m^3	
14	连年生长量	LNSZ	数值型	10	m^3	
15	材积生长率	CJSZL	数值型	4	%	

5.3.3 可变密度收获表

序号	数据项名称	存储名称	数据类型	长度	单位	备注
1	数据类别名称	SJMC	文本型	50		
2	数据类别编码	SJBM	字符型	8		
3	树种	SZ	文本型	50		
4	林分密度指数	SDI	数值型	10		
5	地位指数	DWZS	数值型	2		
6	林龄	SL	数值型	3	年	
7	主林木平均胸径	ZPJXJ	数值型	10	cm	
8	主林木平均树高	ZPJG	数值型	4	m	
9	主林木公顷株数	ZGQZS	数值型	10	株/hm^2	
10	主林木公顷断面积	ZGQDMJ	数值型	10	m^2/hm^2	
11	主林木公顷蓄积	ZGQXJ	数值型	10	m^3/hm^2	
12	主林木平均生长量	ZPJSZ	数值型	10	m^3	
13	主林木连年生长量	ZLNSZ	数值型	10	m^3	
14	副林木公顷株数	FGQZS	数值型	10	株/hm^2	
15	副林木单株材积	FDZCJ	数值型	10	m^3	
16	副林木公顷蓄积	FGQXJ	数值型	10	m^3/hm^2	
17	副林木蓄积累计	FXJLJ	数值型	10	m^3	
18	总收获量	HSH	数值型	10	m^3	
19	总连年生长量	HLNSZ	数值型	10	m^3	
20	总平均生长量	HPJSZ	数值型	10	m^3	
21	总材积生长率	HSZL	数值型	4	%	

5.4 地位指数表数据

序号	数据项名称	存储名称	数据类型	长度	单位	备注
1	数据类别名称	SJMC	文本型	50		
2	数据类别编码	SJBM	字符型	8		
3	标准年龄	BZNL	数值型	3	年	
4	树种	SZ	文本型	50		
5	龄阶	LJ	数值型	3	年	
6	指数级	ZSJ	数值型	2		

5.5 形高表数据

序号	数据项名称	存储名称	数据类型	长度	单位	备注
1	数据类别名称	SJMC	文本型	50		
2	数据类别编码	SJBM	字符型	8		
3	树种	SZ	文本型	50		

(续)

序号	数据项名称	存储名称	数据类型	长度	单位	备注
4	林种	LZ	文本型	255		
5	平均树高	PJG	数值型	4	m	
6	形高	XG	数值型	10	m	

5.6 出材率表数据

序号	数据项名称	存储名称	数据类型	长度	单位	备注
1	数据类别名称	SJMC	文本型	50		
2	数据类别编码	SJBM	字符型	8		
3	树种	SZ	文本型	50		
4	径阶	JJ	数值型	2	cm	
5	大原木	DYM	数值型	4	%	
6	中原木	ZYM	数值型	4	%	
7	小原木	XYM	数值型	4	%	
8	小径材	XJC	数值型	4	%	
9	薪材	XC	数值型	4	%	
10	废材	FC	数值型	4	%	

5.7 生长量表数据

序号	数据项名称	存储名称	数据类型	长度	单位	备注
1	数据类别名称	SJMC	文本型	50		
2	数据类别编码	SJBM	字符型	8		
3	海拔	HB	字符型	10	m	
4	坡度	PD	字符型	10	度	
5	树种	SZ	文本型	50		
6	林龄	SL	数值型	3	年	
7	树高	SG	数值型	10	m	
8	树高总生长量	SGZSZ	数值型	10	m	
9	树高总平均生长量	SGPJSZ	数值型	10	m	
10	树高连年生长量	SGLNSZ	数值型	10	m	
11	胸径	XJ	数值型	10	cm	
12	胸径总生长量	XJZSZL	数值型	10	cm	
13	胸径总平均生长量	XJPJSZ	数值型	10	cm	
14	胸径连年生长量	XJLNSZ	数值型	10	cm	
15	材积	CJ	数值型	10	m^3	
16	材积总生长量	CJZSZ	数值型	10	m^3	
17	材积总平均生长量	CJPJSZ	数值型	10	m^3	

（续）

序号	数据项名称	存储名称	数据类型	长度	单位	备注
18	材积连年生长量	CJLNSZ	数值型	10	m^3	
19	材积生长率	CJSZLV	数值型	10	%	

附加说明：

本技术规范由中国林业科学研究院资源信息研究所负责起草。

本技术规范主要起草人张会儒、李春明。

十一、天然林资源保护工程基础数据库内容规范

1 主题内容与适用范围

本标准给出了国家天然林资源保护工程(以下简称天然林保护工程)数据的组织和结构，包括5个数据集：工程本底数据、工程建设数据集、资金情况数据集、人员分流数据集、其他数据集。给出了天然林保护工程数据集、数据表、数据项的命名。适用于林业科学数据共享中天然林保护工程数据的组织和管理。

2 编制依据

本技术规范参考了以下技术资料：

国家林业局《国家森林资源连续清查主要技术规定》(1994)

国家林业局《森林资源规划设计调查主要技术规定》(2002年6月征求意见稿)

《数字林业标准与规范》(一)

国家林业局《林业统计年鉴》

3 术语和定义

天然林保护工程 the program on natural forest protection

天然林保护工程以从根本上遏制生态环境恶化，保护生物多样性，促进社会、经济的可持续发展为宗旨；以对天然林的重新分类和区划，调整森林资源经营方向，促进天然林资源的保护、培育和发展为措施，以维护和改善生态环境，满足社会和国民经济发展对林产品的需求为根本目的。工程总投入1064亿元。工程范围初步确定为云南省、四川省、重庆市、贵州省、湖北省、江西省、山西省、陕西省、甘肃省、青海省、宁夏回族自治区、新疆维吾尔自治区(含新疆生产建设兵团)、内蒙古自治区、吉林省、黑龙江省(含大兴安岭)、海南省、河南省等17个省(自治区、直辖市)的重点国有森工企业及长江、黄河中上游等地区生态地位重要的地方森工企业、采育场和以采伐天然林为经济支柱的国有林业局(场)、集体林场。

4 天然林保护工程数据的数据组织

4.1 层次结构

天然林保护工程数据包括5个数据集：工程本底数据、工程建设数据集、资金情况数据集、人员分流数据集、其他数据集。其数据组织图如图1。

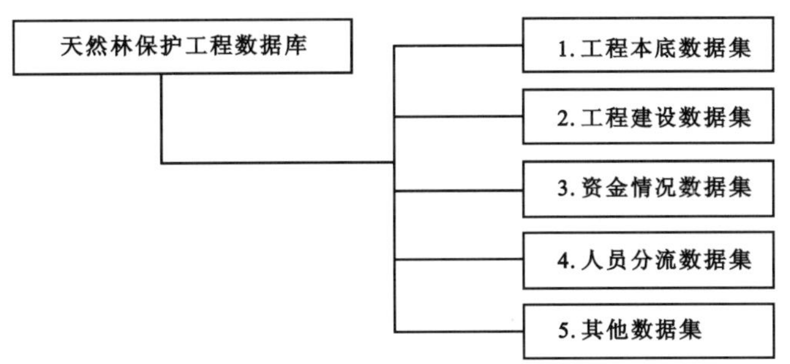

图1 天然林保护工程数据组织

4.2 区域层次和时间序列

天然林保护工程数据按照区域层次和时间序列进行组织。其结构如图2所示。

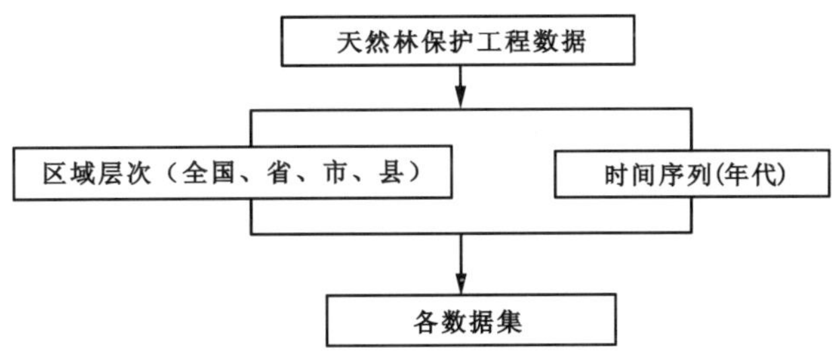

图2 数据的区域层次和时间序列

5 天然林保护工程数据库内容结构

5.1 数据库组织和命名

数据库的组织遵循“数据库建库标准”，按照数据库、数据集、数据表的方式进行。其命名遵循“森林资源非空间数据库命名遵循数据库建库标准”（DF 01.4100）中规定的数据库命名原则，见表1和表2。

表1 天然林保护工程数据集命名表

数据库	名称	缩写	数据集	名称
天然林保护工程	TBGC	TB	1. 工程本底数据	TB_ GCBD
			2. 工程建设数据集	TB_ SCJS
			3. 资金情况数据集	TB_ ZJQK
			4. 人员分流数据集	TB_ RYFL
			5. 其他数据集	TB_ QTSJ

表2 天然林保护工程数据表命名表

数据库	名称	缩写	数据集	名称
1. 工程本底数据集	TB_ GCBD	BD	天保工程小班表	BD_ TBGC
2. 工程建设数据集	TB_ GCJS	JS	生产建设完成情况	JS_ SCJS
3. 资金情况数据集	TB_ ZJQK	QK	中央基本建设(国债)和地方配套资金到位和实际支出情况	QK_ ZYJB
			中央财政专项和地方配套资金到位和实际支出	QK_ ZYCZ
4. 人员分流数据集	TB_ RYFL	FL	富余职工转产分流安置情况	FL_ FYZG
5. 其他数据集	TB_ QTSJ	SJ	工程范围表	SJ_ GCFW
			工程重点企业表	SJ_ GCZD

5.2 数据库表内容

天然林保护工程数据库各数据表内容列于下列各表中，其中，数据项存储名称采用英文字母表示，并以EXCEL表格录入中的字段编码为顺序。当数据项个数少于和等于26时，其存储名称用1位字母表示，即由A至Z顺序排列；当数据项个数多于26时，其存储名称用2位字母表示，如AA至AZ，BA至BZ，并以此类推。

5.2.1 工程本底数据集

天保工程小班表

数据项名	数据类型	长度	中文含义	单位
A	字符型	20	省	
B	字符型	20	林业局(场)	
C	字符型	20	林班号	
D	字符型	20	小班号	
E	字符型	30	工程类别	
F	字符型	20	权属	
G	字符型	20	地类	
H	字符型	20	事权	
I	字符型	20	保护等级	
J	字符型	20	林种	
K	字符型	20	坡向	
L	字符型	20	坡位	
M	数值型	10	坡度	
N	数值型	10	海拔	m
O	字符型	20	立地类型	
P	字符型	20	起源	
Q	字符型	20	自然度	
R	字符型	20	优势树种(组)	
S	数值型	10	平均胸径	cm
T	数值型	10	平均年龄	年
U	数值型	10	每公顷株数	株/hm^2
V	数值型	10	郁闭度	

（续）

数据项名	数据类型	长度	中文含义	单位
W	数值型	10	每公顷蓄积	m^3/hm^2
X	数值型	10	每公顷生物量	吨/hm^2
Y	字符型	20	健康状况	
Z	字符型	20	调查时间	
AA	字符型	20	调查员姓名	

5.2.2 工程建设数据集

生产建设完成情况表

数据项名	数据类型	长度	中文含义	单位
A	字符型	20	编码	
B	字符型	30	地区	
C	数值型	10	本年木材实际产量	m^3
D	数值型	10	生态保护区公益林建设人工造林面积	hm^2
E	数值型	10	生态保护区公益林建设飞播造林面积	hm^2
F	数值型	10	生态保护区公益林建设本年封山育林面积	hm^2
G	数值型	10	森林管护面积	hm^2
H	数值型	10	母树林面积	hm^2
I	数值型	10	苗圃改土	m^3
J	数值型	10	苗圃施肥	吨
K	数值型	10	苗圃喷灌设施	套
L	数值型	10	防火瞭望台	座
M	数值型	10	防火道路	km
N	数值型	10	防火通讯线路	km

5.2.3 资金情况数据集

中央基本建设（国债）和地方配套资金到位和实际支出情况表

数据项名	数据类型	长度	中文含义	单位
A	字符型	20	编码	
B	字符型	20	地区	
C	数值型	10	资金来源合计	万元
D	数值型	10	上年末结转资金	万元
E	数值型	10	本年实际到位资金合计	万元
F	数值型	10	1. 中央国债实际到位资金合计	万元
G	数值型	10	（1）公益林建设资金	万元
H	数值型	10	（2）种苗建设资金	万元
I	数值型	10	（3）防火建设资金	万元
J	数值型	10	（4）其他资金	万元
K	数值型	10	2. 地方配套实际到位资金合计	万元
L	数值型	10	（1）公益林建设资金	万元

(续)

数据项名	数据类型	长度	中文含义	单位
M	数值型	10	(2)种苗建设资金	万元
N	数值型	10	(3)防火建设资金	万元
O	数值型	10	(4)其他资金	万元
P	数值型	10	本年实际支出资金合计	万元
Q	数值型	10	1. 中央国债实际支出资金合计	万元
R	数值型	10	(1)公益林建设资金	万元
S	数值型	10	(2)种苗建设资金	万元
T	数值型	10	(3)防火建设资金	万元
U	数值型	10	(4)其他资金	万元
V	数值型	10	2. 地方配套实际支出资金合计	万元
W	数值型	10	(1)公益林建设资金	万元
X	数值型	10	(2)种苗建设资金	万元
Y	数值型	10	(3)防火建设资金	万元
Z	数值型	10	(4)其他资金	万元

中央财政专项和地方配套资金到位和实际支出表

数据项名	数据类型	长度	中文含义	单位
A	字符型	20	编码	
B	字符型	20	地区	
C	数值型	10	资金来源合计	万元
D	数值型	10	上年末结转资金	万元
E	数值型	10	本年实际到位资金合计	万元
F	数值型	10	1. 中央财政专项事业费合计	万元
G	数值型	10	(1)森林管护费	万元
H	数值型	10	(2)社会统筹养老保险补助费	万元
I	数值型	10	(3)政策性社会性支出补助费	万元
J	数值型	10	(4)下岗职工基本生活保障补助费	万元
K	数值型	10	(5)一次性安置补助费	万元
L	数值型	10	(6)地方财政减收补助费	万元
M	数值型	10	2. 地方配套资金合计	万元
N	数值型	10	(1)森林管护费	万元
O	字符型	20	(2)社会统筹养老保险补助费	万元
P	字符型	20	(3)政策性社会性支出补助费	万元
Q	字符型	20	(4)下岗职工基本生活保障补助费	万元
R	字符型	20	(5)一次性安置补助费	万元
S	数值型	10	(6)地方财政减收补助费	万元
T	数值型	10	本年实际支出资金合计	万元
U	数值型	10	1. 中央财政专项事业费合计	万元
V	数值型	10	(1)森林管护费	万元

（续）

数据项名	数据类型	长度	中文含义	单位
W	数值型	10	(2)社会统筹养老保险补助费	万元
X	数值型	10	(3)政策性社会性支出补助费	万元
Y	数值型	10	(4)下岗职工基本生活保障补助费	万元
Z	数值型	10	(5)一次性安置补助费	万元
AA	数值型	10	(6)地方财政减收补助费、	万元
AB	数值型	10	2. 地方配套资金合计	万元
AC	数值型	10	(1)森林管护费	万元
AD	数值型	10	(2)社会统筹养老保险补助费	万元
AE	数值型	10	(3)政策性社会性支出补助费	万元
AF	数值型	10	(4)下岗职工基本生活保障补助费	万元
AG	数值型	10	(5)一次性安置补助费	万元
AH	数值型	10	(6)地方财政减收补助费	万元

5.2.4 人员分流数据集

富余职工转产分流安置情况表

数据项名	数据类型	长度	中文含义	单位
A	字符型	20	编码	
B	字符型	20	地区	
C	数值型	10	全部职工年末人数合计	人
D	数值型	10	1. 参加省级养老保险统筹人数	人
E	数值型	10	2. 富余职工转产分流人数合计	人
F	数值型	10	(1)从事森林管护	人
G	数值型	10	(2)从事公益林建设	人
H	数值型	10	(3)从事种苗建设	人
I	数值型	10	(4)从事其他工作	人
J	数值型	10	3. 转产分流职工年工资总额	万元
K	数值型	10	离退休人员年末人数合计	人
L	数值型	10	其中：参加省级养老保险统筹人数	人
M	数值型	10	其中：参加地市级养老保险统筹人数	人
N	数值型	10	离退休人员年离退休费	万元
O	数值型	10	下岗职工年末人数	人
P	数值型	10	其中：进入再就业服务中心人数	人
Q	数值型	10	下岗职工年生活费	万元
R	数值型	10	一次性安置人员年末人数	人
S	数值型	10	一次性安置人员年安置费	万元

5.2.5 其他数据集

工程建设范围表

数据项名	数据类型	长度	中文含义	单位
A	字符型	30	省	
B	字符型	6	省代码	
C	字符型	30	县	
D	字符型	8	县代码	

工程重点企业表

数据项名	数据类型	长度	中文含义	单位
A	字符型	10	编码	
B	字符型	50	名称	
C	字符型	30	主管部门	
D	字符型	4	年份	

附加说明:

本标准由中国林业科学研究院资源信息研究所负责起草。

本标准起草人为张旭、陈艳、刘燕、雷振宇、杨彦臣、邓广。

十二、三北及长江流域等重点防护林体系建设工程基础数据库技术规范

1　主题内容与适用范围

本标准定义了三北及长江流域等防护林体系建设工程基础数据的相关内容、数据的组织层次、数据表结构等，提供了数据分类和命名体系以及数据的组织结构图信息，适用于三北及长江流域等防护林体系建设工程基础数据的采集及建库工作。

2　参考标准

本技术规范参考了以下技术资料：
GB/T 14721.1—1993 林业资源分类与代码　森林类型
LY/T 1438—1999 森林资源代码　森林调查
GB/T 2260—2002 中华人民共和国行政区划代码
GB/T 4754—2002 国民经济行业分类注释
LY/T 1440—1999 森林资源代码　林业行政区划
还参考了国家林业局(原林业部)制定的林业、森工统计报表

3　术语和定义

三北及长江流域防护林体系建设工程 The Shelterbelt Development Program in the regions of the Three - North, the middle and lower reaches of the Yangtze River, etc

是我国涵盖面最大、内容最丰富的防护林体系建设工程，整个工程包括：三北防护林体系建设四期工程、长江流域防护林体系建设二期工程、珠江流域防护林体系建设二期工程、沿海防护林体系建设二期工程、太行山绿化二期工程、平原绿化二期工程。工程涉及 28 个省(自治区、直辖市)的 1 696个县，计划造林 2 267 万 hm^2，管护森林 7 187 万 hm^2。该工程的实施，主要解决三北地区的防沙治沙问题和其他区域各不相同的生态问题。

4　数据内容与建库的技术规范

4.1　数据内容的分类

数据按照组织的层次分为两级，一级数据分为工程区背景资料数据、工程规划设计数据和工程进展情况数据。工程区背景资料数据按照数据的性质又分为资源环境、社会经济数据和空间数据；工程规划设计数据体现工程规划设计图、造林规划、基础设施及投资概算方面的有关工程规划的内容；工程进展情况数据部分包括三北和长江中下游地区等重点防护林体系建设工程建设和任务完成情况数据以及工程进展中的变化分析。

三北及长江流域等防护林体系建设工程基础数据的分类见表 1。

表1　三北及长江流域等防护林体系建设工程数据分类表

一级	二级	备注
工程区背景资料数据	资源环境数据	工程建设范围、有关各省(自治区、直辖市)的自然资源特别是森林资源以及气候条件等数据。
	社会经济数据	工程区范围内各县(旗、市、区)的有关财政金融、人口、工农业产值、科教卫生、农业基本情况等社会经济数据。
	空间专题数据	与工程区相关的专题数据。
工程规划设计数据	工程规划设计图	
	造林规划数据	
	基础设施规划数据	
	投资概算数据	
工程进展情况数据	基本建设情况	
	任务完成情况	
	动态变化分析	根据工程进展情况所作的对比分析。

4.2　数据组织和结构

4.2.1　区域层次和时间序列

数据的区域层次和时间序列如图1。

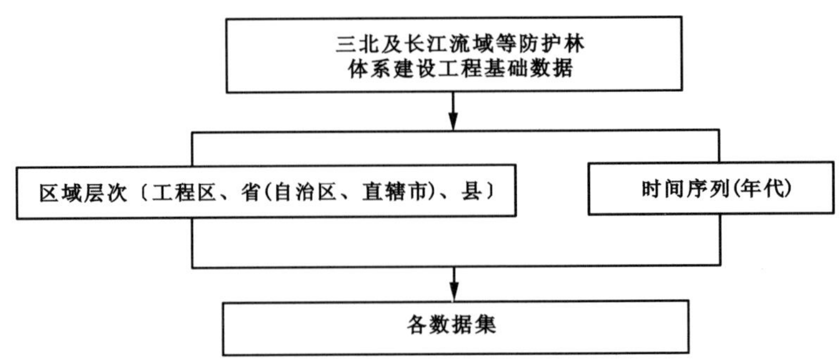

图1　数据的区域层次和时间序列示意图

实现按区域层次组织数据的方法：区域层次推荐体现在数据表名，也可以体现在数据集名或字段中；

实现按时间序列组织数据的方法：时间序列推荐体现在数据集名，也可以体现在数据表名或字段中。

4.2.2　数据组织层次和命名

名称代码的编制原则：以SBCF(三北长防)为标识字母，以名称中关键字的拼音首字母和数字为核心，按照数据集→数据子集→数据表的层次结构分级分层编制。

数据集和数据表的结构与命名见表2和表3。

表2　数据集结构与命名表

数据集名称	数据集名称代码	数据子集名称	数据子集名称代码
工程区背景资料数据	SBCF_ BJ	资源环境数据	SBCF_ BJ_ ZY
		社会经济数据	SBCF_ BJ_ SH
		空间专题图数据	SBCF_ BJ_ KJ

（续）

数据集名称	数据集名称代码	数据子集名称	数据子集名称代码
工程规划设计数据	SBCF_ GH	工程规划设计图	SBCF_ GH_ SJ
		造林规划设计数据	SBCF_ GH_ ZL
		工程基础设施规划数据	SBCF_ GH_ SS
		投资概算数据	SBCF_ GH_ TZ
工程进展情况数据	SBCF_ JZ	基本建设情况数据	SBCF_ JZ_ JS
		任务完成情况数据	SBCF_ JZ_ RW
		动态变化分析数据	SBCF_ JZ_ DT

表 3　数据表命名

数据子集名称	数据子集名称代码	数据表名称	数据表名称代码
资源环境数据集	SBCF_ BJ_ ZY	行政区划表	SBCF_ BJ_ ZY1
		自然资源	SBCF_ BJ_ ZY2
		气象资料	SBCF_ BJ_ ZY3
		土地面积构成	SBCF_ BJ_ ZY4
社会经济数据集	SBCF_ BJ_ SH	人口状况	SBCF_ BJ_ SH1
		国民生产总值和指数	SBCF_ BJ_ SH2
		就业情况	SBCF_ BJ_ SH3
		居民生活	SBCF_ BJ_ SH4
		全社会固定资产投资	SBCF_ BJ_ SH5
		更新改造投资额	SBCF_ BJ_ SH6
		房地产投资额	SBCF_ BJ_ SH7
		农业基本情况	SBCF_ BJ_ SH8
		农林牧渔业总产值和指数	SBCF_ BJ_ SH9
		耕地面积和粮食产量	SBCF_ BJ_ SH10
		畜牧业生产情况	SBCF_ BJ_ SH11
		工业总产值和指数	SBCF_ BJ_ SH12
		独立核算工业企业主要指标	SBCF_ BJ_ SH13
		运输邮电业基本情况	SBCF_ BJ_ SH14
		海关进出口贸易总额	SBCF_ BJ_ SH15
		财政金融及物价	SBCF_ BJ_ SH16
		科教卫生情况	SBCF_ BJ_ SH17
空间数据集	SBCF_ BJ_ KJ	土地利用图	SBCF_ BJ_ KJ1
		森林分布图	SBCF_ BJ_ KJ2
		植被图	SBCF_ BJ_ KJ3
		土壤图	SBCF_ BJ_ KJ4
工程规划设计图	SBCF_ GH_ SJ		SBCF_ GH_ SJ
造林规划设计数据集	SBCF_ GH_ ZL		SBCF_ GH_ ZL
工程基础设施规划数据集	SBCF_ GH_ SS		SBCF_ GH_ SS

(续)

数据子集名称	数据子集名称代码	数据表名称	数据表名称代码
投资概算数据集	SBCF_ GH_ TZ		SBCF_ GH_ TZ
基本建设情况数据集	SBCF_ JZ_ JS	三北、长防等工程基本建设情况	SBCF_ JZ_ JS
任务完成情况数据集	SBCF_ JZ_ RW	实际完成投资情况	SBCF_ JZ_ RW1
		财务拨、贷款情况	SBCF_ JZ_ RW2
		完成造林面积	SBCF_ JZ_ RW3
		迹地更新、育林、育苗及森林抚育面积	SBCF_ JZ_ RW4
		各省(自治区、直辖市)工程进展统计	SBCF_ JZ_ RW5
动态变化分析数据集	SBCF_ JZ_ DT		SBCF_ JZ_ DT

4.3 数据表结构

4.3.1 工程背景资料数据集

工程背景资料数据集包括资源环境数据集、社会经济数据集和空间专题数据集，各数据集中的数据表结构和空间专题数据自定义属性项分别见表 4、表 5 和表 6。

表 4 资源环境数据子集数据表结构

数据表名	序号	字段名	数据类型	长度	中文含义	单位
行政区划表	1	SM	字符型	20	省(自治区、直辖市)名	
	2	XSS	数值型	10	县(市)数	
	3	XMC	文本型		县(市)名称	
自然资源数据	1	XZDM	字符型	10	行政代码	
	2	SM	字符型	30	省(自治区、直辖市)名	
	3	DXDM	文本型		地形地貌	
	4	PJWD	数值型	10	平均温度	℃
	5	NJSL	数值型	10	年降水量	mm
	6	RZSS	数值型	10	日照时数	h
	7	SZYZL	数值型	10	水资源总量	亿 m^3
	8	DBSZYL	数值型	10	地表水资源量	亿 m^3
	9	DXSZYL	数值型	10	地下水资源量	亿 m^3
	10	HCNJLL	数值型	10	河川年径流量	亿 m^3
	11	SLZYLLYCL	数值型	10	水力资源理论蕴藏量	亿 m^3
	12	YLDMJ	数值型	10	有林地面积	万 hm^2
	13	SLFGL	数值型	10	森林覆盖率	%
	14	HLMXJL	数值型	10	活立木蓄积量	亿 m^3
	15	FJG020LMZXJL	数值型	10	立木总蓄积量	亿 m^3

（续）

数据表名	序号	字段名	数据类型	长度	中文含义	单位
气象资料	1	YF	字符型	20	月份	
	2	JSL	数值型	10	降水量	mm
	3	PJQW	数值型	10	平均气温	℃
	4	RZSS	数值型	10	日照时数	h
	5	PJFS	数值型	10	平均风速	m/s
	6	PJQY	数值型	10	平均气压	100Pa
	7	DFRS	数值型	10	大风日数	天
土地面积构成	1	TDLYLX	字符型	20	土地利用类型	
	2	DW	字符型	20	单位	
	3	SL	数值型	10	数量	
	4	ZZMJBL	数值型	10	占总面积百分比	%

表 5　社会经济数据子集数据表结构

数据表名	序号	字段名	数据类型	长度	中文含义	单位
人口状况	1	XZDM	字符型	10	行政代码	
	2	SM	字符型	20	省(自治区、直辖市)名	
	3	XM	字符型	20	县名	
	4	ZRKS	数值型	10	总人口数	万人
	5	NYRKS	数值型	10	农业人口数	万人
	6	FNYRKS	数值型	10	非农业人口数	万人
	7	NXRKS	数值型	10	男性人口数	万人
	8	NVXRKS	数值型	10	女性人口数	万人
	9	RKZZL	数值型	10	人口自然增长率	%
国民生产总值和指数	1	XZDM	字符型	10	行政代码	
	2	SM	字符型	20	省(自治区、直辖市)名	
	3	XM	字符型	20	县名	
	4	GMSCZZ	数值型	10	国民生产总值	亿元
	5	GNSCZZ	数值型	10	国内生产总值	亿元
	6	DYCYGNSCZZ	数值型	10	第一产业国内生产总值	亿元
	7	DECYGNSCZZ	数值型	10	第二产业国内生产总值	亿元
	8	DSCYGNSCZZ	数值型	10	第三产业国内生产总值	亿元
	9	RJGNSCZZ	数值型	10	人均国内生产总值	元
	10	GMSCZZZS	数值型	10	国民生产总值指数	%

(续)

数据表名	序号	字段名	数据类型	长度	中文含义	单位
就业情况	1	XZDM	字符型	10	行政代码	
	2	SM	字符型	20	省(自治区、直辖市)名	
	3	XM	字符型	20	县名	
	4	CYRYZS	数值型	10	从业人员总数	万人
	5	ZGZS	数值型	10	职工(国有经济,集体经济,其他)总数	万人
	6	CZSYGTLDZZS	数值型	10	城镇私营及个体劳动者总数	万人
	7	NCLDZZS	数值型	10	农村劳动者(及乡镇企业)总数	万人
居民生活	1	XZDM	字符型	10	行政代码	
	2	SM	字符型	20	省(自治区、直辖市)名	
	3	XM	字符型	20	县名	
	4	CZSR	数值型	10	城镇居民年人均收入	元
	5	CZKZPSR	数值型	10	城镇居民年人均可支配收入	元
	6	CZXFZC	数值型	10	城镇居民年人均生活消费支出	元
	7	NCSR	数值型	10	农村居民年人均纯收入	元
	8	NCZZC	数值型	10	农村居民年人均总支出	元
	9	NCXFZC	数值型	10	农村居民年人均生活消费支出	元
全社会固定资产投资	1	XZDM	字符型	10	行政代码	
	2	SM	字符型	20	省(自治区、直辖市)名	
	3	XM	字符型	20	县名	
	4	HJ	数值型	10	合计	亿元
	5	GYJJDW	数值型	10	国有经济单位	亿元
	6	JTJJDW	数值型	10	集体经济单位	亿元
	7	QTJJDW	数值型	10	其他经济单位	亿元
	8	SYGTJJ	数值型	10	私营个体经济	亿元
	9	GJYSNTZ	数值型	10	国家预算内投资	亿元
	10	GNDK	数值型	10	国内贷款	亿元
	11	LYWZ	数值型	10	利用外资	亿元
	12	ZCTZ	数值型	10	自筹投资	亿元
	13	QTTZ	数值型	10	其他投资	亿元
	14	DYGDTZ	数值型	10	第一产业固定资产投资	亿元
	15	DEGDTZ	数值型	10	第二产业固定资产投资	亿元
	16	DSGDTZ	数值型	10	第三产业固定资产投资	亿元

（续）

数据表名	序号	字段名	数据类型	长度	中文含义	单位
更新改造投资额	1	XZDM	字符型	10	行政代码	
	2	SM	字符型	20	省(自治区、直辖市)名	
	3	XM	字符型	20	县名	
	4	GXGZTZE	数值型	10	更新改造投资额	万元
	5	ZYTZ	数值型	10	中央投资	万元
	6	DFTZ	数值型	10	地方投资	万元
	7	XZGDZC	数值型	10	新增固定资产	亿元
房地产投资额	1	XZDM	字符型	10	行政代码	
	2	SM	字符型	20	省(自治区、直辖市)名	
	3	XM	字符型	20	县名	
		TZZE	数值型	10	投资总额	亿元
		SPFSGMJ	数值型	10	商品房屋施工面积	万 m^2
		SPFJGMJ	数值型	10	商品房屋竣工面积	万 m^2
		SPFXSMJ	数值型	10	商品房销售建筑面积	万 m^2
农林牧渔业总产值和指数	1	XZDM	字符型	10	行政代码	
	2	SM	字符型	20	省(自治区、直辖市)名	
	3	XM	字符型	20	县名	
	4	NLMYYZCZ	数值型	10	农林牧渔业总产值	万元
	5	NYCZ	数值型	10	农业产值	万元
	6	LYCZ	数值型	10	林业产值	万元
	7	MYCZ	数值型	10	牧业产值	万元
	8	YYCZ	数值型	10	渔业产值	万元
	9	NLMYYZCZZS	数值型	10	农林牧渔业总产值指数	
工业总产值和指数	1	XZDM	字符型	10	行政代码	
	2	SM	字符型	20	省(自治区、直辖市)名	
	3	XM	字符型	20	县名	
	4	QBGYZCZ	数值型	10	全部工业总产值	万元
	5	GMYSGYZCZ	数值型	10	"规模以上"工业总产值	万元
	6	GMYSQYS	数值型	10	"规模以上"企业数	个
	7	GMYSNMZGZG	数值型	10	"规模以上"年末在岗职工	人
	8	GMYSZCZJ	数值型	10	"规模以上"资产总计	万元
	9	GMYSLRZE	数值型	10	"规模以上"利润总额	万元
	10	GMYSLSZE	数值型	10	"规模以上"利税总额	万元
	11	GYZCZZS	数值型	10	工业总产值指数	%

(续)

数据表名	序号	字段名	数据类型	长度	中文含义	单位
独立核算工业企业主要指标	1	XZDM	字符型	10	行政代码	
	2	SM	字符型	20	省(自治区、直辖市)名	
	3	XM	字符型	20	县名	
	4	PJZGS	数值型	10	平均职工人数	万人
	5	ZCZ	数值型	10	总产值	万元
	6	GDZCYJ	数值型	10	固定资产原价	万元
	7	CPXSSR	数值型	10	产品销售收入	万元
	8	LSZE	数值型	10	利税总额	万元
耕地面积和粮食产量	1	XZDM	字符型	10	行政代码	
	2	SM	字符型	20	省(自治区、直辖市)名	
	3	XM	字符型	20	县名	
	4	GDMJ	数值型	10	耕地面积	hm^2
	5	LSCL	数值型	10	粮食产量	吨
畜牧业生产情况	1	XZDM	字符型	10	行政代码	
	2	SM	字符型	20	省(自治区、直辖市)名	
	3	XM	字符型	20	县名	
	4	RLZCL	数值型	10	肉类总产量	吨
	5	QDCL	数值型	10	禽蛋产量	吨
	6	NL	数值型	10	奶类	吨
	7	MRPL	数值型	10	毛绒皮类	吨
	8	DSXNMCL	数值型	10	大牲畜年末存栏	万头
	9	ZNMCL	数值型	10	猪年末存栏	万头
	10	YNMCL	数值型	10	羊年末存栏	万头
	11	JQNMCL	数值型	10	家禽年末存栏	万只
运输邮电业基本情况	1	XZDM	字符型	10	行政代码	
	2	SM	字符型	20	省(自治区、直辖市)名	
	3	XM	字符型	20	县名	
	4	TLLC	数值型	10	铁路里程	km
	5	GLLC	数值型	10	公路里程	km
	6	KYL	数值型	10	客运量	万人
	7	HYL	数值型	10	货运量	万吨
	8	LKZZL	数值型	10	旅客周转量	万人·km
	9	HWZZL	数值型	10	货物周转量	万吨·km
	10	JDCYYL	数值型	10	机动车拥有量	辆
	11	YDJS	数值型	10	邮电局所	处
	12	YDYWZL	数值型	10	邮电业务总量	万元
	13	SHJHJRL	数值型	10	市话交换机容量	万门
	14	DHJYYL	数值型	10	电话机拥有量	部

（续）

数据表名	序号	字段名	数据类型	长度	中文含义	单位
财政金融及物价	1	XZDM	字符型	10	行政代码	
	2	SM	字符型	20	省(自治区、直辖市)名	
	3	XM	字符型	20	县名	
	4	CZSR	数值型	10	财政收入	万元
	5	CZZC	数值型	10	财政支出	万元
	6	JMCXCKYE	数值型	10	居民储蓄存款余额	万元
	7	SHXFPLSZE	数值型	10	社会消费品零售总额	万元
	8	SPLSJGZZS	数值型	10	商品零售价格总指数	%
海关进出口贸易总额	1	XZDM	字符型	10	行政代码	
	2	SM	字符型	20	省(自治区、直辖市)名	
	3	XM	字符型	20	县名	
	4	JCKZE	数值型	10	进出口总额	万美元
	5	CKZE	数值型	10	出口总额	万美元
	6	JKZE	数值型	10	进口总额	万美元
科教卫生	1	XZDM	字符型	10	行政代码	
	2	SM	字符型	20	省(自治区、直辖市)名	
	3	XM	字符型	20	县名	
	4	XXS	数值型	10	各类学校数	个
	5	ZRJSRS	数值型	10	专任教师人数	人
	6	ZXXSRS	数值型	10	在校学生人数	人
	7	YYS	数值型	10	医院数	个
	8	YSS	数值型	10	医生数	人
	9	YYBCS	数值型	10	医院病床数	张
农业基本情况	1	XZDM	字符型	10	行政代码	
	2	SM	字符型	20	省(自治区、直辖市)名	
	3	XM	字符型	20	县名	
	4	XCRK	数值型	10	乡村人口	万人
	5	NYJXZDL	数值型	10	农业机械总动力	万 kW
	6	HSBCFL	数值型	10	化肥施用量	吨
	7	NCYDL	数值型	10	农村用电量	万 kW·h
	8	NMRJCSR	数值型	10	农民人均纯收入	元

表 6　空间专题数据子集属性库结构

专题图名	序号	字段名	类型	长度	中文含义
土地利用图数据	1	ID	自动编号	8	标识码
	2	TDLY	字符型	3	土地利用类型代码
	3	Landuse_ nm	字符型	30	土地利用类型名称

(续)

专题图名	序号	字段名	类型	长度	中文含义
土壤图数据	1	ID	自动编号	8	标识码
	2	TRLX	字符型	4	土壤类型代码
	3	Soil_ nm	字符型	30	土壤类型名称
植被图数据	1	ID	自动编号	8	标识码
	2	ZWLX	字符型	8	植被类型代码
	3	Veg_ nm	字符型	30	植被类型名称
森林分布图数据	1	ID	自动编号	8	标识码
	2	SLLX	字符型	5	森林类型代码
	3	Forest_ nm	字符型	30	森林类型名称

4.3.2 工程规划设计数据集

工程规划设计图数据自定义属性项见表7。

表7 工程规划设计图属性库

专题图名	序号	字段名	类型	长度	中文含义
工程规划图数据	1	Code	字符型	8	行政代码
	2	Province	字符型	20	省(自治区、直辖市)名
	3	County	字符型	20	县名

工程规划设计数据集数据表结构见表8。

表8 工程规划设计数据集数据表结构

数据表名	序号	字段名	数据类型	长度	中文含义	单位
造林规划设计	1	XZDM	字符型	10	行政代码	
	2	XQM	字符型	20	县(区、市)名	
	3	GCZMJ	数值型	10	工程区总面积	亩
	4	JHZLMJ	数值型	10	计划治理面积	亩
	5	HZLJH	数值型	10	荒山荒沙荒地造林计划	亩
	6	SBCFLJH	数值型	10	封山育林计划	亩
	7	TGHLJH	数值型	10	退耕还林计划	亩
	8	CDZLJH	数值型	10	草地治理计划	亩
工程基础设施规划	1	XZDM	字符型	10	行政代码	
	2	XQM	字符型	20	县(区、市)名	
	3	SYGCJH	数值型	10	水源工程计划	处
	4	JSGGJH	数值型	10	节水灌溉计划	处
	5	XLYZLJH	数值型	10	小流域治理计划	km^2
	6	SSJMJH	数值型	10	舍饲禁牧计划	m^2
	7	STYMJH	数值型	10	生态移民计划	人

4.3.3 工程进展情况数据集

工程进展情况数据集数据表结构见表9。

表 9　工程进展情况数据集数据表结构

数据表名	序号	字段名	数据类型	长度	中文含义	单位
实际完成投资情况	1	XZDM	字符型	10	行政代码	
	2	DQM	字符型	20	地区	
	3	TZHJ	数值型	10	投资合计	万元
	4	GUJTZ	数值型	10	国家投资	万元
	5	JZAZGCTZ	数值型	10	建筑安装工程投资	万元
	6	SBQJGZ	数值型	10	设备器具购置	万元
	7	RGZLF	数值型	10	人工造林费	万元
	8	FBZLF	数值型	10	飞播造林费	万元
	9	JDGXF	数值型	10	迹地更新费	万元
	10	SBCFLF	数值型	10	封山育林费	万元
	11	FYF	数值型	10	抚育费	万元
财务拨、贷款情况	1	XZDM	字符型	10	行政代码	
	2	DQM	字符型	20	地区	
	3	HJ	数值型	10	合计	万元
	4	GJYSNTZ	数值型	10	国家预算内投资	万元
	5	GNDK	数值型	10	国内贷款	万元
	6	LYWZ	数值型	10	利用外资	万元
	7	ZCZJ	数值型	10	自筹资金	万元
	8	QTZJ	数值型	10	其他资金	万元
	9	QZTGTL	数值型	10	群众投工投劳	万元
完成造林面积	1	XZDM	字符型	10	行政代码	
	2	DQM	字符型	20	地区	
	3	HJZLMJ	数值型	10	合计造林面积	hm^2
	4	RGZLMJ	数值型	10	人工造林面积	hm^2
	5	FBZLMJ	数值型	10	飞播造林面积	hm^2
	6	YCLMJ	数值型	10	用材林面积	hm^2
	7	JJLMJ	数值型	10	经济林面积	hm^2
	8	FHLMJ	数值型	10	防护林面积	hm^2
	9	XTLMJ	数值型	10	薪炭林面积	hm^2
	10	TZYTLMJ	数值型	10	特种用途林面积	hm^2
迹地更新、育林、育苗及森林抚育面积	1	XZDM	字符型	10	行政代码	
	2	DQM	字符型	20	地区	
	3	JDGXMJ	数值型	10	迹地更新面积	hm^2
	4	DCLGZMJ	数值型	10	低产林改造面积	hm^2
	5	NMSYSBCFLMJ	数值型	10	年末实有封山育林面积	hm^2
	6	YMMJ	数值型	10	育苗面积	hm^2
	7	ZYLLFYMJ	数值型	10	中、幼龄林抚育面积	hm^2

(续)

数据表名	序号	字段名	数据类型	长度	中文含义	单位
各省(自治区、直辖市)工程进展统计	1	XZDM	字符型	10	行政代码	
	2	XQM	字符型	20	县(区、市)	
	3	GCZMJ	数值型	10	工程区总面积	亩
	4	JHZLMJ	数值型	10	计划治理面积	亩
	5	HDWCXJ	数值型	10	荒山荒沙荒地完成小计	亩
	6	HDRGZL	数值型	10	荒山荒沙荒地完成人工造林	亩
	7	HDFBZL	数值型	10	荒山荒沙荒地完成飞播造林	亩
	8	SBCFLWC	数值型	10	封山育林完成	亩
	9	TGDHL	数值型	10	退耕还林完成退耕地还林	亩
	10	TGHDZL	数值型	10	退耕还林完成荒山荒地荒沙造林	亩
	11	QM	数值型	10	乔木	亩
	12	GM	数值型	10	灌木	亩
	13	CAO	数值型	10	草	亩
	14	ZLCHHG	数值型	10	造林成活合格	亩
	15	ZLCH41YX	数值型	10	造林成活 41% 以下	亩
	16	ZLPJCHL	数值型	10	造林平均成活率	%
	17	CDZLWC	数值型	10	完成草地治理	亩
	18	SYGCWC	数值型	10	完成水源工程	亩
	19	JSGGWC	数值型	10	完成节水灌溉	亩
	20	XLYZLWC	数值型	10	完成小流域治理	km^2
	21	SSJWWC	数值型	10	完成舍饲禁牧	m^2
	22	STYMWC	数值型	10	完成生态移民	人

5 数据加工平台

5.1 文本数据

资源环境数据、社会经济数据、工程规划设计数据及工程进展数据等文本数据，利用 Access 软件建立数据库，描述性内容为 Word 文档。

5.2 空间专题数据

空间专题数据利用 GIS 软件进行矢量化，数据格式为 Geomedia 软件的内部格式。

数据类型	加工平台	数据提交格式
矢量数据	Geomedia	Geomedia
文本数据	Access，Word	Access，Word

附加说明：

本技术规范由中国林业科学研究院资源信息研究所提出并负责起草。

本技术规范主要起草人刘华、陈永富。

十三、黄土高原典型生态区基础数据库技术规范

1　主题内容与适用范围

本标准定义了黄土高原典型生态区基础数据的相关内容、数据的组织层次、数据表结构等，提供了数据分类和命名体系以及数据的组织结构图信息，适用于黄土高原典型生态区基础数据的采集及建库工作。

2　参考标准

本技术规范参考了以下技术资料：

GB/T 14721.1—1993　林业资源分类与代码　森林类型

LY/T 1438—1999　森林资源代码　森林调查

GB/T 2260—2002　中华人民共和国行政区划代码

GB/T 4754—2002　国民经济行业分类注释

LY/T 1440—1999　森林资源代码　林业行政区划

国家林业局(原林业部)制定的林业、森工统计报表

3　术语和定义

黄土高原 Loess Plateau

黄土高原是指东起太行山西坡，西止于青海民和附近，北到阴山，南迄秦岭北坡的区域，是我国四大高原之一。也是世界上黄土分布面积最大、最集中和黄土地貌最典型的地理单元。由于地质、气候、水文、植被、土壤等特点，再加上长时期的人为活动影响，造成黄土高原地区极其严重的水土流失和风沙危害等环境问题，生态环境十分脆弱。

4　数据内容与建库的技术规范

4.1　数据内容的分类

数据按照组织的层次分为两级，一级数据分为生态区背景资料数据和生态区典型特征数据。生态区背景资料数据按照数据的性质又分为资源环境、社会经济数据和空间数据；生态区典型特征数据包括黄土高原地区农业气候资源、植被资源、耕地资源、土壤侵蚀、土地沙漠化等黄土高原特有的各种资源数据和生态环境数据。

黄土高原典型生态区基础数据的分类见表1。

表 1　黄土高原典型生态区数据分类表

一级	二级	备注
生态区背景资料数据	自然资源数据	生态区范围、综合治理开发分区，土地面积统计、有关各省(自治区)的自然资源特别是森林资源以及气候指标等数据。
	社会经济数据	生态区范围内各县(旗、市、区)的有关财政金融、人口、工农业产值、科教卫生、农业基本情况等社会经济数据。
	空间专题数据	与生态区相关的专题数据。
生态区典型特征数据	农业气候资源	农业气候、土壤、植被、耕地、草地等资源以及土壤侵蚀、土地沙漠化等生态环境数据
	土壤资源	
	植被资源	
	农业水资源	
	耕地资源	
	草地资源	
	能源	
	土壤侵蚀	
	土地沙漠化	

4.2　数据组织和结构

4.2.1　区域层次和时间序列

数据的区域层次和时间序列结构如图 1。

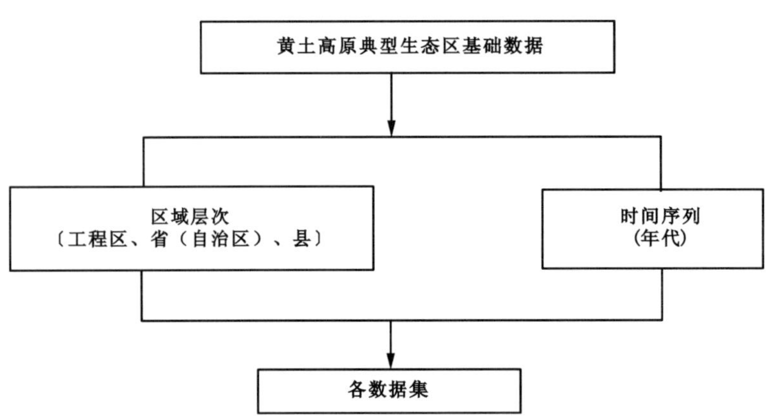

图 1　数据的区域层次和时间序列示意图

实现按区域层次组织数据的方法：区域层次推荐体现在数据表名，也可以体现在数据集名或字段中；

实现按时间序列组织数据的方法：时间序列推荐体现在数据集名，也可以体现在数据表名或字段中。

4.2.2　数据组织层次和命名

名称代码的编制原则：以 HTGY(黄土高原)为标识字母，以名称中关键字的拼音首字母和数字为核心，按照数据集→数据子集→数据表的层次结构分级分层编制。

数据集和数据表的结构与命名见表 2 和表 3。

表 2　数据集结构与命名表

数据集名称	数据集名称代码	数据子集名称	数据子集名称代码
生态区背景资料数据	HTGY_ BJ	自然资源数据	HTGY_ BJ_ ZY
		社会经济数据	HTGY_ BJ_ SH
		空间专题图数据	HTGY_ BJ_ KJ
生态区典型特征数据	HTGY_ ST	农业气候资源	HTGY_ ST_ NYQH
		土壤资源	HTGY_ ST_ TR
		植被资源	HTGY_ ST_ ZB
		农业水资源	HTGY_ ST_ NYS
		耕地资源	HTGY_ ST_ GD
		草地资源	HTGY_ ST_ CD
		能源	HTGY_ ST_ NY
		土壤侵蚀	HTGY_ ST_ QS
		土地沙漠化	HTGY_ ST_ SM
生态区行政区划空间数据	HTGY_ QH		HTGY_ QH

表 3　数据表命名

数据集名称	数据集名称代码	数据子集名称	数据子集名称代码
资源环境数据集	HTGY_ BJ_ ZY	行政区划表	HTGY_ BJ_ ZY1
		自然资源	HTGY_ BJ_ ZY2
		气象资料	HTGY_ BJ_ ZY3
		土地面积分区统计	HTGY_ BJ_ ZY4
		土壤持水能力	HTGY_ BJ_ ZY5
		水资源总量	HTGY_ BJ_ ZY6
		河川径流量	HTGY_ BJ_ ZY7
		地下水资源	HTGY_ BJ_ ZY8
社会经济数据集	HTGY_ BJ_ SH	人口状况	HTGY_ BJ_ SH1
		国民生产总值和指数	HTGY_ BJ_ SH2
		就业情况	HTGY_ BJ_ SH3
		居民生活	HTGY_ BJ_ SH4
		全社会固定资产投资	HTGY_ BJ_ SH5
		更新改造投资额	HTGY_ BJ_ SH6
		房地产投资额	HTGY_ BJ_ SH7
		农业基本情况	HTGY_ BJ_ SH8
		农林牧渔业总产值和指数	HTGY_ BJ_ SH9
		耕地面积和粮食产量	HTGY_ BJ_ SH10
		畜牧业生产情况	HTGY_ BJ_ SH11
		工业总产值和指数	HTGY_ BJ_ SH12

(续)

数据集名称	数据集名称代码	数据子集名称	数据子集名称代码
社会经济数据集	HTGY_ BJ_ SH	独立核算工业企业主要指标	HTGY_ BJ_ SH13
		运输邮电业基本情况	HTGY_ BJ_ SH14
		海关进出口贸易总额	HTGY_ BJ_ SH15
		财政金融及物价	HTGY_ BJ_ SH16
		科教卫生情况	HTGY_ BJ_ SH17
空间数据集	HTGY_ BJ_ KJ	土地利用图	HTGY_ BJ_ KJ1
		森林分布图	HTGY_ BJ_ KJ2
		植被图	HTGY_ BJ_ KJ3
		土壤图	HTGY_ BJ_ KJ4
农业气候资源	HTGY_ ST_ NYQH	分省、分县气温、日照、无霜期等气候数据	HTGY_ ST_ NYQH1
		分省、分县降水量、风速、沙暴等气象数据	HTGY_ ST_ NYQH2
土壤资源	HTGY_ ST_ TR	土壤类型面积统计(分区)	HTGY_ ST_ TR1
植被资源	HTGY_ ST_ ZB	淀粉植物	HTGY_ ST_ ZB1
		果树种质资源	HTGY_ ST_ ZB2
		绿化、美化、保护环境植物	HTGY_ ST_ ZB3
		珍稀濒危保护植物	HTGY_ ST_ ZB4
农业水资源	HTGY_ ST_ NYS	分区灌溉面积	HTGY_ ST_ NYS1
		灌溉水效益统计分析	HTGY_ ST_ NYS2
		农田水利基本情况及农业用水量表	HTGY_ ST_ NYS3
		盐碱地分布情况	HTGY_ ST_ NYS4
耕地资源	HTGY_ ST_ GD	按等级耕地资源综合治理开发区统计	HTGY_ ST_ GD1
		各类土地构成分区统计	HTGY_ ST_ GD2
		各综合治理开发区地面坡度分级数据	HTGY_ ST_ GD3
		各综合治理开发区耕地坡度分级数据	HTGY_ ST_ GD4
草地资源	HTGY_ ST_ CD	分省草地统计表	HTGY_ ST_ CD1
能源	HTGY_ ST_ NY	黄河流域水能资源	HTGY_ ST_ NY1
		风能资源	HTGY_ ST_ NY2
		太阳能资源	HTGY_ ST_ NY3
土壤侵蚀	HTGY_ ST_ QS	黄河流域水土流失区分省水土流失治理成绩统计	HTGY_ ST_ QS1
		分区分县水土流失面积	HTGY_ ST_ QS2
		重点地区水土保持基本情况统计	HTGY_ ST_ QS3
土地沙漠化	HTGY_ ST_ SM	风沙区不同行政区域沙漠化土地的分布	HTGY_ ST_ SM1
		风沙区分县(旗)土地利用现状	HTGY_ ST_ SM2
		风沙区各地沙漠化程度	HTGY_ ST_ SM3
		风沙区林地及其分布	HTGY_ ST_ SM4
		不同省(自治区)风沙区草地的分布	HTGY_ ST_ SM5
		风沙区牧畜超载情况	HTGY_ ST_ SM6
生态区行政区划空间数据	HTGY_ QH		HTGY_ QH

4.3 数据表结构

4.3.1 生态背景资料数据集

生态背景资料数据集包括自然资源数据集、社会经济数据集和空间专题数据集，各数据集中的数据表结构和空间专题数据自定义属性项分别见表 4、表 5 和表 6。

表 4 自然资源数据子集数据表结构

数据表名	序号	字段名	数据类型	长度	中文含义	单位
行政区划表	1	SM	字符型	20	省(自治区)名	
	2	XSS	数值型	10	县(市)数	
	3	XMC	文本型		县(市)名称	
自然资源数据	1	XZDM	字符型	10	行政代码	
	2	SM	字符型	30	省(自治区)名	
	3	DXDM	文本型		地形地貌	
	4	PJWD	数值型	10	平均温度	℃
	5	NJSL	数值型	10	年降水量	mm
	6	RZSS	数值型	10	日照时数	h
	7	SZYZL	数值型	10	水资源总量	亿 m^3
	8	SLZYLLYCL	数值型	10	水力资源理论蕴藏量	亿 m^3
	9	KCZY	文本型		矿产资源	
	10	YLDMJ	数值型	10	有林地面积	万 hm^2
	11	SLFGL	数值型	10	森林覆盖率	%
	12	HLMXJL	数值型	10	活立木蓄积量	亿 m^3
	13	LMZXJL	数值型	10	立木总蓄积量	亿 m^3
气象资料	1	YF	字符型	20	月份	
	2	JSL	数值型	10	降水量	mm
	3	PJQW	数值型	10	平均气温	℃
	4	RZSS	数值型	10	日照时数	h
	5	PJFS	数值型	10	平均风速	m/s
	6	PJQY	数值型	10	平均气压	100Pa
	7	DFRS	数值型	10	大风日数	天
综合治理开发区基本情况	1	KFFC	字符型	20	综合治理开发分区	
	2	ZMJ	数值型	20	总面积	km^2
	3	ZRK	数值型	20	总人口	万人
	4	XSS	数值型	20	所含县(市)数	个

(续)

数据表名	序号	字段名	数据类型	长度	中文含义	单位
按分区的各类土地面积	1	KFFC	字符型	20	综合治理开发分区	
	2	FYMJ	数值型	20	幅员面积	km^2
	3	GD	数值型	20	耕地	万亩
	4	YD	数值型	20	园地	万亩
	5	LD	数值型	20	林地	万亩
	6	CD	数值型	20	草地	万亩
	7	FNYD	数值型	20	非农业用地	万亩
	8	SY	数值型	20	水域	万亩
	9	WLYNYD	数值型	20	未利用及难利用地	万亩
各站气候指标的年值	1	ZM	字符型	20	站名	
	2	HBGD	数值型	20	海拔高度	m
	3	JS	数值型	20	降水量	mm
	4	ZFL	数值型	20	蒸发量	mm
	5	SFYKL	数值型	20	水分盈亏量	mm
	6	QNSRZS	数值型	20	全年有效湿润指数	
	7	SZJSRZS	数值型	20	生长季(4~10月)有效湿润指数	
	8	XDSD	数值型	20	相对湿度	
河川径流量	1	LYFQ	字符型	20	流域(分区)	
	2	PJNJLL	数值型	20	平均年径流量	亿 m^3
	3	BZL20	数值型	20	保证率=20%的年径流量	亿 m^3
	4	BZL50	数值型	20	保证率=50%的年径流量	亿 m^3
	5	BZL75	数值型	20	保证率=75%的年径流量	亿 m^3
	6	BZL95	数值型	20	保证率=95%的年径流量	亿 m^3
地下水资源	1	LYFQ	字符型	20	流域(分区)	
	2	TRZY	数值型	20	天然资源	亿 m^3
	3	KCZY	数值型	20	开采资源	亿 m^3
	4	YKCSL	数值型	20	已开采水量	亿 m^3
水资源总量	1	LYFQ	字符型	20	流域(分区)	
	2	PJNJLL	数值型	20	平均年径流量	亿 m^3
	3	DXSTRZY	数值型	20	地下水天然资源	亿 m^3
	4	CFSL	数值型	20	重复水量	亿 m^3
	5	SZYZL	数值型	20	水资源总量	亿 m^3
主要河流年径流量	1	HL	数值型	20	河流	
	2	MJ	数值型	20	面积	km^2
	3	PJNJLL	数值型	20	平均年径流量	亿 m^3
	4	BZL20	数值型	20	保证率=20%的年径流量	亿 m^3
	5	BZL50	数值型	20	保证率=50%的年径流量	亿 m^3
	6	BZL75	数值型	20	保证率=75%的年径流量	亿 m^3
	7	BZL95	数值型	20	保证率=95%的年径流量	亿 m^3

（续）

数据表名	序号	字段名	数据类型	长度	中文含义	单位
土壤持水能力	1	DD	字符型	20	地点	
	2	TRZD	字符型	20	土壤质地	
	3	TRRZ	数值型	20	土壤容重	g/cm^3
	4	FCGTBFB	数值型	20	田间持水量(fc)占干土	%
	5	FCTCHS	数值型	20	田间持水量(fc)每米土层含水	mm
	6	WOGTBFB	数值型	20	凋萎系数(wo)占干土	%
	7	WOTCHS	数值型	20	凋萎系数(wo)每米土层含水	mm
	8	YMTCCS	数值型	20	1m 土层有效储水	mm

表 5　社会经济数据子集数据表结构

数据表名	序号	字段名	数据类型	长度	中文含义	单位
人口状况	1	XZDM	字符型	10	行政代码	
	2	SM	字符型	20	省(自治区)名	
	3	XM	字符型	20	县名	
	4	ZRKS	数值型	10	总人口数	万人
	5	NYRKS	数值型	10	农业人口数	万人
	6	FNYRKS	数值型	10	非农业人口数	万人
	7	NXRKS	数值型	10	男性人口数	万人
	8	NVXRKS	数值型	10	女性人口数	万人
	9	RKZZL	数值型	10	人口自然增长率	%
国民生产总值和指数	1	XZDM	字符型	10	行政代码	
	2	SM	字符型	20	省(自治区)名	
	3	XM	字符型	20	县名	
	4	GMSCZZ	数值型	10	国民生产总值	亿元
	5	GNSCZZ	数值型	10	国内生产总值	亿元
	6	DYCYGNSCZZ	数值型	10	第一产业国内生产总值	亿元
	7	DECYGNSCZZ	数值型	10	第二产业国内生产总值	亿元
	8	DSCYGNSCZZ	数值型	10	第三产业国内生产总值	亿元
	9	RJGNSCZZ	数值型	10	人均国内生产总值	元
	10	GMSCZZZS	数值型	10	国民生产总值指数	%
就业情况	1	XZDM	字符型	10	行政代码	
	2	SM	字符型	20	省(自治区)名	
	3	XM	字符型	20	县名	
	4	CYRYZS	数值型	10	从业人员总数	万人
	5	ZGZS	数值型	10	职工(国有经济，集体经济，其他)总数	万人
	6	CZSYGTLDZZS	数值型	10	城镇私营及个体劳动者总数	万人
	7	NCLDZZS	数值型	10	农村劳动者(及乡镇企业)总数	万人

(续)

数据表名	序号	字段名	数据类型	长度	中文含义	单位
居民生活	1	XZDM	字符型	10	行政代码	
	2	SM	字符型	20	省(自治区)名	
	3	XM	字符型	20	县名	
	4	CZSR	数值型	10	城镇居民年人均收入	元
	5	CZKZPSR	数值型	10	城镇居民年人均可支配收入	元
	6	CZXFZC	数值型	10	城镇居民年人均生活消费支出	元
	7	NCSR	数值型	10	农村居民年人均纯收入	元
	8	NCZZC	数值型	10	农村居民年人均总支出	元
	9	NCXFZC	数值型	10	农村居民年人均生活消费支出	元
全社会固定资产投资	1	XZDM	字符型	10	行政代码	
	2	SM	字符型	20	省(自治区)名	
	3	XM	字符型	20	县名	
	4	HJ	数值型	10	合计	亿元
	5	GYJJDW	数值型	10	国有经济单位	亿元
	6	JTJJDW	数值型	10	集体经济单位	亿元
	7	QTJJDW	数值型	10	其他经济单位	亿元
	8	SYGTJJ	数值型	10	私营个体经济	亿元
	9	GJYSNTZ	数值型	10	国家预算内投资	亿元
	10	GNDK	数值型	10	国内贷款	亿元
	11	LYWZ	数值型	10	利用外资	亿元
	12	ZCTZ	数值型	10	自筹投资	亿元
	13	QTTZ	数值型	10	其他投资	亿元
	14	DYGDTZ	数值型	10	第一产业固定资产投资	亿元
	15	DEGDTZ	数值型	10	第二产业固定资产投资	亿元
	16	DSGDTZ	数值型	10	第三产业固定资产投资	亿元
更新改造投资额	1	XZDM	字符型	10	行政代码	
	2	SM	字符型	20	省(自治区)名	
	3	XM	字符型	20	县名	
	4	GXGZTZE	数值型	10	更新改造投资额	万元
	5	ZYTZ	数值型	10	中央投资	万元
	6	DFTZ	数值型	10	地方投资	万元
	7	XZGDZC	数值型	10	新增固定资产	亿元
房地产投资额	1	XZDM	字符型	10	行政代码	
	2	SM	字符型	20	省(自治区)名	
	3	XM	字符型	20	县名	
	4	TZZE	数值型	10	投资总额	亿元
	5	SPFSGMJ	数值型	10	商品房屋施工面积	万 m^2
	6	SPFJGMJ	数值型	10	商品房屋竣工面积	万 m^2
	7	SPFXSMJ	数值型	10	商品房销售建筑面积	万 m^2

（续）

数据表名	序号	字段名	数据类型	长度	中文含义	单位
农林牧渔业总产值和指数	1	XZDM	字符型	10	行政代码	
	2	SM	字符型	20	省(自治区)名	
	3	XM	字符型	20	县名	
	4	NLMYYZCZ	数值型	10	农林牧渔业总产值	万元
	5	NYCZ	数值型	10	农业产值	万元
	6	LYCZ	数值型	10	林业产值	万元
	7	MYCZ	数值型	10	牧业产值	万元
	8	YYCZ	数值型	10	渔业产值	万元
	9	NLMYYZCZZS	数值型	10	农林牧渔业总产值指数	
工业总产值和指数	1	XZDM	字符型	10	行政代码	
	2	SM	字符型	20	省(自治区)名	
	3	XM	字符型	20	县名	
	4	QBGYZCZ	数值型	10	全部工业总产值	万元
	5	GMYSGYZCZ	数值型	10	“规模以上”工业总产值	万元
	6	GMYSQYS	数值型	10	“规模以上”企业数	个
	7	GMYSNMZGZG	数值型	10	“规模以上”年末在岗职工	人
	8	GMYSZCZJ	数值型	10	“规模以上”资产总计	万元
	9	GMYSLRZE	数值型	10	“规模以上”利润总额	万元
	10	GMYSLSZE	数值型	10	“规模以上”利税总额	万元
	11	GYZCZZS	数值型	10	工业总产值指数	%
独立核算工业企业主要指标	1	XZDM	字符型	10	行政代码	
	2	SM	字符型	20	省(自治区)名	
	3	XM	字符型	20	县名	
	4	PJZGS	数值型	10	平均职工人数	万人
	5	ZCZ	数值型	10	总产值	万元
	6	GDZCYJ	数值型	10	固定资产原价	万元
	7	CPXSSR	数值型	10	产品销售收入	万元
	8	LSZE	数值型	10	利税总额	万元
耕地面积和粮食产量	1	XZDM	字符型	10	行政代码	
	2	SM	字符型	20	省(自治区)名	
	3	XM	字符型	20	县名	
	4	GDMJ	数值型	10	耕地面积	hm^2
	5	LSCL	数值型	10	粮食产量	吨

(续)

数据表名	序号	字段名	数据类型	长度	中文含义	单位
畜牧业生产情况	1	XZDM	字符型	10	行政代码	
	2	SM	字符型	20	省(自治区)名	
	3	XM	字符型	20	县名	
	4	RLZCL	数值型	10	肉类总产量	吨
	5	QDCL	数值型	10	禽蛋产量	吨
	6	NL	数值型	10	奶类	吨
	7	MRPL	数值型	10	毛绒皮类	吨
	8	DSXNMCL	数值型	10	大牲畜年末存栏	万头
	9	ZNMCL	数值型	10	猪年末存栏	万头
	10	YNMCL	数值型	10	羊年末存栏	万头
	11	JQNMCL	数值型	10	家禽年末存栏	万只
运输邮电业基本情况	1	XZDM	字符型	10	行政代码	
	2	SM	字符型	20	省(自治区)名	
	3	XM	字符型	20	县名	
	4	TLLC	数值型	10	铁路里程	km
	5	GLLC	数值型	10	公路里程	km
	6	KYL	数值型	10	客运量	万人
	7	HYL	数值型	10	货运量	万吨
	8	LKZZL	数值型	10	旅客周转量	万人·km
	9	HWZZL	数值型	10	货物周转量	万吨·km
	10	JDCYYL	数值型	10	机动车拥有量	辆
	11	YDJS	数值型	10	邮电局所	处
	12	YDYWZL	数值型	10	邮电业务总量	万元
	13	SHJHJRL	数值型	10	市话交换机容量	万门
	14	DHJYYL	数值型	10	电话机拥有量	部
财政金融及物价	1	XZDM	字符型	10	行政代码	
	2	SM	字符型	20	省(自治区)名	
	3	XM	字符型	20	县名	
	4	CZSR	数值型	10	财政收入	万元
	5	CZZC	数值型	10	财政支出	万元
	6	JMCXCKYE	数值型	10	居民储蓄存款余额	万元
	7	SHXFPLSZE	数值型	10	社会消费品零售总额	万元
	8	SPLSJGZZS	数值型	10	商品零售价格总指数	%
海关进出口贸易总额	1	XZDM	字符型	10	行政代码	
	2	SM	字符型	20	省(自治区)名	
	3	XM	字符型	20	县名	
	4	JCKZE	数值型	10	进出口总额	万美元
	5	CKZE	数值型	10	出口总额	万美元
	6	JKZE	数值型	10	进口总额	万美元

（续）

数据表名	序号	字段名	数据类型	长度	中文含义	单位
科教卫生	1	XZDM	字符型	10	行政代码	
	2	SM	字符型	20	省(自治区)名	
	3	XM	字符型	20	县名	
	4	XXS	数值型	10	各类学校数	个
	5	ZRJSRS	数值型	10	专任教师人数	人
	6	ZXXSRS	数值型	10	在校学生人数	人
	7	YYS	数值型	10	医院数	个
	8	YSS	数值型	10	医生数	人
	9	YYBCS	数值型	10	医院病床数	张
农业基本情况	1	XZDM	字符型	10	行政代码	
	2	SM	字符型	20	省(自治区)名	
	3	XM	字符型	20	县名	
	4	XCRK	数值型	10	乡村人口	万人
	5	NYJXZDL	数值型	10	农业机械总动力	万 kW
	6	HHTGYL	数值型	10	化肥施用量	吨
	7	NCYDL	数值型	10	农村用电量	万 kW · h
	8	NMRJCSR	数值型	10	农民人均纯收入	元

表 6　空间专题数据子集属性库结构

专题图名	序号	字段名	类型	长度	中文含义
土地利用图数据	1	ID	自动编号	8	标识码
	2	TDLY	字符型	3	土地利用类型代码
	3	Landuse_ nm	字符型	30	土地利用类型名称
	4	Area	数值型	20	多边形面积
	5	Perimeter	数值型	20	多边形周长
土壤图数据	1	ID	自动编号	8	标识码
	2	TRLX	字符型	4	土壤类型代码
	3	Soil_ Nm	字符型	30	土壤类型名称
	4	Area	数值型	20	多边形面积
	5	Perimeter	数值型	20	多边形周长
植被图数据	1	ID	自动编号	8	标识码
	2	ZWLX	字符型	8	植被类型代码
	3	Veg_ Nm	字符型	30	植被类型名称
	4	Area	数值型	20	多边形面积
	5	Perimeter	数值型	20	多边形周长

(续)

专题图名	序号	字段名	类型	长度	中文含义
森林分布图数据	1	ID	自动编号	8	标识码
	2	SLLX	字符型	5	森林类型代码
	3	Forest_ Nm	字符型	30	森林类型名称
	4	Area	数值型	20	多边形面积
	5	Perimeter	数值型	20	多边形周长

4.3.2 生态区典型特征数据

生态区典型特征数据集的数据表结构见表 7。

表 7 生态区典型特征数据集数据表结构

数据表名	序号	字段名	数据类型	长度	中文含义	单位
分省(自治区)、分县气温、日照、无霜期等气候数据	1	SM	字符型	20	省名	
	2	XM	字符型	20	县名	
	3	NPJQW	数值型	20	年平均气温	℃
	4	ZGQW	数值型	20	最高气温	℃
	5	ZDQW	数值型	20	最低气温	℃
	6	QNRZSS	数值型	20	全年日照时数	h
	7	QNZDZSL	数值型	20	全年最大蒸散量	mm
	8	WSQ	数值型	20	无霜期	天
	9	DY10JW	数值型	20	≥10 ℃积温	℃
	10	6. 9RWJC	数值型	20	6~9 月平均日温较差	℃
分省(自治区)、分县降水量、风速、沙暴等气象数据	1	SM	字符型	20	省(自治区)名	
	2	XM	字符型	20	县名	
	3	NJYL	数值型	20	年降水量	mm
	4	RZDJYL	数值型	20	日最大降雨量	mm
	5	BYRSRYL50	数值型	20	暴雨日数日雨量≥50	mm
	6	WJYRS	数值型	20	最长连续无降雨的日数	天
	7	PJFS	数值型	20	平均风速	m/s
	8	DFRS	数值型	20	大风日数	天
	9	SBRS	数值型	20	沙暴日数	天

（续）

数据表名	序号	字段名	数据类型	长度	中文含义	单位
治理开发区土壤类型面积数据	1	KFFQ	字符型	20	综合治理开发分区	
	2	XM	字符型	20	县名	
	3	HT	数值型	20	褐土	万亩
	4	HLT	数值型	20	黑垆土	万亩
	5	DZR	数值型	20	淡棕壤	万亩
	6	HHT	数值型	20	灰褐土	万亩
	7	HMT	数值型	20	黄绵土	万亩
	8	XJT	数值型	20	新积土	万亩
	9	CT	数值型	20	潮土	万亩
	10	GYT	数值型	20	灌淤土	万亩
	11	HT	数值型	20	红土	万亩
	12	CGT	数值型	20	粗骨土	万亩
	13	SZT	数值型	20	石质土	万亩
	14	LGT	数值型	20	栗钙土	万亩
	15	SDCDT	数值型	20	山地草甸土	万亩
	16	YGSCDT	数值型	20	亚高山草甸土	万亩
	17	CDT	数值型	20	草甸土	万亩
	18	YT	数值型	20	盐土	万亩
	19	FST	数值型	20	风沙土	万亩
	20	SDT	数值型	20	水稻土	万亩
	21	ZST	数值型	20	紫色土	万亩
	22	ZZT	数值型	20	沼泽土	万亩
	23	GSCDT	数值型	20	高山草甸土	万亩
	24	HGT	数值型	20	灰钙土	万亩
	25	ZGT	数值型	20	棕钙土	万亩
	26	HMT	数值型	20	灰漠土	万亩
	27	HGT	数值型	20	黑钙土	万亩
	28	DMT	数值型	20	冻漠土	万亩
	29	JT	数值型	20	碱土	万亩
	30	SY	数值型	20	水域	万亩
	31	HJ	数值型	20	合计	万亩
淀粉植物	1	ZWMC	字符型	20	植物名称	
	2	LDW	文本型		拉丁文	
	3	YT	字符型	30	用途	
	4	LYBF	文本型		利用部分	
	5	DFHL	数值型	20	淀粉含量	%
	6	ZYCD	文本型		主要产地	

(续)

数据表名	序号	字段名	数据类型	长度	中文含义	单位
果树种质资源	1	KE	字符型	20	科	
	2	GSMC	字符型	20	果树名称	
	3	LDW	文本型		拉丁文	
	4	FBQY	文本型		分布区域	
绿化、美化、保护环境植物	1	ZWMC	字符型	20	植物名称	
	2	LDW	文本型		拉丁文	
	3	HS	文本型		花色	
	4	YT	文本型		用途	
	5	ZYCD	文本型		主要产地	
珍稀濒危保护植物	1	BHZW	字符型	20	保护植物	
	2	LDW	文本型		拉丁文	
	3	BHJZ	文本型		保护价值	
	4	ZYCD	文本型		主要产地	
其他植物资源	7	HYL	数值型	20	含油量	%
	8	DNHL	数值型	20	单宁含量	%
	9	XWHL	数值型	20	纤维含量	%
	10	SZJSJHL	数值型	20	树脂及树胶含量	%
	11	HS	字符型	20	花色	
	12	BHJZ	字符型	20	保护价值	
	13	ZYCD	字符型	30	主要产地	
	14	FBQY	字符型	30	分布区域	
农田水利基本情况及农业用水量	1	SQ	字符型	20	省(自治区)	
	2	YXGGMJ	数值型	20	有效灌溉面积	万亩
	3	SGGGMJ	数值型	20	实灌灌溉面积	万亩
	4	YXGGMJZGDBL	数值型	20	有效灌溉面积占耕地比例	%
	5	NYRJGGMJ	数值型	20	农业人均灌溉面积	亩
	6	NYRJGD	数值型	20	农业人均耕地	亩
	7	NYYSLHJ	数值型	20	农业用水量合计	亿 m^3
	8	NYYDBSL	数值型	20	农业用地表水量	亿 m^3
	9	NYYDXSL	数值型	20	农业用地下水量	亿 m^3
灌溉水效益	1	SQ	字符型	20	省(自治区)	
	2	TJFXFW	字符型	20	统计分析范围	
	3	YTSL	数值型	20	引提水量	万 m^3
	4	SGMJ	数值型	20	实灌面积	万亩
	5	PJMMYSL	数值型	20	平均每亩用水量	m^3/亩
	6	LSPJMC	数值型	20	粮食平均亩产	kg/亩
	7	LSZCL	数值型	20	粮食总产量	万 kg
	8	GGSXY	数值型	20	灌溉水效益	m^3/kg

（续）

数据表名	序号	字段名	数据类型	长度	中文含义	单位
盐碱地分布情况	1	SQ	字符型	20	省(自治区)	
	2	YJGDMJ	数值型	20	盐碱耕地面积	万亩
	3	YZLMJ	数值型	20	已治理面积	万亩
	4	ZLMJZYJMJDBL	数值型	20	治理面积占盐碱面积的比例	%
灌溉面积	1	KFFQ	字符型	20	综合治理开发分区	
	2	SM	字符型	20	省(自治区)名	
	3	XM	字符型	20	县名	
	4	NTYXGGMJ	数值型	20	农田有效灌溉面积	万亩
	5	NTBZGGMJ	数值型	20	农田保证灌溉面积	万亩
	6	ZRK	数值型	20	总人口	万人
	7	GDMJ	数值型	20	耕地面积	万亩
	8	RJSDMJ	数值型	20	人均水地面积	亩
	9	SDZGDMJB	数值型	20	水地占耕地面积比例	%
分县水土流失面积	1	KFFQ	字符型	20	综合治理开发分区	
	2	XM	字符型	20	县名	
	3	ZTDMJ	数值型	20	总土地面积	km^2
	4	STLSMJ	数值型	20	水土流失面积	km^2
	5	STLSZZMJB	数值型	20	水土流失占总面积比例	%
重点地区水土保持基本情况	1	KFFQ	字符型	20	综合治理开发分区	
	2	XM	字符型	20	县名	
	3	ZTDMJ	数值型	20	总土地面积	km^2
	4	STLSMJ	数值型	20	水土流失面积	km^2
	5	STLSZZMJB	数值型	20	水土流失占总面积比例	%
	6	STLSQSL	数值型	20	水土流失侵蚀量	万吨
	7	STLSQSMS	数值型	20	水土流失侵蚀模数	吨/(km^2·年)
	8	ZLMJ	数值型	20	治理面积	km^2
	9	ZLMJZLSMJB	数值型	20	治理面积占流失面积比例	%
	10	SPTT	数值型	20	水平梯田	万亩
	11	SPTT	数值型	20	水平条田	万亩
	12	BD	数值型	20	坝地	万亩
	13	QTZD	数值型	20	其他造地	万亩
	14	JBNTXJ	数值型	20	基本农田小计	万亩
	15	ZL	数值型	20	造林	万亩
	16	ZC	数值型	20	种草	万亩
	17	FSYL	数值型	20	风沙育林	万亩
	18	YXSD	数值型	20	有效水地	万亩
	19	SKZS	数值型	20	水库座数	座
	20	SKKR	数值型	20	水库库容	万 m^3

数据表名	序号	字段名	数据类型	长度	中文含义	单位
黄河流域水土流失区分省水土流失治理成绩	1	SM	字符型	20	省(自治区)名	
	2	TJNN	字符型	20	统计年代	
	3	ZGDMJ	数值型	20	总土地面积	km^2
	4	STLSMJ	数值型	20	水土流失面积	km^2
	5	LSMJZZMJB	数值型	20	流失面积占总面积比例	%
	6	ZLMJ	数值型	20	治理面积	km^2
	7	ZLMJZLSMJB	数值型	20	治理面积占流失面积比例	%
	8	SPTT	数值型	20	水平梯田	万亩
	9	SPTT	数值型	20	水平条田	万亩
	10	DP	数值型	20	地坡	万亩
	11	QTZL	数值型	20	其他造林	万亩
	12	JBNTXJ	数值型	20	基本农田小计	万亩
	13	ZL	数值型	20	造林	万亩
	14	ZC	数值型	20	种草	万亩
	15	FYLC	数值型	20	封育林草	万亩
	16	YXSD	数值型	20	有效水地	万亩
	17	SKZS	数值型	20	水库座数	座
	18	SKKR	数值型	20	水库库容	万 m^3
风沙区分县(旗)土地利用现状	1	XM	字符型	20	县名	
	2	ZTDMJ	数值型	20	总土地面积	万亩
	3	GD	数值型	20	耕地	万亩
	4	YLD	数值型	20	有林地	万亩
	5	CC	数值型	20	草场	万亩
	6	QTYD	数值型	20	其他用地、不包括难利用地	万亩
	7	SYMJ	数值型	20	其他用地中水域面积	万亩
风沙区农作物播种面积及产量	1	XM	字符型	20	县名	
	2	NZWBZMJ	数值型	20	农作物播种面积	万亩
	3	LSZWMJ	数值型	20	粮食作物面积	万亩
	4	LSZWDC	数值型	20	粮食作物单产	kg
	5	LSZWZC	数值型	20	粮食作物总产	吨
	6	YLMJ	数值型	20	油料面积	万亩
	7	YLDC	数值型	20	油料单产	kg
	8	YLZC	数值型	20	油料总产	吨

（续）

数据表名	序号	字段名	数据类型	长度	中文含义	单位
风沙区各地沙漠化程度	1	DQ	字符型	20	地区	
	2	ZMJ	数值型	20	总面积	km^2
	3	QCSHMJ	数值型	20	潜在沙化面积	km^2
	4	QDSHMJ	数值型	20	轻度沙化面积	km^2
	5	ZDSHMJ	数值型	20	中度沙化面积	km^2
	6	YZSHMJ	数值型	20	严重沙化面积	km^2
	7	FSHMJ	数值型	20	非沙化面积	km^2
	8	SHZMJ	数值型	20	沙化总面积	km^2
	9	QDSHMJB	数值型	20	轻度沙化面积比	%
	10	ZDSHMJB	数值型	20	中度沙化面积比	%
	11	YZSHMJB	数值型	20	严重沙化面积比	%
	12	SHZMJB	数值型	20	沙化总面积比	%
风沙区基本情况	1	DQ	字符型	20	地区	
	2	XM	字符型	20	县(旗、市)名	
	3	XZS	数值型	20	乡镇(苏木)数	个
	4	TDMJ	数值型	20	土地面积	km^2
	5	GD	数值型	20	耕地	万亩
	6	CD	数值型	20	草地	万亩
	7	LD	数值型	20	林地	万亩
	8	LSZCL	数值型	20	粮食总产量	万 kg
	9	DXSXTS	数值型	20	大小牲畜头数	头(只)
	10	DXTS	数值型	20	大畜头数	头
	11	XXTS	数值型	20	小畜头数	只
	12	RJSR	数值型	20	人均收入	元
风沙区各沙漠化分区的百分比	1	DQ	字符型	20	地区	
	2	DQMJ	数值型	20	地区面积	km^2
	3	DQZQQZMJB	数值型	20	地区占全区总面积比	%
	4	YSMHTDMJ	数值型	20	已沙漠化土地面积	km^2
	5	YSMHTDZZMJB	数值型	20	已沙漠化土地占总面积比	%
	6	QDSMHTDMJ	数值型	20	轻度沙漠化土地面积	km^2
	7	QDMJZQQB	数值型	20	轻度沙漠化土地占全区面积比	%
	8	ZDSMHMJ	数值型	20	中度沙漠化土地面积	km^2
	9	ZDZQQMJB	数值型	20	中度沙漠化土地占全区面积比	%
	10	YZSMHMJ	数值型	20	严重沙漠化土地面积	km^2
	11	YZZQQMJB	数值型	20	严重沙漠化土地占全区总面积比	%

(续)

数据表名	序号	字段名	数据类型	长度	中文含义	单位
风沙区不同行政区域沙漠化土地的分布	1	SM	文本型	20	省(自治区)名	
	2	ZTDMJ	数值型	20	总土地面积	km^2
	3	QDSMHMJ	数值型	20	轻度沙漠化土地面积	km^2
	4	QDZQQMJB	数值型	20	轻度沙漠化土地占全区面积比	%
	5	ZDSMHMJ	数值型	20	中度沙漠化土地面积	km^2
	6	ZDZQQMJB	数值型	20	中度沙漠化土地占全区面积比	%
	7	YZSMHMJ	数值型	20	严重沙漠化土地面积	km^2
	8	YZZQQMJB	数值型	20	严重沙漠化土地占全区总面积比	%
	9	SHTDZMJ	数值型	20	沙化土地总面积	km^2
	10	SHMJZGSMJB	数值型	20	沙化总面积占该省总面积比	%
风沙区有关29县(旗)人均牲畜水平	1	SM	字符型	20	省(自治区)名	
	2	NMYRK	数值型	20	农(牧)业人口	人
	3	DXSXZS	数值型	20	大小牲畜总数	头(只)
	4	SXRJZYL	数值型	20	牲畜人均占有量	头(只)
	5	ZZS	数值型	20	猪总数	头
	6	ZRJZYL	数值型	20	猪人均占有量	头
不同类型区草地的分布	1	LXQ	字符型	20	类型区	
	2	CDMJ	数值型	20	草地面积	万亩
	3	RJCD	数值型	20	人均草地	亩/人
不同省(自治区)风沙区草地的分布	1	SQ	字符型	20	省(自治区)	
	2	CDMJ	数值型	20	草地面积	万亩
	3	RJCD	数值型	20	人均草地	亩/人(农业人口)
风沙区草场类型及其载畜能力	1	LXMC	字符型	20	类型名称	
	2	CCZMJ	数值型	20	草场总面积	万亩
	3	KLYMJ	数值型	20	可利用面积	万亩
	4	KSXCZCL	数值型	20	可食鲜草总产量	万 kg
	5	MJKSXC	数值型	20	亩均可食鲜草	kg/亩
	6	ZXNL	数值型	20	载畜能力	亩/(羊单位·年)
风沙区内各类型区草场(等)	1	GLXQ	字符型	20	各类型区	
	2	YDCCMJB	数值型	20	一等草场所占面积比	%
	3	EDCCMJB	数值型	20	二等草场所占面积比	%
	4	SDCCMJB	数值型	20	三等草场所占面积比	%
	5	SDCCMJB	数值型	20	四等草场所占面积比	%
	6	WDCCMJB	数值型	20	五等草场所占面积比	%

（续）

数据表名	序号	字段名	数据类型	长度	中文含义	单位
分省(自治区)畜产品	1	SM	字符型	20	省(自治区)名	
	2	RCL	数值型	20	肉产量	吨
	3	MCL	数值型	20	毛产量	吨
	4	DCL	数值型	20	蛋产量	吨
	5	NCL	数值型	20	奶产量	吨
	6	BMNYTDSCXCPDW	数值型	20	百亩农业土地所产畜产品单位	APU
	7	ARKPJXCPDW	数值型	20	按人口平均畜产品单位	APU
风沙区内各类型区草场(级)	1	GLXQ	字符型	20	各类型区	
	2	YJCCSZMJB	数值型	20	1 级草场所占面积比	%
	3	EJCCSZMJB	数值型	20	2 级草场所占面积比	%
	4	SJCCSZMJB	数值型	20	3 级草场所占面积比	%
	5	SJCCSZMJB	数值型	20	4 级草场所占面积比	%
	6	WJCCSZMJB	数值型	20	5 级草场所占面积比	%
	7	LJCCSZMJB	数值型	20	6 级草场所占面积比	%
	8	QJCCSZMJB	数值型	20	7 级草场所占面积比	%
	9	BJCCSZMJB	数值型	20	8 级草场所占面积比	%
风沙区牧畜超载情况	1	LXQ	字符型	20	类型区	
	2	SXSL	数值型	20	牲畜数量	羊单位
	3	QNZZXNL	数值型	20	区内总载畜能力	羊单位
	4	TRCCPJZXNL	数值型	20	天然草场平均载畜能力	羊单位
	5	JGSYRGCDZXNL	数值型	20	秸秆树叶人工草地载畜能力	羊单位
	6	CZSL	数值型	20	超载数量	羊单位
	7	CZL	数值型	20	超载率	%
风沙区林地及其分布	1	LXQ	字符型	20	类型区	
	2	ZTDMJ	数值型	20	总土地面积	万亩
	3	YLD	数值型	20	有林地	万亩
	4	SLD	数值型	20	疏林地	万亩
	5	GMLD	数值型	20	灌木林地	万亩
	6	FBZL	数值型	20	飞播造林	万亩
	7	FSYLYC	数值型	20	封山育林育草	万亩
	8	WCLZLD	数值型	20	未成林造林地	万亩
	9	MP	数值型	20	苗圃	万亩

(续)

数据表名	序号	字段名	数据类型	长度	中文含义	单位
各类土地构成比例	1	KFFQ	字符型	20	综合治理开发分区	
	2	SM	字符型	20	省名	
	3	GD	数值型	20	耕地	%
	4	YD	数值型	20	园地	%
	5	LD	数值型	20	林地	%
	6	MCD	数值型	20	牧草地	%
	7	FNYYD	数值型	20	非农业用地	%
	8	SY	数值型	20	水域	%
	9	WLYJNLYD	数值型	20	未利用及难利用地	%
按等级耕地资源综合治理开发区统计	1	KFFQ	数值型	20	综合治理开发分区	
	2	SM	字符型	20	省(自治区)名	
	3	ZGDMJ	数值型	20	总耕地面积	万亩
	4	YDGDMJ	数值型	20	一等耕地面积	万亩
	5	YDGDBL	数值型	20	一等耕地所占比例	%
	6	EDGDMJ	数值型	20	二等耕地面积	万亩
	7	EDGDBL	数值型	20	二等耕地所占比例	%
	8	SDGDMJ	数值型	20	三等耕地面积	万亩
	9	SDGDBL	数值型	20	三等耕地所占比例	%
	10	SDGDMJ	数值型	20	四等耕地面积	万亩
	11	SDGDBL	数值型	20	四等耕地所占比例	%
黄土高原地区各类土地构成分区统计	1	KFFQ	字符型	20	综合治理开发分区	
	2	SQ	字符型	20	省(自治区)	
	3	MJ	数值型	20	面积	km^2
	4	GD	数值型	20	耕地	%
	5	YD	数值型	20	园地	%
	6	LD	数值型	20	林地	%
	7	MCD	数值型	20	牧草地	%
	8	NYYD	数值型	20	农业用地	%
	9	SY	数值型	20	水域	%
	10	WLYNLYD	数值型	20	未利用及难利用地	%

（续）

数据表名	序号	字段名	数据类型	长度	中文含义	单位
各综合治理开发区耕地坡度分级数据	1	KFFQ	字符型	20	综合治理开发分区	
	2	GDZMJ	数值型	20	耕地总面积	万亩
	3	KZL	数值型	20	垦殖率	%
	4	TTTMJ	数值型	20	梯、条田面积	万亩
	5	TTTZZLQB	数值型	20	梯、条田面积占治理区百分比	%
	6	GDPD <3MJ	数值型	20	耕地坡度 <3°面积	万亩
	7	GDPD <3BL	数值型	20	耕地坡度 <3°面积占治理区百分比	%
	8	GDPD3. 7MJ	数值型	20	耕地坡度 3° ~7°面积	万亩
	9	GDPD3. 7BL	数值型	20	耕地坡度 3° ~7°面积占治理区百分比	%
	10	GDPD7. 15MJ	数值型	20	耕地坡度 7° ~15°面积	万亩
	11	GDPD7. 15BL	数值型	20	耕地坡度 7° ~15°面积占治理区百分比	%
	12	GDPD15. 25MJ	数值型	20	耕地坡度 15° ~25°面积	万亩
	13	GDPD15. 25BL	数值型	20	耕地坡度 15° ~25°面积占治理区百分比	%
	14	GDPD >25	数值型	20	耕地坡度 >25°面积	万亩
	15	GDPD >25BL	数值型	20	耕地坡度 >25°面积占治理区百分比	%
各综合治理开发区地面坡度分级数据	1	KFFQ	字符型	20	综合治理开发分区	
	2	DMPD <3MJ	数值型	20	地面坡度 <3°面积	万亩
	3	DMPD <3BL	数值型	20	地面坡度 <3°面积占治理区百分比	%
	4	DMPD3. 7MJ	数值型	20	地面坡度 3° ~7°面积	万亩
	5	DMPD3. 7BL	数值型	20	地面坡度 3° ~7°面积占治理区百分比	%
	6	DMPD7. 15MJ	数值型	20	地面坡度 7° ~15°面积	万亩
	7	DMPD7. 15BL	数值型	20	地面坡度 7° ~15°面积占治理区百分比	%
	8	DMPD15. 25MJ	数值型	20	地面坡度 15° ~25°面积	万亩
	9	DMPD15. 25BL	数值型	20	地面坡度 15° ~25°面积占治理区百分比	%
	10	DMPD >25MJ	数值型	20	地面坡度 >25°面积	万亩
	11	DMPD >25BL	数值型	20	地面坡度 >25°面积占治理区百分比	%

(续)

数据表名	序号	字段名	数据类型	长度	中文含义	单位
分省(自治区)草地统计数据	1	KFFQ	字符型	20	综合治理开发分区	
	2	SM	字符型	20	省(自治区)名	
	3	XM	字符型	20	县名	
	4	TDZMJ	数值型	20	土地总面积	万亩
	5	TRCDMJ	数值型	20	天然草地面积	万亩
	6	TRCDZZMJB	数值型	20	天然草地占土地总面积比例	%
	7	TRCDPJXCCL	数值型	20	天然草地年均鲜草产量	kg/亩
	8	RGCDMJ	数值型	20	人工草地面积	万亩
	9	RGCDNJXCCL	数值型	20	人工草地年均鲜草产量	kg/亩
	10	CDLLZZXL	数值型	20	草地理论总载畜量	万羊单位
煤炭资源利用及勘探程度	1	SQM	字符型	20	省(自治区)名	
	2	BYCL	数值型	20	保有储量	亿吨
	3	SCJZJJYLYCL	数值型	20	生产井在建井已利用储量	亿吨
	4	SWLYJCCL	数值型	20	尚未利用精查储量	亿吨
	5	GJYBKTCLXJ	数值型	20	供进一步勘探储量小计	亿吨
	6	JYBKTCLXC	数值型	20	进一步勘探储量详查	亿吨
	7	JYBKTCLPC	数值型	20	进一步勘探储量普查	亿吨
原煤生产能力	1	SQ	字符型	20	省(自治区)	
	2	HJ	数值型	20	合计	万吨/年
	3	HTPMKJ	数值型	20	统配煤矿	万吨/年
	4	FTPMK	数值型	20	非统配煤矿	万吨/年
原煤产量及构成	1	SQ	字符型	20	省(自治区)	
	2	YMCLHJ	数值型	20	原煤产量合计	万吨/年
	3	DQBLGC	数值型	20	地区比例构成	%
	4	TPK	数值型	20	统配矿	万吨/年
	5	TPKBZ	数值型	20	统配矿比重	%
	6	DFK	数值型	20	地方矿	万吨/年
	7	DFKBZ	数值型	20	地方矿比重	%
	8	XZK	数值型	20	乡镇矿	万吨/年
	9	ZZKBZ	数值型	20	乡镇矿比重	%
水能资源的地位	1	SQ	字符型	20	省(自治区)	
	2	LLYCL	数值型	20	理论蕴藏量	万 kW
	3	KZJRL	数值型	20	可装机容量	万 kW
	4	BZ	数值型	20	比重	%
	5	NFDL	数值型	20	年发电量	亿 kW · h

（续）

数据表名	序号	字段名	数据类型	长度	中文含义	单位
黄河流域水能资源	1	SQ	字符型	20	省(自治区)	
	2	LYKZJRL	数值型	20	流域可装机容量	万 kW
	3	HHLYNFDL	数值型	20	黄河流域年发电量	亿 kW·h
	4	GLKZJRL	数值型	20	干流可装机容量	万 kW
	5	GLNFDL	数值型	20	干流年发电量	亿 kW·h
	6	ZLKZJRL	数值型	20	支流可装机容量	万 kW
	7	ZLNFDL	数值型	20	支流年发电量	亿 kW·h
其他流域水能资源	1	SQJSXMC	字符型	20	省区及水系名称	
	2	ZJRLHJ	数值型	20	装机容量合计	万 kW
	3	NFDLZJ	数值型	20	年发电量总计	亿 kW·h
	4	QTLYZJRL	数值型	20	其他流域装机容量	万 kW
	5	QTLYNFDL	数值型	20	其他流域年发电量	亿 kW·h
	6	NLHLZJRL	数值型	20	内陆河流装机容量	万 kW
	7	NLHLNFDL	数值型	20	内陆河流年发电量	亿 kW·h
农村能源资源	1	XM	字符型	20	县名	
	2	JG	数值型	20	秸秆	吨
	3	XC	数值型	20	薪柴	吨
	4	FB	数值型	20	粪便	吨
	5	XMK	数值型	20	小煤矿	吨
	6	XSD	数值型	20	小水电	吨
	7	HJ	数值型	20	合计	吨
风能资源	1	SQ	字符型	20	省(自治区)	
	2	ZM	字符型	20	站名	
	3	3.20FNMD	数值型	20	3～20m/s 有效风能密度	W/m²
	4	3.20FNQNLJSS	数值型	20	3～20m/s 有效风能全年累计时数	h
	5	6.20FNQNLJSS	数值型	20	6～20m/s 有效风能全年累计时数	h
	6	30NYYZDSJFS	数值型	20	30 年一遇最大设计风速	m/s
太阳能资源	1	SQ	字符型	20	省(自治区)	
	2	ZM	字符型	20	站名	
	3	NRZSS	数值型	20	年日照时数	h
	4	NRZBFL	数值型	20	年日照百分率	%
	5	NZFS	数值型	20	年总辐射	1000MJ/m²

4.3.3 生态区行政区划空间数据

生态区行政区划空间数据的属性库结构见表 8。

表 8 生态区行政区划范围数据属性库结构

数据名称	序号	字段名	类型	长度	中文含义
黄土高原行政区划图	1	ID	自动编号	8	标识码
	2	Code	字符型	6	行政区划代码
	3	Province	字符型	30	省(自治区)名称
	4	County	字符型	40	县(市)名称

5 数据加工平台

5.1 文本数据

自然资源数据、社会经济数据、生态区农业资源与生态环境数据、生态环境治理数据等文本数据，利用 Access 软件建立数据库，描述性内容为 Word 文档。

5.2 空间数据

空间数据利用 GIS 软件进行矢量化，数据格式为 Geomedia 软件的内部格式。

数据类型	加工平台	数据提交格式
矢量数据	Geomedia	Geomedia
文本数据	Access, Word	Access, Word

附加说明：

本技术规范由中国林业科学研究院资源信息研究所负责起草。

本技术规范主要起草人刘华、陈永富。

十四、青藏高原典型生态区基础数据库技术规范

1　主题内容与适用范围

本标准定义了青藏高原典型生态区基础数据的相关内容、数据的组织层次、数据表结构等，提供了数据分类和命名体系以及数据的组织结构信息，适用于青藏高原典型生态区基础数据的采集及建库工作。

2　参考标准

本技术规范参考了以下技术资料：

GB/T 14721.1—1993　林业资源分类与代码　森林类型

LY/T 1438—1999　森林资源代码　森林调查

GB/T 2260—2002　中华人民共和国行政区划代码

GB/T 4754—2002　国民经济行业分类注释

LY/T 1440—1999　森林资源代码　林业行政区划

国家林业局(原林业部)制定的林业、森工统计报表

3　术语和定义

青藏高原典型生态区(The Typical Area of Ecology——Qinghai－Tibet Plateau)

青藏高原是世界上海拔最高、面积最大的高原，它东接四川盆地盆周山地，西抵帕米尔高原，南自喜马拉雅山脉，北达阿尔金山、祁连山北坡，南北跨13个纬度(约27.40°N)，东西越31个经度(74.105°E)。总面积250万 km^2，包括青海、西藏全部和四川、云南、甘肃、新疆4省(自治区)的部分县、市。青藏高原独特的自然地域单元、地理位置、地势结构、气候特征及丰富的资源，使它在人类生存环境和中华民族未来发展中具有十分特殊的地位。

4　数据内容与建库的技术规范

4.1　数据内容的分类

数据按照组织的层次分为两级，一级数据分为生态区背景资料数据、高原典型特征数据和西藏地区自然资源数据。生态区背景资料数据按照数据的性质又分为资源环境、社会经济数据和空间数据；高原典型特征数据包括青藏高原东南部的森林土壤及其分布、青藏高原生态系统及优化利用模式、青藏高原沙漠化与可持续发展、三江源自然保护区生态环境；西藏地区自然资源数据描述了西藏特有的森林、植被、土壤等主要资源特征。

青藏高原典型生态区基础数据的分类见表1。

表 1　青藏高原典型生态区数据分类表

一级	二级	备注
生态区背景资料数据	自然资源数据	生态区范围、土地面积统计、有关各省(自治区)的自然资源特别是森林资源以及气候指标等数据
	社会经济数据	生态区范围内各县(市、区)的有关财政金融、人口、工农业产值、科教卫生、农业基本情况等社会经济数据
	空间专题数据	与生态区相关的空间专题数据
高原典型特征数据	青藏高原东南部的森林土壤及其分布	青藏高原的生态系统特点、森林土壤分布和高原沙漠化问题，以及青藏高原上最大的自然保护区的生态环境特征
	青藏高原生态系统及优化利用模式	
	青藏高原沙漠化与可持续发展	
	三江源自然保护区生态环境	
西藏的森林资源与可持续发展		从森林资源现状与发展趋势预测分析、森林资源利用现状与采伐量确定、森林资源生物多样性、林业生态体系与工程建设技术的研究、林产品市场调查与林产工业结构的调整及布局、野生动植物资源持续利用与自然保护区等多个方面阐述了西藏森林资源的可持续发展问题
西藏地区自然资源数据	西藏森林	有关西藏森林类型、分类系统、森林病虫害等特点的描述
	西藏植被	西藏地区裸子植物、被子植物、草原、灌丛、野生资源植物特征的描述
	西藏土壤	较全面地介绍了西藏土壤的形成因素、土壤形成过程的特点、土壤分类和地理分布规律以及西藏土壤资源的农林牧业适宜性、土壤资源的利用方向等
生态区行政区划空间数据		表示青藏高原典型生态区行政范围的空间数据

4.2　数据组织和结构

4.2.1　区域层次和时间序列

区域层次和时间序列结构如图 1。

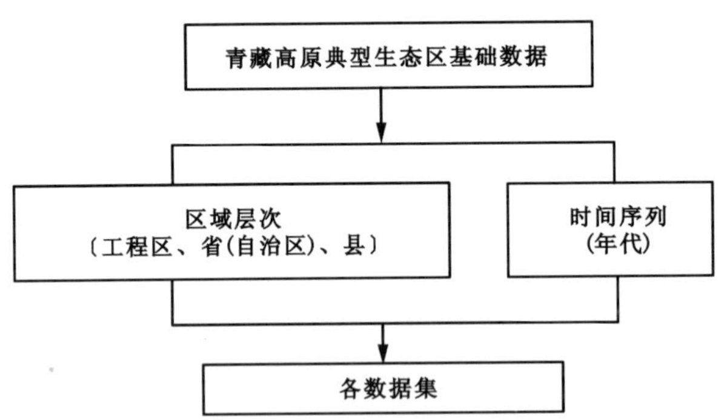

图 1　数据的区域层次和时间序列示意图

实现按区域层次组织数据的方法：区域层次推荐体现在数据表名，也可以体现在数据集名或字段中；

实现按时间序列组织数据的方法：时间序列推荐体现在数据集名，也可以体现在数据表名或字段中。

4.2.2　数据组织层次和命名

名称代码的编制原则：以 QZGY(青藏高原)为标识字母，以名称中关键字的拼音首字母和数字为核心，按照数据集→数据子集→数据表的层次结构分级分层编制。

数据集和数据表的结构与命名见表 2 和表 3。

表 2 数据集结构与命名表

数据集名称	数据集名称代码	数据子集名称	数据子集名称代码
生态区背景资料数据	QZGY_ BJ	资源环境数据	QZGY_ BJ_ ZY
		社会经济数据	QZGY_ BJ_ SH
		空间专题数据	QZGY_ BJ_ KJ
高原典型特征数据	QZGY_ DX	青藏高原东南部的森林土壤及其分布	QZGY_ DX_ TR
		青藏高原生态系统及优化利用模式	QZGY_ DX_ STXT
		青藏高原沙漠化与可持续发展	QZGY_ DX_ HMH
		三江源自然保护区生态环境	QZGY_ DX_ SJY
西藏的森林资源与可持续发展	QZGY_ XZSL		
西藏地区自然资源数据	QZGY_ XZZY	西藏森林	QZGY_ XZZY_ SL
		西藏植被	QZGY_ XZZY_ ZB
		西藏土壤	QZGY_ XZZY_ TR
生态区行政区划空间数据	QZGY_ QH		QZGY_ QH

表 3 数据表命名

数据子集名称	数据子集名称代码	数据表名称	数据表名称代码
资源环境数据集	QZGY_ BJ_ ZY	青藏高原生态区范围	QZGY_ BJ_ ZY1
		青藏高原地区自然资源与环境	QZGY_ BJ_ ZY2
		青藏高原自然地域系统	QZGY_ BJ_ ZY3
		青藏高原面积大于 500km^2 的湖泊	QZGY_ BJ_ ZY4
		青藏高原主要水系河流地表水资源量	QZGY_ BJ_ ZY5
		西藏地表高程结构	QZGY_ BJ_ ZY6
		西藏境内海拔 5000m 以上的湖泊	QZGY_ BJ_ ZY7
社会经济数据集	QZGY_ BJ_ SH	人口状况	QZGY_ BJ_ SH1
		国民生产总值和指数	QZGY_ BJ_ SH2
		就业情况	QZGY_ BJ_ SH3
		居民生活	QZGY_ BJ_ SH4
		全社会固定资产投资	QZGY_ BJ_ SH5
		更新改造投资额	QZGY_ BJ_ SH6
		房地产投资额	QZGY_ BJ_ SH7
		农业基本情况	QZGY_ BJ_ SH8
		农林牧渔业总产值和指数	QZGY_ BJ_ SH9
		耕地面积和粮食产量	QZGY_ BJ_ SH10
		畜牧业生产情况	QZGY_ BJ_ SH11
		工业总产值和指数	QZGY_ BJ_ SH12
		独立核算工业企业主要指标	QZGY_ BJ_ SH13
		运输邮电业基本情况	QZGY_ BJ_ SH14
		海关进出口贸易总额	QZGY_ BJ_ SH15
		财政金融及物价	QZGY_ BJ_ SH16
		科教卫生情况	QZGY_ BJ_ SH17

(续)

数据子集名称	数据子集名称代码	数据表名称	数据表名称代码
空间数据集	QZGY_ BJ_ KJ	土地利用图	QZGY_ BJ_ KJ1
		森林分布图	QZGY_ BJ_ KJ2
		植被图	QZGY_ BJ_ KJ3
		土壤图	QZGY_ BJ_ KJ4
青藏高原东南部的森林土壤及其分布	QZGY_ DX_ TR	位于不同海拔高度成土母质的全量化学组成(占焙烧土的百分率)	QZGY_ DX_ TR1
		位于不同海拔高度的成土母质和土壤的机械组成(以绝对干燥土壤的百分数表示)	QZGY_ DX_ TR2
		位于不同坡位的成土母质的机械组成(占绝对烘干土的百分率)	QZGY_ DX_ TR3
		青藏高原东南部森林土壤垂直分布形成的生物气候因子	QZGY_ DX_ TR4
		山地垂直带不同的森林土壤与森林生产率的关系	QZGY_ DX_ TR5
		山地垂直带森林土壤的腐殖质含量及组成(6个剖面的平均材料)	QZGY_ DX_ TR6
		山地垂直带森林土壤上层(A)的分子率	QZGY_ DX_ TR7
		山地垂直带森林土壤中黏土矿物的组成	QZGY_ DX_ TR8
		土壤形成与生物地理因子的关系	QZGY_ DX_ TR9
		高山冷杉林下土壤中的石砾含量	QZGY_ DX_ TR10
		云岭山和沙鲁里山南部冷杉林区土壤、地形、林型相互关系规律性一览表	QZGY_ DX_ TR11
		云岭山和沙鲁里山南部云南松林区土壤、地形、林型互相关系规律性一览表	QZGY_ DX_ TR12
		云南松林下亚热带土壤的PH和活性铁、铝、硅的含量	QZGY_ DX_ TR13
		云南松林下亚热带土壤的全量化学组成(占焙烧土的百分率)	QZGY_ DX_ TR14
		云杉林下亚热带高山棕色森林土的全量化学组成(占焙烧土的百分率)	QZGY_ DX_ TR15
青藏高原生态系统及优化利用模式	QZGY_ DX_ STXT	青藏高原生态系统的水热指标	QZGY_ DX_ STXT 1
		青藏高原主要类型生态系统生物生产量的比较	QZGY_ DX_ STXT2
		西藏、青海两省区草地各类型的总生物量统计	QZGY_ DX_ STXT3
		西藏、青海省区森林各类型的总生物量统计	QZGY_ DX_ STXT4
		青藏高原不同森林类型生物量和生产量的统计平均	QZGY_ DX_ STXT5
		西藏自治区各县区植被总生物量的估算	QZGY_ DX_ STXT6

（续）

数据子集名称	数据子集名称代码	数据表名称	数据表名称代码
青藏高原沙漠化与可持续发展	QZGY_ DX_ HMH	沙漠化土地面积与影响因素相关系数	QZGY_ DX_ SMH1
		青海与西藏天然草地退化状况	QZGY_ DX_ SMH2
		青藏高原各省（自治区）沙漠化土地类型与面积	QZGY_ DX_ SMH3
		青藏高原区域的沙漠化状况	QZGY_ DX_ SMH4
		青藏高原沙漠化土地的类型和等级	QZGY_ DX_ SMH5
		青藏高原沙漠化土地与潜在沙漠化土地分布的行政区域统计	QZGY_ DX_ SMH6
		青海湖周边区沙漠化发展状况	QZGY_ DX_ SMH7
		青藏高原沙漠化防治重大生态建设工程	QZGY_ DX_ SMH8
三江源自然保护区生态环境	QZGY_ DX_ SJY	1999 年三江源地区基本情况一览表	QZGY_ DX_ SJY1
		1999 年三江源保护区社会经济情况	QZGY_ DX_ SJY2
		三江源保护区年、季各年代平均气温	QZGY_ DX_ SJY3
		三江源保护区风能资源区划	QZGY_ DX_ SJY4
		三江源保护区年、季降水量年代值	QZGY_ DX_ SJY5
		三江源保护区年太阳总辐射量	QZGY_ DX_ SJY6
		长江源区主要支流特性	QZGY_ DX_ SJY7
		黄河源区主要支流特性	QZGY_ DX_ SJY8
		三江源保护区湿地生态类型与分布特征	QZGY_ DX_ SJY9
		三江源保护区森林类型及特征	QZGY_ DX_ SJY10
		三江源保护区植被类型及特征	QZGY_ DX_ SJY11
		1998 年三江源保护区主要农作物种植面积和产量	QZGY_ DX_ SJY12
		三江源保护区各类土壤面积	QZGY_ DX_ SJY13
		三江源保护区主要鸟类的特征及经济价值	QZGY_ DX_ SJY14
		三江源保护区生态系统类型及其主要特征	QZGY_ DX_ SJY15
		黄河与长江、澜沧江源区生态环境评价对比分析	QZGY_ DX_ SJY16
		三江源保护区草场承载能力与实际载畜量对比	QZGY_ DX_ SJY17
		三江源保护区冬、春季雪灾等级序列年表	QZGY_ DX_ SJY18
		三江源各核心保护区分布及特点	QZGY_ DX_ SJY19
西藏的森林资源与可持续发展	QZGY_ XZSL	西藏森林资源生物多样性	QZGY_ XZSL 1
		西藏分布的特有属和狭域分布属	QZGY_ XZSL 2
		森林面积与蓄积现状	QZGY_ XZSL 3
		2010 年森林面积、蓄积预测	QZGY_ XZSL 4
		1996～2000 年采伐量计算结果表	QZGY_ XZSL 5
		西藏自然保护区概况	QZGY_ XZSL 6
		西藏高原珍稀保护野生动物种数分布统计	QZGY_ XZSL 7
		三江流域防护林体系建设规模与造林工程投资一览表	QZGY_ XZSL 8
		西藏木材采运业的生产情况	QZGY_ XZSL 9

(续)

数据子集名称	数据子集名称代码	数据表名称	数据表名称代码
西藏森林	QZGY_ ZY_ SL	西藏高等植物的分布特点	QZGY_ XZZY_ SL1
		西藏森林分类系统表	QZGY_ XZZY_ SL2
		西藏造林可选择的树种	QZGY_ XZZY_ SL3
		西藏中部地区宜林地立地条件类型表	QZGY_ XZZY_ SL4
		西藏茶树生长区的划分及主要指标	QZGY_ XZZY_ SL5
		西藏的柏树林病腐率	QZGY_ XZZY_ SL6
西藏植被	QZGY_ ZY_ ZB	西藏的植被型特征和群系	QZGY_ XZZY_ ZB1
		西藏被子植物科、属、种数统计	QZGY_ XZZY_ ZB2
		西藏灌丛的主要类型及其简要特征	QZGY_ XZZY_ ZB3
		建群种在各科的分布情况	QZGY_ XZZY_ ZB4
		西藏饲用植物的营养成分含量	QZGY_ XZZY_ ZB5
		西藏药用植物	QZGY_ XZZY_ ZB6
西藏土壤	QZGY_ ZY_ TR	西藏土壤分类系统表	QZGY_ XZZY_ TR1
		西藏主要山地土壤垂直带谱一览	QZGY_ XZZY_ TR2
		西藏各土壤地带中土壤类型面积构成表	QZGY_ XZZY_ TR3
		西藏土壤按适宜性的分类	QZGY_ XZZY_ TR4
		西藏自治区各类土壤面积统计表	QZGY_ XZZY_ TR5
生态区行政区划范围数据	QZGY_ FW		

4.3 数据表结构

4.3.1 生态区背景资料数据集

生态区背景资料数据集包括自然资源数据集、社会经济数据集和空间专题数据集，各数据集中的数据表结构和空间专题数据自定义属性项分别见表 4、表 5 和表 6。

表 4 自然资源数据子集数据表结构

数据表名	序号	字段名	数据类型	长度	中文含义	单位
青藏高原生态区范围	1	a	字符型	20	省(自治区)名	
	2	b	字符型	20	市、地区	
	3	c	数值型	10	县(市)数	个
	4	D	文本型		县(市)名称	
青藏高原地区自然资源与环境	1	a	字符型	10	行政代码	
	2	b	字符型	30	省(自治区)名	
	3	c	数值型	10	土地面积	万 km^2
	4	d	数值型	10	平均温度	℃
	5	e	数值型	10	年降水量	mm
	6	F	数值型	10	日照时数	h
	7	g	数值型	10	水资源总量	亿 m^3
	8	h	数值型	10	水力资源理论蕴藏量	亿 m^3
	9	I	文本型		矿产资源	
	10	j	数值型	10	有林地面积	万 hm^2
	11	k	数值型	10	森林覆盖率	%
	12	l	数值型	10	林木蓄积量	亿 m^3

（续）

数据表名	序号	字段名	数据类型	长度	中文含义	单位
青藏高原自然地域系统	1	a	字符型	20	温度带	
	2	b	字符型	50	自然地带	
	3	c	字符型	50	自然区	
青藏高原面积大于 500km^2 的湖泊	1	a	字符型	20	湖泊名称	
	2	b	字符型	20	所在省	
	3	c	数值型	10	湖面高程	m
	4	d	数值型	10	湖泊面积	km^2
青藏高原主要水系河流地表水资源量	1	a	字符型	20	水系	
	2	b	字符型	20	流域	
	3	c	数值型	10	年径流量	亿 m^3
	4	d	数值型	10	占各自水系年径流量比例	%
	5	e	数值型	10	占年径流总量的比例	%
西藏地表高程结构	1	a	字符型	20	海拔高度	m
	2	b	数值型	10	占西藏土地面积	%
西藏境内海拔 5000m 以上的湖泊	1	a	字符型	4	序号	
	2	b	字符型	20	湖泊名称	
	3	c	字符型	6	地理位置东经	
	4	d	字符型	6	地理位置北纬	
	5	e	数值型	10	湖面海拔	m
	6	f	数值型	10	湖面面积	千 m^2
	7	g	字符型	20	湖泊按矿化度分类	
	8	h	字符型	20	曾用名	

表 5　社会经济数据子集数据表结构

数据表名	序号	字段名	数据类型	长度	中文含义	单位
人口状况	1	XZDM	字符型	10	行政代码	
	2	SM	字符型	20	省(自治区)名	
	3	XM	字符型	20	县名	
	4	ZRKS	数值型	10	总人口数	万人
	5	NYRKS	数值型	10	农业人口数	万人
	6	FNYRKS	数值型	10	非农业人口数	万人
	7	NXRKS	数值型	10	男性人口数	万人
	8	NVXRKS	数值型	10	女性人口数	万人
	9	RKZZL	数值型	10	人口自然增长率	%

(续)

数据表名	序号	字段名	数据类型	长度	中文含义	单位
国民生产总值和指数	1	XZDM	字符型	10	行政代码	
	2	SM	字符型	20	省(自治区)名	
	3	XM	字符型	20	县名	
	4	GMSCZZ	数值型	10	国民生产总值	亿元
	5	GNSCZZ	数值型	10	国内生产总值	亿元
	6	DYCYGNSCZZ	数值型	10	第一产业国内生产总值	亿元
	7	DECYGNSCZZ	数值型	10	第二产业国内生产总值	亿元
	8	DSCYGNSCZZ	数值型	10	第三产业国内生产总值	亿元
	9	RJGNSCZZ	数值型	10	人均国内生产总值	元
	10	GMSCZZZS	数值型	10	国民生产总值指数	%
就业情况	1	XZDM	字符型	10	行政代码	
	2	SM	字符型	20	省(自治区)名	
	3	XM	字符型	20	县名	
	4	CYRYZS	数值型	10	从业人员总数	万人
	5	ZGZS	数值型	10	职工(国有经济, 集体经济, 其他)总数	万人
	6	CZSYGTLDZZS	数值型	10	城镇私营及个体劳动者总数	万人
	7	NCLDZZS	数值型	10	农村劳动者(及乡镇企业)总数	万人
居民生活	1	XZDM	字符型	10	行政代码	
	2	SM	字符型	20	省(自治区)名	
	3	XM	字符型	20	县名	
	4	CZSR	数值型	10	城镇居民年人均收入	元
	5	CZKZPSR	数值型	10	城镇居民年人均可支配收入	元
	6	CZXFZC	数值型	10	城镇居民年人均生活消费支出	元
	7	NCSR	数值型	10	农村居民年人均纯收入	元
	8	NCZZC	数值型	10	农村居民年人均总支出	元
	9	NCXFZC	数值型	10	农村居民年人均生活消费支出	元
全社会固定资产投资	1	XZDM	字符型	10	行政代码	
	2	SM	字符型	20	省(自治区)名	
	3	XM	字符型	20	县名	
	4	HJ	数值型	10	合计	亿元
	5	GYJJDW	数值型	10	国有经济单位	亿元
	6	JTJJDW	数值型	10	集体经济单位	亿元
	7	QTJJDW	数值型	10	其他经济单位	亿元
	8	SYGTJJ	数值型	10	私营个体经济	亿元
	9	GJYSNTZ	数值型	10	国家预算内投资	亿元
	10	GNDK	数值型	10	国内贷款	亿元
	11	LYWZ	数值型	10	利用外资	亿元
	12	ZCTZ	数值型	10	自筹投资	亿元
	13	QTTZ	数值型	10	其他投资	亿元
	14	DYGDTZ	数值型	10	第一产业固定资产投资	亿元
	15	DEGDTZ	数值型	10	第二产业固定资产投资	亿元
	16	DSGDTZ	数值型	10	第三产业固定资产投资	亿元

数据表名	序号	字段名	数据类型	长度	中文含义	单位
更新改造投资额	1	XZDM	字符型	10	行政代码	
	2	SM	字符型	20	省(自治区)名	
	3	XM	字符型	20	县名	
	4	GXGZTZE	数值型	10	更新改造投资额	万元
	5	ZYTZ	数值型	10	中央投资	万元
	6	DFTZ	数值型	10	地方投资	万元
	7	XZGDZC	数值型	10	新增固定资产	亿元
房地产投资额	1	XZDM	字符型	10	行政代码	
	2	SM	字符型	20	省(自治区)名	
	3	XM	字符型	20	县名	
	4	TZZE	数值型	10	投资总额	亿元
	5	SPFSGMJ	数值型	10	商品房屋施工面积	万 m^2
	6	SPFJGMJ	数值型	10	商品房屋竣工面积	万 m^2
	7	SPFXSMJ	数值型	10	商品房销售建筑面积	万 m^2
农林牧渔业总产值和指数	1	XZDM	字符型	10	行政代码	
	2	SM	字符型	20	省(自治区)名	
	3	XM	字符型	20	县名	
	4	NLMYYZCZ	数值型	10	农林牧渔业总产值	万元
	5	NYCZ	数值型	10	农业产值	万元
	6	LYCZ	数值型	10	林业产值	万元
	7	MYCZ	数值型	10	牧业产值	万元
	8	YYCZ	数值型	10	渔业产值	万元
	9	NLMYYZCZZS	数值型	10	农林牧渔业总产值指数	
工业总产值和指数	1	XZDM	字符型	10	行政代码	
	2	SM	字符型	20	省(自治区)名	
	3	XM	字符型	20	县名	
	4	QBGYZCZ	数值型	10	全部工业总产值	万元
	5	GMYSGYZCZ	数值型	10	“规模以上”工业总产值	万元
	6	GMYSQYS	数值型	10	“规模以上”企业数	个
	7	GMYSNMZGZG	数值型	10	“规模以上”年末在岗职工	人
	8	GMYSZCZJ	数值型	10	“规模以上”资产总计	万元
	9	GMYSLRZE	数值型	10	“规模以上”利润总额	万元
	10	GMYSLSZE	数值型	10	“规模以上”利税总额	万元
	11	GYZCZZS	数值型	10	工业总产值指数	%

(续)

数据表名	序号	字段名	数据类型	长度	中文含义	单位
独立核算工业企业主要指标	1	XZDM	字符型	10	行政代码	
	2	SM	字符型	20	省(自治区)名	
	3	XM	字符型	20	县名	
	4	PJZGS	数值型	10	平均职工人数	万人
	5	ZCZ	数值型	10	总产值	万元
	6	GDZCYJ	数值型	10	固定资产原价	万元
	7	CPXSSR	数值型	10	产品销售收入	万元
	8	LSZE	数值型	10	利税总额	万元
耕地面积和粮食产量	1	XZDM	字符型	10	行政代码	
	2	SM	字符型	20	省(自治区)名	
	3	XM	字符型	20	县名	
	4	GDMJ	数值型	10	耕地面积	hm^2
	5	LSCL	数值型	10	粮食产量	吨
畜牧业生产情况	1	XZDM	字符型	10	行政代码	
	2	SM	字符型	20	省(自治区)名	
	3	XM	字符型	20	县名	
	4	RLZCL	数值型	10	肉类总产量	吨
	5	QDCL	数值型	10	禽蛋产量	吨
	6	NL	数值型	10	奶类	吨
	7	MRPL	数值型	10	毛绒皮类	吨
	8	DSXNMCL	数值型	10	大牲畜年末存栏	万头
	9	ZNMCL	数值型	10	猪年末存栏	万头
	10	YNMCL	数值型	10	羊年末存栏	万头
	11	JQNMCL	数值型	10	家禽年末存栏	万只
运输邮电业基本情况	1	XZDM	字符型	10	行政代码	
	2	SM	字符型	20	省(自治区)名	
	3	XM	字符型	20	县名	
	4	TLLC	数值型	10	铁路里程	km
	5	GLLC	数值型	10	公路里程	km
	6	KYL	数值型	10	客运量	万人
	7	HYL	数值型	10	货运量	万吨
	8	LKZZL	数值型	10	旅客周转量	万人·km
	9	HWZZL	数值型	10	货物周转量	万吨·km
	10	JDCYYL	数值型	10	机动车拥有量	辆
	11	YDJS	数值型	10	邮电局所	处
	12	YDYWZL	数值型	10	邮电业务总量	万元
	13	SHJHJRL	数值型	10	市话交换机容量	万门
	14	DHJYYL	数值型	10	电话机拥有量	部

（续）

数据表名	序号	字段名	数据类型	长度	中文含义	单位
财政金融及物价	1	XZDM	字符型	10	行政代码	
	2	SM	字符型	20	省（自治区）名	
	3	XM	字符型	20	县名	
	4	CZSR	数值型	10	财政收入	万元
	5	CZZC	数值型	10	财政支出	万元
	6	JMCXCKYE	数值型	10	居民储蓄存款余额	万元
	7	SHXFPLSZE	数值型	10	社会消费品零售总额	万元
	8	SPLSJGZZS	数值型	10	商品零售价格总指数	%
海关进出口贸易总额	1	XZDM	字符型	10	行政代码	
	2	SM	字符型	20	省（自治区）名	
	3	XM	字符型	20	县名	
	4	JCKZE	数值型	10	进出口总额	万美元
	5	CKZE	数值型	10	出口总额	万美元
	6	JKZE	数值型	10	进口总额	万美元
科教卫生	1	XZDM	字符型	10	行政代码	
	2	SM	字符型	20	省（自治区）名	
	3	XM	字符型	20	县名	
	4	XXS	数值型	10	各类学校数	个
	5	ZRJSRS	数值型	10	专任教师人数	人
	6	ZXXSRS	数值型	10	在校学生人数	人
	7	YYS	数值型	10	医院数	个
	8	YSS	数值型	10	医生数	人
	9	YYBCS	数值型	10	医院病床数	张
农业基本情况	1	XZDM	字符型	10	行政代码	
	2	SM	字符型	20	省（自治区）名	
	3	XM	字符型	20	县名	
	4	XCRK	数值型	10	乡村人口	万人
	5	NYJXZDL	数值型	10	农业机械总动力	万 kW
	6	HQZGYL	数值型	10	化肥施用量	吨
	7	NCYDL	数值型	10	农村用电量	万 kW·h
	8	NMRJCSR	数值型	10	农民人均纯收入	元

表 6 空间专题数据子集属性库结构

专题图名	序号	字段名	类型	长度	中文含义
土地利用图数据	1	ID	自动编号	8	标识码
	2	TDLY	字符型	3	土地利用类型代码
	3	Landuse_ nm	字符型	30	土地利用类型名称
	4	Area	数值型	20	多边形面积
	5	Perimeter	数值型	20	多边形周长
土壤图数据	1	ID	自动编号	8	标识码
	2	TRLX	字符型	4	土壤类型代码
	3	Soil_ Nm	字符型	30	土壤类型名称
	4	Area	数值型	20	多边形面积
	5	Perimeter	数值型	20	多边形周长
植被图数据	1	ID	自动编号	8	标识码
	2	ZWLX	字符型	8	植被类型代码
	3	Veg_ Nm	字符型	30	植被类型名称
	4	Area	数值型	20	多边形面积
	5	Perimeter	数值型	20	多边形周长
森林分布图数据	1	ID	自动编号	8	标识码
	2	SLLX	字符型	5	森林类型代码
	3	Forest_ Nm	字符型	30	森林类型名称
	4	Area	数值型	20	多边形面积
	5	Perimeter	数值型	20	多边形周长

4.3.2 青藏高原典型特征数据

青藏高原典型特征数据集的数据表结构见表 7。

表 7 青藏高原典型特征数据集数据表结构

数据表名	序号	字段名	数据类型	长度	中文含义	单位
位于不同海拔高度成土母质的全量化学组成(占焙烧土的%)	1	A	字符型	20	成土母质名称	
	2	B	字符型	20	成土母质所处深度	cm
	3	C	数值型	10	烧失量	%
	4	D	数值型	10	SiO_2	%
	5	E	数值型	10	Fe_2O_3	%
	6	F	数值型	10	Al_2O_3	%
	7	G	数值型	10	P_2O_5	%
	8	H	数值型	10	CaO	%
	9	I	数值型	10	MgO	%
	10	J	数值型	10	SiO_2/R_2O_3	%
	11	K	文本型		备注	

（续）

数据表名	序号	字段名	数据类型	长度	中文含义	单位
位于不同海拔高度的成土母质和土壤的机械组成（以绝对干燥土壤的百分数表示）	1	A	字符型	10	剖面号	
	2	B	字符型	20	土层和母质层深度	cm
	3	C	字符型	20	海拔高度	m
	4	D	数值型	10	<0.01mm 颗粒含量	%
	5	E	数值型	10	>0.01mm 颗粒含量	%
	6	F	数值型	10	<0.001mm 颗粒含量	%
位于不同坡位的成土母质的机械组成（占绝对烘干土的%）	1	A	字符型	20	成土母质	
	2	B	字符型	20	所处的坡位	
	3	C	数值型	10	石砾和粗砂（>1mm）颗粒含量	%
	4	D	数值型	10	1.00～0.25mm 颗粒含量	%
	5	E	数值型	10	0.25～0.05mm 颗粒含量	%
	6	F	数值型	10	0.05～0.01mm 颗粒含量	%
	7	G	数值型	10	0.01～0.005mm 颗粒含量	%
	8	H	数值型	10	0.005～0.001mm 颗粒含量	%
	9	I	数值型	10	<0.001mm 颗粒含量	%
	10	J	数值型	10	<0.01mm 颗粒含量	%
青藏高原东南部森林土壤垂直分布形成的生物气候因子	1	A	字符型	40	垂直森林带	
	2	B	字符型	20	海拔高度	m
	3	C	字符型	30	垂直气候带	
	4	D	文本型		垂直土壤带土类	
	5	E	文本型		垂直土壤带亚类	
山地垂直带不同的森林土壤与森林生产率的关系	1	A	字符型	20	垂直分布的海拔高度	m
	2	B	字符型	20	森林土壤	
	3	C	字符型	20	林型疏密度	
	4	D	字符型	20	森林生产率地位级	
	5	E	数值型	10	森林生产率蓄积量	m^3/hm^2
山地垂直带森林土壤的腐殖质含量及组成（6个剖面的平均材料）	1	A	字符型	40	垂直土壤带	
	2	B	字符型	20	海拔高度	m
	3	C	字符型	20	深度	cm
	4	D	数值型	10	腐殖质	%
	5	E	数值型	10	C: N	
		F	文本型		腐殖质组成	

(续)

数据表名	序号	字段名	数据类型	长度	中文含义	单位
山地垂直带森林土壤上层(A)的分子率	1	A	字符型	2	层次	
	2	B	字符型	10	云南松林下山地森林典型红壤 SiO_2/R_2O_3 分子率	
	3	C	字符型	10	山地森林强灰化红壤 SiO_2/R_2O_3 分子率	
	4	D	字符型	10	云杉林下亚热带高山棕色森林土 SiO_2/R_2O_3 分子率	
	5	E	字符型	10	云杉林下亚热带高山暗棕色森林土 SiO_2/R_2O_3 分子率	
	6	F	字符型	10	高山松林下带有灰化现象的亚热带高山棕色森林土 SiO_2/R_2O_3 分子率	
	7	G	字符型	10	高山栎林亚热带高山棕色森林土 SiO_2/R_2O_3 分子率	
	8	H	字符型	10	冷杉林下亚热带高山森林泥炭潜育化土 SiO_2/R_2O_3 分子率	
	9	I	字符型	10	冷杉林下亚热带高山森林泥炭潜育土 SiO_2/R_2O_3 分子率	
山地垂直带森林土壤中黏土矿物的组成	1	A	字符型	20	土壤	
	2	B	字符型	20	海拔高度	m
	3	C	文本型		黏土矿物组成	
土壤形成与生物地理因子的关系	1	A	字符型	30	土壤名称	
	2	B	字符型	20	海拔高度	m
	3	C	字符型	20	植被	
	4	D	字符型	20	林木生产率(地位级)	
高山 -冷杉林下土壤中的石砾含量	1	A	字符型	4	层次	
	2	B	字符型	10	深度	cm
	3	C	数值型	10	石砾含量	%
云岭山和沙鲁里山南部冷杉林区土壤、地形、林型相互关系规律性一览表	1	A	文本型		土壤名称	
	2	B	字符型	20	土层厚度	cm
	3	C	字符型	20	H_2OpH 值	
	4	D	字符型	20	KClpH 值	
	5	E	字符型	10	土壤湿度	
	6	F	字符型	20	土壤潜育程度	
	7	G	文本型		地形	
	8	H	文本型		林型(疏密度)	
	9	I	字符型	10	林木生产率地位级	
	10	J	数值型	10	木材蓄积量	m^3/hm^2

（续）

数据表名	序号	字段名	数据类型	长度	中文含义	单位
云岭山和沙鲁里山南部云南松林区土壤、地形、林型互相关系规律性一览表	1	A	文本型		土壤名称	
	2	B	字符型	20	土层厚度	cm
	3	C	字符型	20	土壤紧密度	
	4	D	字符型	20	土壤湿度	
	5	E	文本型		地形	
	6	F	文本型		林型(疏密度)	
	7	G	字符型	10	林木生产率地位级	
	8	H	数值型	10	林木生产率蓄积量	m^3/hm^2
云南松林下亚热带土壤的 pH 和活性铁、铝、硅的含量	1	A	字符型	10	剖面号	
	2	B	字符型	20	深度	cm
	3	C	数值型	10	水浸出液 pH	
	4	D	数值型	10	盐浸出液 pH	
	5	E	数值型	10	Fe_2O_3 占烘干土	%
		F	数值型	10	Fe_2O_3 占焙烧土	%
		G	数值型	10	Al_2O_3 占烘干土	%
		H	数值型	10	Al_2O_3 占焙烧土	%
		I	数值型	10	SiO_2 占烘干土	%
		J	数值型	10	SiO_2 占焙烧土	%
云南松林下亚热带土壤的全量化学组成(占焙烧土的百分率)	1	A	字符型	10	剖面号	
	2	B	字符型	20	层次深度	cm
	3	C	数值型	10	烧失量	%
	4	D	数值型	10	SiO_2	%
	5	E	数值型	10	Fe_2O_3	%
	6	F	数值型	10	Al_2O_3	%
	7	G	数值型	10	P_2O_5	%
	8	H	数值型	10	CaO	%
	9	I	数值型	10	MgO	%
	10	J	数值型	10	SiO_2/R_2O_3	%
云杉林下亚热带高山棕色森林土的全量化学组成(占焙烧土的百分率)	1	A	字符型	10	剖面号	
	2	B	字符型	20	层次深度	cm
	3	C	数值型	10	烧失量	%
	4	D	数值型	10	SiO_2	%
	5	E	数值型	10	Fe_2O_3	%
	6	F	数值型	10	Al_2O_3	%
	7	G	数值型	10	P_2O_5	%
	8	H	数值型	10	CaO	%
	9	I	数值型	10	MgO	%
	10	J	数值型	10	SiO_2/R_2O_3	%

(续)

数据表名	序号	字段名	数据类型	长度	中文含义	单位
青藏高原生态系统的水热指标	1	A	字符型	20	标号	
	2	B	字符型	20	植被类型	
	3	C	字符型	20	海拔高度	m
	4	D	字符型	20	年平均气温	℃
	5	E	字符型	20	>0℃积温	℃
	6	F	字符型	20	温暖指数	
	7	G	字符型	20	最冷月平均气温	℃
	8	H	字符型	20	最热月平均气温	℃
	9	I	字符型	20	绝对最低气温	℃
	10	J	字符型	20	无霜期	天
	11	K	字符型	20	年均降水量	mm
	12	L	字符型	20	相对湿度	%
青藏高原主要类型生态系统生物生产量的比较	1	A	字符型	30	生态系统类型	
	2	B	字符型	30	分布地区	
	3	C	数值型	10	海拔高度	m
	4	D	数值型	10	年均温度	℃
	5	E	数值型	10	年降水量	mm
	6	F	数值型	10	地上部分	吨/(hm^2·年)
	7	G	数值型	10	地下部分	吨/(hm^2·年)
	8	H	字符型	20	群落叶生物量	吨/hm^2
	9	I	数值型	10	地上至地下	
西藏、青海两省区草地各类型的总生物量统计	1	A	字符型	20	省(自治区)	
	2	B	字符型	20	草地类型	
	3	C	数值型	10	面积	hm^2
	4	D	数值型	10	总生物量	吨
	5	E	数值型	10	平均生物量	吨/hm^2
西藏、青海两省区森林各类型的总生物量统计	1	A	字符型	20	省区	
	2	B	字符型	20	树种	
	3	C	数值型	10	面积	hm^2
	4	D	数值型	10	蓄积量	m^3
	5	E	数值型	10	总生物量	吨
	6	F	数值型	10	平均生物量	吨/hm^2
青藏高原不同森林类型生物量和生产量的统计平均	1	A	字符型	20	森林类型	
	2	B	数值型	10	全体生物量	吨/hm^2
	3	C	数值型	10	全体生产量	吨/(hm^2·年)
	4	D	字符型	20	平均叶面积指数	
	5	E	字符型	20	叶面积指数范围	
	6	F	数值型	10	样点数	

（续）

数据表名	序号	字段名	数据类型	长度	中文含义	单位
西藏自治区各县（区）植被总生物量的估算	1	A	字符型	20	地区	
	2	B	数值型	10	森林	吨
	3	C	数值型	10	疏林	吨
	4	D	数值型	10	灌木林	吨
	5	E	数值型	10	草地	吨
	6	F	数值型	10	总计	吨
	7	G	数值型	10	平均	吨/hm^2
沙漠化土地面积与影响因素相关系数	1	A	文本型		雅鲁藏布江流域影响因素	
	2	B	数值型	10	雅鲁藏布江流域相关系数	
	3	C	文本型		扎囊县影响因素	
	4	D	数值型	10	扎囊县相关系数	
青海与西藏天然草地退化状况	1	A	字符型	20	地区	
	2	B	数值型	10	青海退化草地面积	万 hm^2
	3	C	数值型	10	青海退化草地占草地总面积	%
	4	D	字符型	20	地区	
	5	E	数值型	10	西藏退化草地面积	万 hm^2
	6	F	数值型	10	西藏退化草地占草地总面积	%
青藏高原各省（自治区）沙漠化土地类型与面积	1	A	字符型	20	统计单位	
	2	B	数值型	10	总土地面积	hm^2
	3	C	数值型	10	沙漠化土地合计	hm^2
	4	D	数值型	10	沙漠化土地占土地面积百分比	%
	5	E	数值型	10	严重沙漠化土地其中流动沙丘地	hm^2
	6	F	数值型	10	严重沙漠化土地其中风蚀残丘	hm^2
	7	G	数值型	10	中度沙漠化土地其中半固定沙丘地	hm^2
	8	H	数值型	10	中度沙漠化土地其中裸露沙砾地	hm^2
	9	I	数值型	10	轻度沙漠化土地其中固定沙丘地	hm^2
	10	J	数值型	10	轻度沙漠化土地其中半裸露沙砾地	hm^2
	11	K	数值型	10	潜在沙漠化土地面积	hm^2
	12	L	数值型	10	潜在沙漠化土地占土地面积百分比	%

(续)

数据表名	序号	字段名	数据类型	长度	中文含义	单位
青藏高原区域的沙漠化状况	1	A	字符型	20	分区	
	2	B	字符型	20	亚区	
	3	C	文本型		行政区域范围	
	4	D	数值型	10	沙漠化土地合计	hm^2
	5	E	数值型	10	沙漠化土地占土地面积百分比	%
	6	F	数值型	10	严重沙漠化土地其中流动沙丘地	hm^2
	7	G	数值型	10	严重沙漠化土地其中风蚀残丘	hm^2
	8	H	数值型	10	严重沙漠化土地占沙漠化土地面积百分比	%
	9	I	数值型	10	中度沙漠化土地其中半固定沙丘地	hm^2
	10	J	数值型	10	中度沙漠化土地其中裸露沙砾地	hm^2
	11	K	数值型	10	中度沙漠化土地占沙漠化土地面积百分比	%
	12	L	数值型	10	轻度沙漠化土地其中固定沙丘地	hm^2
	13	M	数值型	10	轻度沙漠化土地其中半裸露沙砾地	hm^2
	14	N	数值型	10	轻度沙漠化土地占沙漠化土地	%
	15	O	数值型	10	潜在沙漠化土地面积	hm^2
	16	P	数值型	10	潜在沙漠化土地占土地面积百分比	%
青藏高原沙漠化土地的类型和等级	1	A	字符型	20	沙漠化等级	
	2	B	字符型	20	沙漠化类型	
	3	C	文本型		地表组成物质	
	4	D	文本型		风蚀程度	
	5	E	文本型		风沙地貌形态	
	6	F	文本型		主要植物	
	7	G	字符型	20	植被盖度	
	8	H	字符型	20	土壤类型	
	9	I	字符型	20	沙漠化土地年扩大速率	
青藏高原沙漠化土地与潜在沙漠化土地分布的行政区域统计	1	A	字符型	20	省(自治区)	
	2	B	字符型	20	地(州、市)	
	3	C	字符型	20	县(市、区)	
	4	D	文本型		备注	
青海湖周边区沙漠化发展状况	1	A	字符型	30	项目	
	2	B	数值型	10	1956 年沙地面积	km^2
	3	C	数值型	10	1972 年沙地面积	km^2
	4	D	数值型	10	1986 年沙地面积	km^2
	5	E	数值型	10	1956 ~ 1972 年沙地面积扩大比率	%
	6	F	数值型	10	1972 ~ 1986 年沙地面积扩大比率	%
	7	G	数值型	10	1956 ~ 1986 年沙地面积扩大比率	%

（续）

数据表名	序号	字段名	数据类型	长度	中文含义	单位
青藏高原沙漠化防治重大生态建设工程	1	A	文本型		工程名称	
	2	B	文本型		子工程名称	
	3	C	文本型		工程区范围	
	4	D	数值型	10	沙化土地（草场）总面积	万 hm^2
	5	E	文本型		工程目标	
1999 年三江源地区基本情况一览表	1	A	字符型	20	县名	
	2	B	字符型	20	驻地	
	3	C	数值型	10	土地面积	km^2
	4	D	数值型	10	海拔高度	m
	5	E	数值型	10	人口	万人
	6	F	字符型	20	所辖乡（镇）名称	
1999 年三江源保护区社会经济情况	1	A	字符型	20	州	
	2	B	字符型	20	县	
	3	C	数值型	10	国内生产总值合计	万元
	4	D	数值型	10	第一产业生产值	万元
	5	E	数值型	10	第二产业生产值	万元
	6	F	数值型	10	第三产业生产值	万元
	7	G	数值型	10	农业总产值合计	万元
	8	H	数值型	10	农业产值	万元
	9	I	数值型	10	林业产值	万元
	10	J	数值型	10	牧业产值	万元
	11	K	数值型	10	渔业产值	万元
	12	L	数值型	10	地方财政收入	万元
	13	M	数值型	10	地方财政支出	万元
	14	N	数值型	10	农牧民人均纯收入	元
三江源保护区年、季平均气温	1	A	字符型	20	季节	
	2	B	数值型	10	1961～1970 年	℃
	3	C	数值型	10	1971～1980 年	℃
	4	D	数值型	10	1981～1990 年	℃
	5	E	数值型	10	1991～1999 年	℃
	6	F	数值型	10	1961～1990 年	℃
三江源保护区风能资源区划	1	A	字符型	20	分区	
	2	B	字符型	20	年平均有效风能指标（$kW \cdot h/m^2$）	
	3	C	字符型	20	有效风能≥21.67$kW \cdot h/m^2$ 的月数指标	
	4	D	字符型	20	地点	km^2

(续)

数据表名	序号	字段名	数据类型	长度	中文含义	单位
三江源保护区年、季降水量年代值	1	A	字符型	20	季节	
	2	B	数值型	10	1961 ~ 1970 年	mm
	3	C	数值型	10	1971 ~ 1980 年	mm
	4	D	数值型	10	1981 ~ 1990 年	mm
	5	E	数值型	10	1991 ~ 1999 年	mm
	6	F	数值型	10	1961 ~ 1990 年	mm
三江源保护区年太阳总辐射量	1	A	字符型	20	地点	
	2	B	数值型	10	辐射量	MJ/m^2
长江源区主要支流特性	1	A	字符型	20	序号	
	2	B	字符型	20	支流级别	
	3	C	字符型	20	支流名称	
	4	D	字符型	20	源头地名	
	5	E	数值型	10	源头海拔	m
	6	F	数值型	10	河口北纬	
	7	G	字符型	20	河口东经	
	8	H	字符型	20	河口海拔	m
	9	I	数值型	10	河长	km
	10	J	数值型	10	河床比降	%
	11	K	数值型	10	流域面积	km^2
	12	L	数值型	10	多年平均流量	m^3/s
黄河源区主要支流特性	1	A	字符型	20	序号	
	2	B	字符型	20	支流级别	
	3	C	字符型	20	支流名称	
	4	D	字符型	20	源头地名	
	5	E	数值型	10	源头海拔	m
	6	F	字符型	20	河口北纬	
	7	G	字符型	20	河口东经	
	8	H	数值型	10	河口海拔	m
	9	I	数值型	10	河长	km
	10	J	数值型	10	河床比降	%
	11	K	数值型	10	流域面积	km^2
	12	L	数值型	10	多年平均流量	m^3/s
三江源保护区湿地生态类型与分布特征	1	A	字符型	20	湿地类型	
	2	B	字符型	20	类型特点	
	3	C	字符型	20	分布特征	
三江源保护区森林类型及特征	1	A	字符型	20	森林类型	
	2	B	字符型	20	分布特征	
	3	C	字符型	20	分布海拔	m
	4	D	字符型	20	建群种	

（续）

数据表名	序号	字段名	数据类型	长度	中文含义	单位
三江源保护区植被类型及特征	1	A	字符型	20	植被类型	
	2	B	字符型	20	分布特征	
	3	C	字符型	20	分布区土壤类型	
	4	D	字符型	20	分布区年降水量	mm
	5	E	字符型	20	年平均气温	℃
	6	F	字符型	20	代表植物	
1998年三江源保护区主要农作物种植面积和产量	1	A	字符型	20	县名	
	2	B	数值型	10	小麦面积	hm^2
	3	C	数值型	10	小麦总产	吨
	4	D	数值型	10	小麦单产	kg/hm^2
	5	E	数值型	10	青稞面积	hm^2
	6	F	数值型	10	青稞总产	吨
	7	G	数值型	10	青稞单产	kg/hm^2
	8	H	数值型	10	油菜面积	hm^2
	9	I	数值型	10	油菜总产	吨
	10	J	数值型	10	油菜单产	kg/hm^2
	11	K	数值型	10	马铃薯面积	hm^2
	12	L	数值型	10	马铃薯总产	吨
	13	M	数值型	10	马铃薯单产	kg/hm^2
三江源保护区各类土壤面积	1	A	字符型	20	土类亚类	
	2	B	数值型	10	玉树藏族自治州面积	万 hm^2
	3	C	数值型	10	果洛藏族自治州面积	万 hm^2
	4	D	数值型	10	唐古拉山乡面积	万 hm^2
	5	E	数值型	10	兴海县面积	万 hm^2
	6	F	数值型	10	同德县面积	万 hm^2
	7	G	数值型	10	泽库县面积	万 hm^2
	8	H	数值型	10	河南县面积	万 hm^2
	9	I	数值型	10	合计面积	万 hm^2
三江源保护区主要鸟类的特征及经济价值	1	A	字符型	20	鸟类名称	
	2	B	文本型		主要栖息地	
	3	C	文本型		主要食物	
	4	D	文本型		经济价值	
三江源保护区生态系统类型及其主要特征	1	A	字符型	20	生态系统类型	
	2	B	文本型		形成条件	
	3	C	文本型		生态功能	
	4	D	文本型		保护区内划分的类型	
	5	E	文本型		该系统内野生动物种类	

(续)

数据表名	序号	字段名	数据类型	长度	中文含义	单位
黄河与长江、澜沧江源区生态环境评价对比分析	1	A	字符型	20	评价指标	
	2	B	数值型	10	草场退化面积	
	3	C	数值型	10	占全区草场总面积的百分比	%
	4	D	数值型	10	水土流失面积	%
	5	E	数值型	10	河流年输沙量	%
	6	F	数值型	10	沙漠化土地面积	%
	7	G	字符型	20	流动沙丘面积占沙化土地面积的百分比	%
	8	H	数值型	10	次生裸地面积	%
	9	I	文本型		总体评价结果	%
三江源保护区草场承载能力与实际载畜量对比	1	A	文本型	50	地区	
	2	B	数值型	10	现有牲畜	万只羊单位
	3	C	数值型	10	冷季草场理论载畜量	万只羊单位
	4	D	数值型	10	暖季草场理论载畜量	万只羊单位
	5	E	字符型	20	冷暖季利用时间(冷/暖)	
	6	F	字符型	20	冷暖季草场面积之比	
三江源保护区冬、春季雪灾等级序列年表	1	A	字符型	20	年份	
	2	B	数值型	10	冬	级
	3	C	数值型	10	春	级
三江源各核心保护区分布及特点	1	A	字符型	20	保护区名称	
	2	B	文本型		保护区位置	
	3	C	数值型	10	保护区面积	hm^2
	4	D	数值型	10	现有人口	人
	5	E	文本型		保护区内主要野生动物	

4.3.2 西藏地区自然资源数据

西藏地区自然资源数据集的数据表结构见表 8。

表 8 西藏地区自然资源数据集数据表结构

数据表名	序号	字段名	数据类型	长度	中文含义	单位
西藏森林资源生物多样性	1	A	字符型	20	科	
	2	B	数值型	10	属	个
	3	C	数值型	10	种	个
西藏分布的特有属和狭域分布属	1	A	字符型	20	分布区类型	
	2	B	字符型	20	特有属或狭域分布属	
	3	C	数值型	10	小计	
	4	D	数值型	10	百分比	%
森林面积与蓄积现状	1	A	字符型	20	项目	
	2	B	字符型	20	面积	万 hm^2
	3	C	数值型	10	蓄积	亿 m^3

（续）

数据表名	序号	字段名	数据类型	长度	中文含义	单位
2010 年森林面积、蓄积预测	1	A	字符型	20	项目	
	2	B	数值型	10	有林地区面积	万 hm^2
	3	C	数值型	10	有林地区蓄积	亿 m^3
	4	D	数值型	10	宜林地区面积	万 hm^2
	5	E	数值型	10	宜林地区蓄积	亿 m^3
	6	F	数值型	10	全区合计面积	万 hm^2
	7	G	数值型	10	全区合计蓄积	亿 m^3
1996～2000 年采伐量计算结果表	1	A	字符型	20	计算公式	
	2	B	数值型	10	年伐面积	hm^2
	3	C	数值型	10	年伐蓄积	万 m^3
西藏自然保护区概况	1	A	字符型	30	名称	
	2	B	数值型	10	面积	hm^2
	3	C	字符型	20	类型	
	4	D	文本型		主要保护对象	
	5	E	字符型	20	成立年代	
		F	字符型	20	级别	
西藏高原珍稀保护野生动物种数分布统计	1	A	字符型	20	类别	
	2	B	数值型	10	全区	种
	3	C	数值型	10	林芝	种
	4	D	数值型	10	山南	种
	5	E	数值型	10	昌都	种
	6	F	数值型	10	日喀则	种
	7	G	数值型	10	拉萨	种
		H	数值型	10	阿里	种
		I	数值型	10	那曲	种
三江流域防护林体系建设规模与造林工程投资一览表	1	A	字符型	20	地点	
	2	B	数值型	10	“九五”期间造林合计	hm^2
	3	C	数值型	10	“九五”期间工程造林	hm^2
	4	D	数值型	10	“九五”期间四旁造林	hm^2
	5	E	数值型	10	“九五”期间工程造林	hm^2
	6	F	数值型	10	“九五”期间造林投资	hm^2
	7	G	数值型	10	2001～2010 年造林合计	hm^2
	8	H	数值型	10	2001～2010 年工程造林	hm^2
	9	I	数值型	10	2001～2010 年四旁造林	hm^2
	10	J	数值型	10	2001～2010 年林网造林	hm^2
	11	K	数值型	10	2001～2010 年封育造林	hm^2
	12	L	数值型	10	2001～2010 年造林投资	万元

数据表名	序号	字段名	数据类型	长度	中文含义	单位
西藏自治区木材采运业的生产情况	1	A	字符型	20	年份	
	2	B	数值型	10	木材总产量	万 m^3
	3	C	数值型	10	原木	万 m^3
	4	D	数值型	10	锯材	万 m^3
西藏自治区高等植物的分布特点	1	A	字符型	20	分布类型	
	2	B	数值型	10	科	个
	3	C	数值型	10	属	个
	4	D	数值型	10	种	个
	5	E	数值型	10	占总数的百分数	%
西藏自治区森林分类系统表	1	A	字符型	20	森林植被型	
	2	B	字符型	20	群系组	
	3	C	字符型	20	群系	
西藏自治区造林可选择的树种	1	A	字符型	20	林种	
	2	B	文本型		可供选择树种	
西藏自治区中部地区宜林地立地条件类型表	1	A	字符型	30	类型名称	
	2	B	字符型	30	分布位置	
	3	C	字符型	30	坡度	
	4	D	文本型		地表状况	
	5	E	文本型		土壤组合	
	6	F	字符型	30	土层厚度	
	7	G	字符型	30	土壤质地	
	8	H	文本型		土壤酸碱度及养分特点	
	9	I	文本型		土壤水分条件	
	10	J	字符型	30	植被总盖度	
	11	K	字符型	30	植被优势种	
	12	L	文本型		植被常见种	
	13	M	文本型		造林目的	
	14	N	文本型		造林树种	
	15	O	文本型		整地方式	
西藏自治区茶树生长区的划分及主要指标	1	A	字符型	30	生长条件	
	2	B	文本型		生长状况	
	3	C	字符型	20	海拔范围	m
	4	D	字符型	20	年平均温度	℃
	5	E	字符型	20	≥10℃积温	℃
	6	F	字符型	20	温暖指数	
	7	G	字符型	20	绝对最低温	℃
	8	H	字符型	20	全年最冷月平均温度	℃
	9	I	字符型	20	无霜期	天
	10	J	字符型	20	干燥度	
	11	K	字符型	20	降水量	mm
	12	L	字符型	20	相对湿度	%
	13	M	字符型	20	土壤类型	
	14	N	文本型		原生植被类型	
	15	O	文本型		种植地区	

（续）

数据表名	序号	字段名	数据类型	长度	中文含义	单位
西藏自治区的柏树林病腐率	1	A	字符型	20	建群树种	
	2	B	数值型	10	海拔	m
	3	C	字符型	20	分布地区	
	4	D	字符型	20	年降水量	mm
	5	E	字符型	20	森林生态类型	
	6	F	字符型	20	主要病菌	
	7	G	字符型	20	拉丁名	
	8	H	数值型	10	调查株数	株
	9	I	数值型	10	病腐率	%
西藏自治区的植被型特征和群系	1	A	字符型	20	植被类型	
	2	B	文本型		植被类型特征	
	3	C	文本型		群系	
西藏自治区被子植物科、属、种数统计	1	A	字符型	20	科	
	2	B	数值型	10	属	个
	3	C	数值型	10	种	个
	4	D	数值型	10	在西藏按种数的科序	
	5	E	数值型	10	在全国按种数的科序	
西藏自治区灌丛的主要类型及其简要特征	1	A	字符型	20	植被型	
	2	B	字符型	20	建群层片	
	3	C	字符型	30	主要建群植物	
	4	D	文本型		群落特点	
	5	E	文本型		生境与分布特点	
建群种在各科的分布情况	1	A	字符型	20	科别	
	2	B	数值型	10	建群种数	个
西藏自治区饲用植物的营养成分含量	1	A	字符型	20	饲用植物类群	
	2	B	字符型	20	饲用植物中文名	
	3	C	字符型	30	饲用植物拉丁名	
	4	D	字符型	20	粗灰分占干重	%
	5	E	字符型	20	粗蛋白占干重	%
	6	F	字符型	20	粗脂肪占干重	%
	7	G	字符型	20	无氮浸出物占干重	%
	8	H	字符型	20	粗纤维占干重	%
西藏自治区药用植物	1	A	字符型	20	科名	
	2	B	字符型	20	中文名	
	3	C	字符型	30	拉丁名	
	4	D	文本型		利用特点	
	5	E	文本型		分布地区与生长环境	
	6	F	文本型		综合利用	
	7	G	字符型	20	备注	

(续)

数据表名	序号	字段名	数据类型	长度	中文含义	单位
西藏自治区土壤分类系统表	1	A	字符型	20	土纲	
	2	B	字符型	20	土类	
	3	C	字符型	20	亚类	
	4	D	字符型	20	土属	
西藏自治区主要山地土壤垂直带谱一览		A	字符型	20	气候带	
		B	字符型	20	气候地区	
		C	文本型		土壤垂直带谱[高度：n，(-)表示阴坡、(+)表示阳坡]	
		D	文本型		代表地点	
西藏自治区各土壤地带中土壤类型面积构成表	1	A	字符型	20	土壤类型名称	
	2	B	数值型	10	全藏总面积	万 km^2
	3	C	数值型	10	Ⅰ土壤地带面积	万 km^2
	4	D	数值型	10	Ⅱ土壤地带面积	万 km^2
	5	E	数值型	10	Ⅲ土壤地带面积	万 km^2
	6	F	数值型	10	Ⅳ土壤地带面积	万 km^2
	7	G	数值型	10	Ⅴ土壤地带面积	万 km^2
	8	H	数值型	10	Ⅵ土壤地带面积	万 km^2
	9	I	数值型	10	Ⅶ土壤地带面积	万 km^2
	10	J	数值型	10	Ⅷ土壤地带面积	万 km^2
西藏自治区土壤按适宜性的分类	1	A	文本型		土壤按适宜性的划分	
	2	B	文本型		包括土壤类型	
	3	C	数值型	10	面积	万 km^2
	4	D	数值型	10	占全自治区土地的百分比	%
西藏自治区自治区各类土壤面积统计表	1	A	字符型	20	土壤资源类组	
	2	B	字符型	20	土类	
	3	C	字符型	20	亚类或土属	
	4	D	数值型	10	总面积	万 km^2
	5	E	数值型	10	占全自治区土地	%
	6	F	数值型	10	昌都面积	万 km^2
	7	G	数值型	10	拉萨面积	万 km^2
	8	H	数值型	10	山南面积	万 km^2
	9	I	数值型	10	日喀则面积	万 km^2
	10	J	数值型	10	阿里面积	万 km^2
	11	K	数值型	10	那曲面积	万 km^2

4.3.3 生态区行政区划范围数据

生态区行政区划范围数据属性库结构见表 9。

表 9　生态区行政区划范围数据属性库结构

数据名称	序号	字段名	类型	长度	中文含义
青藏高原行政区划图	1	ID	自动编号	8	标识码
	2	Code	字符型	6	行政区划代码
	3	Province	字符型	30	省(自治区)名称
	4	County	字符型	40	县(市)名称

5　数据加工平台

5.1　文本数据

自然资源数据、社会经济数据、青藏高原典型特征数据、西藏地区自然资源数据等文本数据，利用 Access 软件建立数据库。

5.2　空间数据

空间数据利用 GIS 软件进行矢量化，数据格式为 Geomedia 软件的内部格式。

数据类型	加工平台	数据提交格式
矢量数据	Geomedia	Geomedia
文本数据	Access，Word	Access，Word

附加说明：

本技术规范由中国林业科学研究院资源信息研究所负责起草。

本技术规范主要起草人刘华、陈永富。

十五、植树造林空间数据加工技术规范

1　主题内容与适用范围

本技术规范对植树造林空间数据的组织管理层次、专题图属性项等做了统一的规定。

本技术规范适用于林业科学数据共享工作中对植树造林空间数据进行加工处理。

2　编制依据

中华人民共和国行政区划代码等系列标准(GB/T 2260—1999、GB/T 2260—2002 等)

林业专题空间数据加工处理技术规范 [《林业科学数据库和数据共享技术标准与规范(第一辑)》，2004 年 3 月]

全国林业统计资料汇编 1949 ~ 1987

1986 ~ 1997 各年度的全国林业统计资料

1998 ~ 2002 各年度的中国林业统计年鉴

3　术语和定义

植树造林 afforestation

指新造或更新森林的生产活动，它是培育森林的一个基本环节。种植面积较大而且将来能形成森林和森林环境的，则称为造林；如果面积很小，将来不能形成森林和森林环境的，则称为植树。

4　植树造林空间数据加工技术规范

4.1　数据组织管理

植树造林空间数据按管理来源划分类别，可分为全国、省级林业管理单元、三北地区、长江流域、珠江流域等类别。

植树造林空间数据库按来源分为不同的空间数据集，如全国植树造林空间数据集、三北地区植树造林空间数据集、黑龙江省植树造林空间数据集等。

每一个空间数据集由不同年代的图层(即分布图)组成。

4.2　命名规则

4.2.1　空间数据集存储名称

空间数据集的存储名称由标识字母“ZL”(“造林”汉语拼音缩写)、下划线“ - ”和类别标识顺序组成。

类别标识分为两种情况：

● 如果是省级林业管理单元数据，类别标识取行政区划代码(国标)的前 2 位数字，黑龙江省造林空间数据的类别标识为“23”。

● 其他情况取类别名称的前两个汉字的汉语拼音首字母，如全国造林空间数据、三北地区造林空间数据的类别标识分别为英文字母“QG”、“SB”。

4.2.2 图层存储名称

植树造林分布图的存储名称在所属空间数据集的存储名称基础上，依从左至右的顺序加下划线“－”和年号组成。

植树造林空间数据集管理结构与存储名称见表1。

表1

空间数据集中文名称和存储命名	图层中文名称和存储命名
全国植树造林空间数据集 ZL_ QG	1995年全国植树造林分布图 ZL_ QG_ 1995
	……
三北地区植树造林空间数据集 ZL_ SB	1995年三北地区植树造林分布图 ZL_ SB_ 1995
	……
长江流域植树造林空间数据集 ZL_ CZ	1995年长江流域植树造林分布图 ZL_ CZ_ 1995
	……
黑龙江省植树造林空间数据集 ZL_ 23	1995年黑龙江省植树造林分布图 ZL_ 23_ 1995
	……
……	……

4.3 数学基础

数学基础遵循《林业专题空间数据加工处理技术规范》[《林业科学数据库和数据共享技术标准与规范(第一辑)》]中的规定。

4.4 数据的一致性

不同年代的空间数据要与时间相匹配，即图层中的境界线要与同年代的行政区划范围相一致。

4.5 属性项存储规定

由于不同年代的植树造林管理有不的特点，属性数据项有差异，但同一类别的空间数据应有相同的基本属性数据项(年代久远的数据可例外)。

4.5.1 全国植树造林空间数据属性项

全国植树造林空间数据为面状矢量图，最小图斑为省级林业管理单元。基本属性项规定见表2。

表2

序号	存储名称	数据类型	数据长度	数据项含义
1	code	字符型	6	林业管理单元代码
2	name	字符型	30	林业管理单元名称
3	zlhj	数字型	小数后2位	造林面积合计
4	fs_ rgzl	数字型	小数后2位	按造林方式分类，人工造林面积
5	fs_ fbzl	数字型	小数后2位	按造林方式分类，飞播造林面积

(续)

序号	存储名称	数据类型	数据长度	数据项含义
7	yt_ ycl	数字型	小数后 2 位	按用途分类，用材林面积
8	yt_ qzssfcl	数字型	小数后 2 位	用材林中速生丰产林面积
9	yt_ jjl	数字型	小数后 2 位	按用途分类，经济林面积
10	yt_ fhl	数字型	小数后 2 位	按用途分类，防护林面积
11	yt_ xtl	数字型	小数后 2 位	按用途分类，薪炭林面积
12	yt_ tzytl	数字型	小数后 2 位	按用途分类，特种用途林面积

4.5.2 三北地区植树造林空间数据属性项

三北地区植树造林空间数据基本属性项规定见表 2。

4.5.3 长江流域植树造林空间数据属性项

长江流域植树造林空间数据基本属性项规定与表 2 相类似，可以不含表 2 中的第 8 项属性。

4.5.4 省级林业管理单元植树造林空间数据属性项

省级林业管理单元最小图斑为地区级林业管理单元，基本属性项可酌情在表 2 规定的基础上扩充。

附加说明：

本技术规范由中国林业科学研究院资源信息研究所负责起草。

本技术规范起草人武红敢 、田永林。

十六、森林病虫害空间分布数据库加工技术规范

1　主题内容与适用范围

本技术规范对森林病虫害空间分布数据的组织管理层次、各类专题图层属性项存储等做了统一的规定。

本技术规范适用于林业科学数据共享工作中对森林病虫害空间数据的加工处理。

2　参考依据

中华人民共和国行政区划代码等系列标准(GB/T 2260—1999、GB/T 2260—2002 等)

林业专题空间数据加工处理技术规范[《林业科学数据库和数据共享技术标准与规范(第一辑)》，2004 年 3 月]

数字林业标准与规范(一)(国家林业局科技司 2003 年 5 月)

参考国家林业局造林司制订的森林病虫害统计、管理报表

3　术语和定义

3.1　森林病虫害防治 the prevention about forest disease and pest

指对森林、林木、林木种苗及木材、竹材的病害和虫害的预防和除治。

3.2　森林病虫害发生面积 the occurring areas about forest disease and pest

指现有森林病虫鼠害种群密度(虫口密度、感病指数、捕获率)达到轻级以上或已经造成轻级以上危害的面积，包括轻、中、重三个发生等级。

3.3　森林植物检疫对象 the plant quarantine object about forest

指国家林业主管部门根据一定时期国内外病虫发生、危害情况和本国本地区的实际需要，经一定程序制定、发布禁止传播的危害植物的病虫名单。确定植物检疫对象的原则是凡局部地区发生的危险性大、能随森林植物及其产品传播的病虫。

4　森林病虫害空间分布数据技术规范

4.1　数据组织管理

森林病虫害数据按数据特点和来源可划分为重大病虫害采集和调查、病虫害监测、植物检疫对象、辅助信息等类别。

森林病虫害空间分布数据库由重大病虫害调查、病虫害监测、植物检疫对象和辅助信息等不同类别的空间分布数据集组成。

每一个空间分布数据集可分为不同的空间数据子集，每个子集由不同类别的图层组成。森林病虫害空间分布数据库的组织管理见表1。

表1

<table>
<tr><th>空间分布数据集</th><th>空间数据子集</th><th>图层类别</th></tr>
<tr><td rowspan="15">重大病虫害调查空间数据集</td><td rowspan="3">松毛虫空间数据子集</td><td>松毛虫固定标准地概况分布图</td></tr>
<tr><td>松毛虫虫情汇总分布图</td></tr>
<tr><td>……</td></tr>
<tr><td rowspan="4">松材线虫空间数据子集</td><td>松材线虫病疫情调查分布图</td></tr>
<tr><td>松褐天牛标准地调查分布图</td></tr>
<tr><td>松材线虫病疫情监测调查汇总分布图</td></tr>
<tr><td>……</td></tr>
<tr><td rowspan="3">湿地松粉蚧空间数据子集</td><td>湿地松粉蚧虫情调查分布图</td></tr>
<tr><td>湿地松粉蚧发生情况调查汇总分布图</td></tr>
<tr><td>……</td></tr>
<tr><td rowspan="3">松突圆蚧空间数据子集</td><td>松突圆蚧虫情调查分布图</td></tr>
<tr><td>松突圆蚧发生情况调查汇总分布图</td></tr>
<tr><td>……</td></tr>
<tr><td>竹蝗空间数据子集</td><td>竹蝗发生期年终汇总分布图</td></tr>
<tr><td>……</td><td>……</td></tr>
<tr><td rowspan="9">病虫害监测空间数据集</td><td rowspan="3">病虫情空间数据子集</td><td>杨树烂皮病分布图</td></tr>
<tr><td>松毛虫发生分布图</td></tr>
<tr><td>……</td></tr>
<tr><td rowspan="3">病虫害防治空间数据子集</td><td>野兔防治分布图</td></tr>
<tr><td>叶螨防治分布图</td></tr>
<tr><td>……</td></tr>
<tr><td rowspan="3">病虫灾害空间数据子集</td><td>草履蚧灾害分布图</td></tr>
<tr><td>杨干象灾害分布图</td></tr>
<tr><td>……</td></tr>
<tr><td rowspan="15">植物检疫对象空间数据集</td><td rowspan="3">全球检疫对象空间分布数据子集</td><td>日本松干蚧检疫分布图</td></tr>
<tr><td>双条杉天牛检疫分布图</td></tr>
<tr><td>……</td></tr>
<tr><td rowspan="3">国家级检疫对象空间分布数据子集</td><td>日本松干蚧检疫分布图</td></tr>
<tr><td>双条杉天牛检疫分布图</td></tr>
<tr><td>……</td></tr>
<tr><td rowspan="3">省级检疫对象空间分布数据子集</td><td>日本松干蚧检疫分布图</td></tr>
<tr><td>双条杉天牛检疫分布图</td></tr>
<tr><td>……</td></tr>
<tr><td rowspan="3">地级检疫对象空间分布数据子集</td><td>松材线虫病检疫分布图</td></tr>
<tr><td>日本松干蚧检疫分布图</td></tr>
<tr><td>……</td></tr>
<tr><td rowspan="3">县级检疫对象空间分布数据子集</td><td>菊花叶枯线虫病检疫分布图</td></tr>
<tr><td>锈色粒肩天牛检疫分布图</td></tr>
<tr><td>……</td></tr>
</table>

（续）

空间分布数据集	空间数据子集	图层类别
辅助信息空间数据集		测报站点和人员分布图
		防治调查目标管理指标考核分布图
		机械设备统计分布图
		……

4.2 数学基础

数学基础遵循《林业专题空间数据加工处理技术规范》[《林业科学数据库和数据共享技术标准与规范(第一辑)》]中的规定。

4.3 存储格式

空间分布数据存储格式遵循本项目制定的规则。

4.4 数据的一致性

不同年代的空间分布数据要与时间相匹配，即图层中的境界线要与同年代的行政区划范围相一致。

4.5 属性项存储规定

4.5.1 重大病虫害空间数据集

重大病虫害空间数据主要包括一些重要的森林病虫害的基础信息，如松毛虫、松材线虫、湿地松粉蚧、松突圆蚧、竹蝗等。

该空间数据集按虫种划分成不同的子集。同一个子集中又可根据时间和成图单位的级别(全国、省、地、县、乡)分成不同的图层。

4.5.1.1 松毛虫空间数据子集

4.5.1.1.1 松毛虫固定标准地概况分布图属性项

该类分布图为点状矢量图，点状元素为地点描述，点元素属性项见表2。

表 2

序号	存储名称	数据类型	数据长度	数据项含义	说明
1	xian_ name	字符型	20	县名称	
2	xiang_ name	字符型	20	乡镇名称	
3	xiang_ code	字符型	11	乡镇代码	管理区划代码
4	cun_ name	字符型	20	村名称	
5	cun_ code	字符型	3	村代码	
6	bzdh	整型	3	标准地号	
7	ddms	字符型	30	地点描述	
8	lbmj	数字型	小数后 2 位	林班面积	单位为亩
9	sz_ code	字符型	30	主要树种	
10	lmzc	字符型	30	林木组成	
11	sl	数字型	小数后 1 位	树龄	单位为年

（续）

序号	存储名称	数据类型	数据长度	数据项含义	说明
12	pjxj	数字型	小数后2位	平均胸径	单位为cm
13	pjsg	数字型	小数后2位	平均树高	单位为m
14	ztps	数字型	小数后2位	枝条盘数	单位为盘
15	pjgf	数字型	小数后2位	平均冠幅	单位为m
16	px	字符型	1	坡向	用1、2、3分别代表阴、阳、平
17	pd	字符型	2	坡度	取值范围为0～90
18	ybd	数字型	小数后2位	郁闭度	取值范围为0～1.0
19	fslx	字符型	1	发生类型	用1、2、3分别代表常发区、偶发区、安全区
20	qthc	字符型	40	其他害虫	
21	trzd			土壤质地	见“数字林业标准与规范（一）”附录E：森林环境因子代码列表
22	tchd	整型	2	土层厚度	单位为cm
23	zbzl	字符型	40	植被种类	

4.5.1.1.2 松毛虫虫情汇总分布图属性项

该类分布图根据毛虫生长的不同世代成图，为点状矢量图，点状元素为地点描述，点元素属性项见表3。

表3

序号	存储名称	数据类型	数据长度	数据项含义	说明
1	xian_ name	字符型	20	县名称	
2	xiang_ name	字符型	20	乡镇名称	
3	xiang_ code	字符型	11	乡镇代码	管理区划代码
4	cun_ name	字符型	20	村名称	
5	cun_ code	字符型	3	村代码	
6	dd	字符型	30	地点描述	
7	lfmj	数字型	小数后2位	林分面积	单位为亩
8	ldmj	数字型	小数后2位	林地面积	实际调查数，单位为亩
9	bzds	整型	4	标准地数	实际调查数
10	cl	整型	1	虫龄	实际调查数
11	ct	字符型	1	虫态	实际调查数，用1、2、3分别代表卵、幼虫、蛹、成虫
12	dckmj	数字型	小数后2位	低虫口面积	实际调查数，单位为亩
13	fsmjhj	数字型	小数后2位	发生面积合计	包括新发生面积，单位为亩
14	fsqdmj	数字型	小数后2位	发生轻度面积	包括新发生面积，单位为亩
15	fszdmj	数字型	小数后2位	发生中度面积	包括新发生面积，单位为亩
16	fszzmj	数字型	小数后2位	发生重度面积	包括新发生面积，单位为亩
17	xfsmjhj	数字型	小数后2位	新发生面积合计	单位为亩
18	xfsqdmj	数字型	小数后2位	新发生轻度面积	单位为亩
19	xfszdmj	数字型	小数后2位	新发生中度面积	单位为亩

（续）

序号	存储名称	数据类型	数据长度	数据项含义	说明
20	xfszzmj	数字型	小数后 2 位	新发生重度面积	单位为亩
21	czmjhj	数字型	小数后 2 位	成灾面积合计	单位为亩
22	zdczmj	数字型	小数后 2 位	中等成灾面积	单位为亩
23	yzczmj	数字型	小数后 2 位	严重成灾面积	单位为亩
24	yfmj	数字型	小数后 2 位	预防面积	单位为亩
25	fzmjhj	数字型	小数后 2 位	防治面积合计	单位为亩
26	swfzmj	数字型	小数后 2 位	生物防治面积	单位为亩
27	hxfzmj	数字型	小数后 2 位	化学防治面积	单位为亩
28	QTFFFZMJ	数字型	小数后 2 位	其他方法防治面积	单位为亩

4.5.1.2 松材线虫空间数据子集

4.5.1.2.1 松材线虫病疫情调查分布图属性项

该类分布图为点状矢量图，点状元素为地点描述，点元素属性项见表 4。

表 4

序号	存储名称	数据类型	数据长度	数据项含义	说明
1	xian_ name	字符型	20	县名称	
2	xiang_ name	字符型	20	乡镇名称	
3	xiang_ code	字符型	11	乡镇代码	管理区划代码
4	cun_ name	字符型	20	村名称	
5	cun_ code	字符型	3	村代码	
6	xbh	字符型	3	小班号	
7	dd	字符型	30	地点描述	
8	lbmj	数字型	小数后 2 位	林班面积	单位为亩
9	sz_ code	字符型	30	主要树种	
10	lmzc	字符型	30	林木组成	
11	mmzs	整型	3	每亩株数	
12	sl	数字型	小数后 1 位	树龄	单位为年
13	xj	数字型	小数后 2 位	胸径	单位为 cm
14	sg	数字型	小数后 2 位	树高	单位为 m
15	xjl	数字型	小数后 2 位	蓄积量	单位为 m^3
16	px	字符型	1	坡向	用 1、2、3 分别代表阴、阳、平
17	ybd	数字型	小数后 2 位	郁闭度	取值范围为 0～1.0
18	zbzl	字符型	30	植被种类	
19	dczs	整型	3	调查株数	
20	gbzs	整型	3	感病株数	
21	gbl	数字型	小数后 2 位	感病率	单位为%
22	gbmj	数字型	小数后 2 位	感病面积	单位为只/万亩
23	kszs	整型	3	枯死株数	
24	ksl	数字型	小数后 2 位	枯死率	单位为%
25	ksmj	数字型	小数后 2 位	枯死面积	单位为亩
26	ksyy	字符型	50	枯死原因分析	
27	cjybh	整型	3	采集样本号	
28	sjjg	字符型	100	送检结果	

4.5.1.2.2 松褐天牛标准地调查分布图属性项

该类分布图为点状矢量图，点状元素为地点描述，点元素属性项见表5。

表5

序号	存储名称	数据类型	数据长度	数据项含义	说明
1	xian_ name	字符型	20	县名称	
2	xiang_ name	字符型	20	乡镇名称	
3	xiang_ code	字符型	11	乡镇代码	管理区划代码
4	cun_ name	字符型	20	村名称	
5	cun_ code	字符型	3	村代码	
6	xbh	字符型	3	小班号	
7	dd	字符型	30	地点描述	
8	lbmj	数字型	小数后2位	林班面积	单位为亩
9	sz_ code	字符型	30	主要树种代码	
10	lmzc	字符型	30	林木组成	
11	mmzs	整型	3	每亩株数	
12	sl	数字型	小数后1位	树龄	单位为年
13	xj	数字型	小数后2位	胸径	单位为cm
14	sg	数字型	小数后2位	树高	单位为m
15	xjl	数字型	小数后2位	蓄积量	单位为m^3
16	px	字符型	1	坡向	用1、2、3分别代表阴、阳、平
17	ybd	数字型	小数后2位	郁闭度	取值范围为0~1.0
18	zbzl	字符型	30	植被种类	
19	dczs	整型	3	调查株数	
20	bhzs	整型	3	被害株数	
21	czl	数字型	小数后2位	虫株率	单位为%
22	ckmd	整型	3	虫口密度	单位为只/万亩
23	kszs	整型	3	标准虫株剖析	单位为只
24	ksl	整型	3	幼虫数	单位为条
25	ksmj	整型	3	蛹	单位为个
26	ksyy	整型	3	成虫	单位为只
27	cjybh	整型	3	采集样本号	
28	sjjg	字符型	100	送检结果	

4.5.1.2.3 松材线虫病疫情监测调查汇总分布图属性项

该类分布图为点状矢量图，点状元素为地点描述，点元素属性项见表6。

表6

序号	存储名称	数据类型	数据长度	数据项含义	说明
1	xian_ name	字符型	20	县名称	
2	xiang_ name	字符型	20	乡镇名称	
3	xiang_ code	字符型	11	乡镇代码	管理区划代码

（续）

序号	存储名称	数据类型	数据长度	数据项含义	说明
4	cun_ name	字符型	20	村名称	
5	cun_ code	字符型	3	村代码	
6	dd	字符型	30	地点描述	
7	lfmj	数字型	小数后 2 位	林分面积	单位为亩
8	sjdclfmj	数字型	小数后 2 位	实际调查林分面积	单位为亩
9	sjdcbzdks	整型	3	实际调查标准地数	单位为块
10	kszs	整型	3	枯死株数	
11	ksmj	数字型	小数后 2 位	枯死面积	单位为亩
12	gbmjhj	数字型	小数后 2 位	感病面积合计	单位为亩
13	qdgbmj	数字型	小数后 2 位	轻度感病面积	单位为亩；感病株率 < 1% 为轻，1% ~5% 为中，>5% 为重
14	zdgbmj	数字型	小数后 2 位	中度感病面积	
15	zddgbmj	数字型	小数后 2 位	重度感病面积	
16	shtnfsmjhj	数字型	小数后 2 位	松褐天牛发生面积合计	单位为亩
17	shtnfsmjqd	数字型	小数后 2 位	松褐天牛轻度发生面积	单位为亩，松褐天牛有虫株率 < 5% 为轻，5% ~10% 为中，>10% 为重
18	shtnfsmjzd	数字型	小数后 2 位	松褐天牛中度发生面积	
19	shtnfsmjzdd	数字型	小数后 2 位	松褐天牛重度发生面积	
20	cjybs	整型	3	采集样本数	
21	yscxcs	整型	3	有松材线虫数	单位为只

4.5.1.3 湿地松粉蚧空间数据子集

4.5.1.3.1 湿地松粉蚧虫情调查分布图属性项

该类分布图为点状矢量图，点状元素为地点描述，点元素属性项见表 7。

表 7

序号	存储名称	数据类型	数据长度	数据项含义	说明
1	xian_ name	字符型	20	县名称	
2	xiang_ name	字符型	20	乡镇名称	
3	xiang_ code	字符型	11	乡镇代码	管理区划代码
4	cun_ name	字符型	20	村名称	
5	cun_ code	字符型	3	村代码	
6	bzdh	整型	4	标准地号	
7	dd	字符型	30	地点描述	
8	xbh	字符型	3	林班(小班)号	
9	lbmj	数字型	小数后 2 位	林班(小班)面积	单位为亩
10	sz_ code	字符型	30	主要树种	
11	lmzc	字符型	30	林木组成	
12	sl	数字型	小数后 1 位	树龄	单位为年
13	xj	数字型	小数后 2 位	胸径	单位为 cm
14	sg	数字型	小数后 2 位	树高	单位为 m
15	ztps	数字型	小数后 2 位	枝条盘数	单位为盘条

（续）

序号	存储名称	数据类型	数据长度	数据项含义	说明
16	pjgf	数字型	小数后 2 位	平均冠幅	单位为 m
17	ybd	数字型	小数后 2 位	郁闭度	取值范围为 0 ~ 1.0
18	px	字符型	1	坡向	用 1、2、3 分别代表阴、阳、平
19	pd	整型	2	坡度	取值范围为 0 ~ 90
20	qthc	字符型	40	其他病虫	
21	trzd	字符型	5	土壤质地	见《林业科学数据库和数据共享技术标准与规范（第一辑）》中的“森林资源基础数据技术规范”
22	tchd	整型	2	土层厚度	单位为 cm
23	zbzl	字符型	50	植被种类	
24	dczs	整型	3	调查株数	
25	dcmj	数字型	小数后 2 位	调查面积	单位为亩
26	dcct	字符型	1	调查虫态	用 1、2、3 分别代表卵、幼虫、蛹、成虫
27	yczs	整型	3	有虫株数	
28	yczl	数字型	小数后 2 位	有虫株率	单位为%
29	ckmd	整型	3	虫口密度	单位为头/枝梢
30	cqdj	字符型	1	虫情等级	用 1、2、3、分别代表轻、中、重
31	sfwxks	字符型	1	是否为新扩散	用 1、2 分别代表是、否
32	fxsj	字符型	14	发现时间	填年、月、日

4.5.1.3.2 湿地松粉蚧发生情况调查汇总分布图属性项

根据湿地松粉蚧生长的不同世代成图，该类分布图为面状矢量图，面状元素为单位名称，面元素属性项见表 8。

表 8

序号	存储名称	数据类型	数据长度	数据项含义	说明
1	dw_ name	字符型	20	单位名称	
2	dw_ code	字符型	11	单位代码	管理区划代码
3	jzszmj	数字型	小数后 2 位	寄主树种面积	单位为亩
4	dcmj	数字型	小数后 2 位	调查面积	单位为亩
5	bzds	整型	3	标准地数	
6	fbmj	数字型	小数后 2 位	分布面积	单位为亩
7	dckmj	数字型	小数后 2 位	低虫口面积	单位为亩
8	fsmjhj	数字型	小数后 2 位	发生面积合计	单位为亩
9	fsqdmj	数字型	小数后 2 位	轻度发生面积	单位为亩
10	fszdmj	数字型	小数后 2 位	中度发生面积	单位为亩
11	fszzmj	数字型	小数后 2 位	重度发生面积	单位为亩
12	xksmjhj	数字型	小数后 2 位	新扩散面积合计	单位为亩
13	xksmjqd	数字型	小数后 2 位	轻度新扩散面积	单位为亩
14	xksmjzd	数字型	小数后 2 位	中度新扩散面积	单位为亩

（续）

序号	存储名称	数据类型	数据长度	数据项含义	说明
15	xksmjzdd	数字型	小数后2位	重度新扩散面积	单位为亩
16	ckmd	整型	3	虫口密度	单位为头/束
17	zgckmd	整型	3	最高虫口密度	单位为头/束
18	czl	数字型	小数后2位	虫株率	百分数

4.5.1.4 松突圆蚧空间数据子集

4.5.1.4.1 松突圆蚧虫情调查分布图属性项

该类分布图属性项同湿地松粉蚧虫情调查分布图，见表7。

4.5.1.4.2 松突圆蚧发生情况调查汇总分布图属性项

该类分布图属性项同湿地松粉蚧虫情调查汇总分布图，见表8。

4.5.1.5 竹蝗空间数据子集

4.5.1.5.1 竹蝗发生期年终汇总分布图属性项

该类分布图为面状矢量图，面状元素为单位名称，面元素属性项见表9。

表9

序号	存储名称	数据类型	数据长度	数据项含义	说明
1	dw_ name	字符型	20	单位名称	
2	dw_ code	字符型	11	单位代码	
3	nuan_ sjq	字符型	4	卵始见期	填月、日，采用mmdd格式
4	nuan_ ssq	字符型	4	卵始盛期	
5	nuan_ gfq	字符型	4	卵高峰期	
6	nuan_ smq	字符型	4	卵盛末期	
7	fh_ sjq	字符型	4	孵化始见期	
8	fh_ ssq	字符型	4	孵化始盛期	
9	fh_ gfq	字符型	4	孵化高峰期	
10	fh_ smq	字符型	4	孵化盛末期	
11	sltn_ sjq	字符型	4	三龄跳蝻始见期	
12	sltn_ ssq	字符型	4	三龄跳蝻始盛期	
13	sltn_ gfq	字符型	4	三龄跳蝻高峰期	
14	sltn_ smq	字符型	4	三龄跳蝻盛末期	
15	cc_ sjq	字符型	4	成虫始见期	
16	cc_ ssq	字符型	4	成虫始盛期	
17	cc_ gfq	字符型	4	成虫高峰期	
18	cc_ smq	字符型	4	成虫盛末期	

4.5.2 病虫害监测空间数据集

病虫害监测空间数据集主要包括森林病虫情发生、病虫害防治、病虫灾害等基础信息，每一个空间数据子集中按时间、成图单位的级别(全国、省、地、县)和虫种分成不同的图层。图层均为面状矢量图，面状元素为林业管理单元。

该空间数据集图层中有关属性项说明：

- 病虫鼠中文名称：遵循林业局森防机构使用的森林病虫代码表。
- 管理区划代码和管理区划名称：见国家标准和全国林业管理区划代码。
- 面积单位：hm^2。

4.5.2.1 病虫情空间数据子集

病虫情空间数据子集中各图层的基本属性项见表10。

表10

序号	存储名称	数据类型	数据长度	数据项含义
1	code	字符型	11	管理区划代码
2	name	字符型	30	管理区划名称
3	bch_ name	字符型	20	病虫鼠中文名称
4	fsmjhj	数字型	小数后2位	发生面积合计
5	fsqdmj	数字型	小数后2位	发生轻度面积
6	fszdmj	数字型	小数后2位	发生中度面积
7	fszzmj	数字型	小数后2位	发生重度面积

4.5.2.2 病虫害防治空间数据子集

病虫害防治空间数据子集中各图层的基本属性项见表11。

表11

序号	存储名称	数据类型	数据长度	数据项含义
1	code	字符型	6	管理区划代码
2	name	字符型	30	管理区划名称
3	bch_ name	字符型	20	病虫鼠中文名称
4	fzmjhj	数字型	小数后2位	防治面积合计
5	sfmjhj	数字型	小数后2位	生物防治面积合计
6	zjfzmj	数字型	小数后2位	真菌防治面积
7	xjfzmj	数字型	小数后2位	细菌防治面积
8	bdfzmj	数字型	小数后2位	病毒防治面积
9	flfzmj	数字型	小数后2位	蜂类防治面积
10	nlfzmj	数字型	小数后2位	鸟类防治面积
11	qtsfmj	数字型	小数后2位	其他生物防治面积
12	fsfzmj	数字型	小数后2位	仿生防治面积
13	hxfzmj	数字型	小数后2位	化学防治面积
14	rgfzmj	数字型	小数后2位	人工防治面积
15	qtfffzmj	数字型	小数后2位	其他方法防治面积
16	yfmj	数字型	小数后2位	预防面积
17	ffmj	数字型	小数后2位	飞防面积
18	fzzymj	数字型	小数后2位	防治作业面积

4.5.2.3 病虫灾害空间数据子集

病虫灾害空间数据子集中各图层的基本属性项见表12。

表 12

序号	存储名称	数据类型	数据长度	数据项含义	说明
1	code	字符型	11	管理区划代码	
2	name	字符型	30	管理区划名称	
3	bch_ name	字符型	20	病虫鼠中文名称	
4	cjmj	数字型	小数后 2 位	成灾面积	
5	cjl	数字型	小数后 2 位	成灾率	%
6	sszs	整型		死树株数	
7	sjss	数字型	小数后 2 位	实际损失	单位为万 m^3
8	whss	数字型	小数后 2 位	挽回损失	单位为万 m^3

4.5.3 植物检疫对象空间数据集

森林植物检疫对象空间分布数据主要包括国内和国外检疫对象的分布等基础信息。该空间数据按获取信息的级别(全球、国家、省、市、县)划分成不同的数据集，同一个数据集中又可根据获取信息的年度、管理单元和检疫对象分成不同的图层。

该类分布图为面状矢量图，面状元素为不同级别的区域单元，面元素属性项见表 13。

表 13

序号	存储名称	数据类型	数据长度	数据项含义	说明
1	qh_ name	字符型	20	区域名称	除全球空间数据，遵循国家标准
2	qh_ code	字符型	9	区域代码	
3	code	字符型	6	检疫对象代码	
4	zw_ name	字符型	20	检疫对象中文名	
5	ldx_ name	字符型	60	检疫对象拉丁学名	
6	yw_ name	字符型	60	检疫对象英文名称	
7	bzdh	字符型	30	检疫对象异名	
8	fldw	字符型	50	分类地位	
9	JZMC	字符型	50	寄主名称	
10	whzz	字符型	50	危害症状(情况)	
11	cbtj	字符型	50	传播途径	
12	wxxfl	字符型	1	危险性分类	用 1、2、3 分别代表检疫对象、补充检疫对象、其他危险性生物
13	jcbw	字符型	30	检查部位	
14	jycs	字符型	150	检疫措施	
15	ysjycp	字符型	50	应施检疫产品	
16	jyff	字符型	50	检疫方法	
17	chclcs	字符型	50	除害处理措施	
18	wjml	字符型	30	电子版检疫对象资料文件名称，包括路径名称	

4.5.4 辅助信息空间数据集

该空间数据集信息类型分为测报站点、检疫站点、机械设备、目标管理考核、防治经费、基建经费等类，按时间和成图单位的级别(全国、省)分成不同的图层，均为面状矢量图，面状元素为林业管理单元。

4.5.4.1 测报站点和人员分布图属性数据项

该类分布图属性项见表14。

表 14

序号	存储名称	数据类型	数据长度	数据项含义
1	code	字符型	9	管理区划代码
2	name	字符型	30	管理区划名称
3	cbzdhj	整型	4	测报站点合计
4	zxcbzd	整型	4	中心测报站
5	ybcbzd	整型	4	一般测报站
6	cnyhj	整型	4	测报员合计
7	zzcby	整型	4	专职测报员
8	jzcby	整型	4	兼职测报员
9	ybcs	整型	4	预报次数
10	ybff	整型	4	预报份数

4.5.4.2 检疫站点和人员分布图属性数据项

该类分布图属性项见表15。

表 15

序号	存储名称	数据类型	数据长度	数据项含义
1	code	字符型	9	管理区划代码
2	name	字符型	30	管理区划名称
3	jyzdhj	整型	4	防治检疫站数
4	rszj	整型	4	人数总计
5	ggys	整型	4	高级工程师以上人员
6	gcs	整型	4	工程师
7	zg	整型	4	助理工程师
8	jsy	整型	4	技术员
9	qtry	整型	4	其他人员
10	zzjyry	整型	4	专职检疫员
11	jzjyru	整型	4	兼职检疫员

4.5.4.3 机械设备统计分布图属性数据项

该类分布图属性项见表16。

表 16

序号	存储名称	数据类型	数据长度	数据项含义
1	code	字符型	9	管理区划代码
2	name	字符型	30	管理区划名称
3	jjhj	整型	4	喷药机械合计
4	bfspwq	整型	4	背负式喷雾器

（续）

序号	存储名称	数据类型	数据长度	数据项含义
5	djspwq	整型	4	担架式喷雾器
6	pyjjj	整型	4	喷烟剂机械
7	qtjj	整型	4	其他喷药机械
8	wdn	整型	4	电脑
9	qc	整型	4	汽车
10	mtc	整型	4	摩托车
11	nyjgc	整型	4	农药厂
12	bjjgc	整型	4	白僵菌厂
13	ffc	整型	4	繁蜂厂

4.5.4.4 防治目标管理指标考核分布图属性数据项

该类分布图属性项见表 17。

表 17

序号	存储名称	数据类型	数据长度	数据项含义
1	code	字符型	9	管理区划代码
2	name	字符型	30	管理区划名称
3	fsmj	数字型	小数后 2 位	发生面积
4	xylmj	数字型	小数后 2 位	现有林地面积
5	fsl	数字型	小数后 2 位	发生率(%)
6	fzmj	数字型	小数后 2 位	防治面积
7	fzl	数字型	小数后 2 位	防治率(%)
8	czmj	数字型	小数后 2 位	成灾面积
9	czl	数字型	小数后 2 位	成灾率(%)
10	dcjc	数字型	小数后 2 位	调查监测面积
11	ydcjc	数字型	小数后 2 位	应施调查监测面积
12	jcfgl	数字型	小数后 2 位	监测覆盖率(%)
13	jymj	数字型	小数后 2 位	实施产地检疫种苗面积
14	yjymj	数字型	小数后 2 位	应施产地检疫种苗面积
15	jyl	数字型	小数后 2 位	种苗产地检疫率(%)

附加说明：

本技术规范由中国林业科学研究院资源信息研究所负责起草。

本技术规范起草人武红敢、田永林。

十七、森林火灾数据库技术规范

1 主题内容与适用范围

本技术规范规定了森林火灾数据的组织层次、数据表结构等，提供了数据分类和命名体系以及数据的结构，适用于林业科学数据共享中心项目中森林火灾数据的整合及建库工作。

2 参考标准

本技术规范在编写中参考引用了以下标准规范和文献：

GB/T 2260—2002　中华人民共和国行政区划代码

LY/T 1438—1999　森林资源代码　森林调查

LY/T 1440—1999　森林资源代码　林业行政区划

数字林业标准规范

森林防火条例

森林消防管理学(姚树人，文定元编著，北京：中国林业出版社，2002)

3 术语和定义

3.1 林火 Forest Fire

在林地上蔓延的火。该词是从美国的 Forest Fire 翻译过来的。它包括林地上受控的火和失控的火。

3.2 森林火灾 Forest Fire

指失去人为控制并对森林、财物和人身造成损失的森林燃烧现象。

3.3 林火监测 Forest Fire Monitoring

指通过一些技术手段，对林火的发生、发展过程进行监测的过程。林火监测的措施通常可以划分为地面巡护、瞭望台定点观测、空中飞机寻护和空间卫星监测。

3.4 森林火险预报 Forest Fire Danger Rating Prediction

指依据一些客观要素，针对森林火灾的发生发展规律，采用一定的数理方法所得出的预测结果。按预报性质，森林火险预报可分为火险天气预报、林火发生预报和林火行为预报三类。

3.5 热点 Hot-Spot

指由卫星的热红外通道探测到的地表亮温值明显高于周围像素的亮温值的像素点。

4 数据库建设技术规范

4.1 数据分类

为便于森林火灾数据库的管理与应用，根据数据的生成方式、数据的性质、数据的用途等将森林火灾数据分为三级，其分类结果见表1。

表1 森林火灾数据库组分类表

一级	二级	三级	描述
森林火灾监测数据	热点卫星监测数据	卫星热点数据	由卫星数据获取的热点库
		卫星热点分布数据	基于MODIS数据的2000~2004期间的按月生成的热点分布图
	火灾监测结果数据	火灾图像数据	基于卫星数据的火灾图像
森林火险预报数据	森林火险区划数据	全国森林火险区划	全国森林火险区划图
		地方森林火险区划	广西阳江等地森林火险区划图
	历史火灾气象观测数据	典型火灾天气表	自1987年以来发生森林火灾时的气象观测数据
		累年日平均湿度表	
		累年日平均温度表	
		累年旬降雨量表	
		累年月最小相对湿度表	
	森林火险预报结果数据	全国森林火险短期预报结果数据	1999年春、秋季我国森林火险预报结果图
森林火灾科学实验数据	地面观测实验数据	典型森林可燃物含水率野外观测数据	2000、2001年在东北、广西的实验观测数据
		大气光学厚度野外观测数据	2001年在北京、内蒙古等地的观测数据
		森林火险区划调查数据	全国28个省份1992年森林区划调查结果
	卫星反演森林植被状况数据	森林可燃物绿度数据	包括由卫星反演所获得的森林可燃物相对绿度数据
		森林可燃物含水率数据	包括由卫星反演所获得的森林可燃物湿度数据
历史森林火灾数据	森林火灾统计数据	全国火灾统计数据	1950~2002年间全国森林火灾统计数据
		典型火灾统计数据	部分省份的历史火灾统计
	林火分析数据	林火分析结果数据	森林火灾发生规律及分布状况等分析图

4.2 数据命名原则

森林火灾数据库的名称代码的编制原则：以FF(森林火灾)为标识字母，以名称的中文拼音首字母为核心，按照数据库→数据集→数据子集→数据表的层次结构分级分层编制。

数据集、数据子集和数据表的结构与命名见表2。

表 2　森林火灾数据集、数据子集与数据表的结构与命名表

数据集	数据集名称代码	数据子集	数据子集名称代码	数据表	数据表名称代码
森林火灾监测数据	FF_ JC	热点监测数据	FF_ JC_ ZD	卫星热点数据	FF_ JC_ ZD
				卫星热点分布数据	FF_ JC_ ZDFB
		火灾监测结果数据	FF_ JC_ TX	火灾图像数据	FF_ JC_ TX
森林火险预报数据	FF_ YB	森林火险区划数据	FF_ YB_ QH	全国森林火险区划	FF_ YB_ QH_ GJ
				地方森林火险区划	FF_ YB_ QH_ DF
		历史火灾气象观测数据	FF_ YB_ QXGC	典型火灾天气表	FF_ YB_ QXGC_ TQ
				累年日平均湿度表	FF_ YB_ QXGC_ PJSD
				累年日平均温度表	FF_ YB_ QXGC_ PJWD
				累年旬降雨量表	FF_ YB_ QXGC_ XJY
				累年月最小相对湿度表	FF_ YB_ QXGC_ ZXSD
		森林火险短期预报结果数据	FF_ YB_ JG	全国森林火险短期预报结果数据	FF_ YB_ JG_ DQ
森林火灾科学实验数据	FF_ KY	地面观测实验数据	FF_ KY_ DM	典型森林可燃物含水率野外观测数据	FF_ KY_ DM_ HSL
				大气光学厚度野外观测数据	FF_ KY_ DM_ DQ
				森林火险区划调查数据	FF_ KY_ DM_ HXQH
		卫星反演森林植被状况数据	FF_ KY_ WX	森林可燃物绿度数据	FF_ KY_ WX_ LD
				森林可燃物含水率数据	FF_ KY_ WX_ HSL
历史森林火灾数据	FF_ LS	森林火灾统计数据	FF_ GL_ TJ	全国火灾统计数据	FF_ GL_ TJ_ QG
				典型火灾统计数据	FF_ GL_ TJ_ DX
		林火分析数据	FF_ GL_ FX	林火分析结果数据	FF_ GL_ FX_ JG

4.3　数据表结构

4.3.1　森林火灾监测数据集

森林火灾监测数据集包括卫星热点数据表、卫星热点分布数据表和火灾图像数据表等三个部分。各数据表的表结构分别见表 3 至表 5。

表 3　卫星热点数据表结构

代码	数据项名称	数据项类型	数据项长度
SatelliteName	传感器名	字符型	20
SatelliteNumber	卫星号	数字型	3
Latitude	热点所在纬度	数字型	10
Longitude	热点所在经度	数字型	10
BT	热点所在处的亮温值	数字型	8
X	热点在前进方向的像元大小	数字型	4
Y	热点在扫描方向的像元大小	数字型	4
TimeYear	影像获取时间(年)	日期/时间型	4

（续）

代码	数据项名称	数据项类型	数据项长度
TimeMon	影像获取时间(月)	日期/时间型	2
TimeDay	影像获取时间(日)	日期/时间型	2
Time	影像获取时间(时)	日期/时间型	8
FireState	火情	文本	自由长度

表4　卫星热点分布数据表结构

代码	数据项名称	数据项类型	数据项长度
SatelliteName	传感器名	字符型	8
SatelliteNumber	卫星号	数字型	3
TimeYear	影像获取时间(年)	日期/时间型	4
TimeMon	影像获取时间(月)	日期/时间型	2
FireImage	火灾图像名	字符型	20

表5　火灾图像数据表结构

代码	数据项名称	数据项类型	数据项长度
SatelliteName	传感器名	字符型	8
SatelliteNumber	卫星号	数字型	3
TimeYear	影像获取时间(年)	日期/时间型	4
TimeMon	影像获取时间(月)	日期/时间型	2
TimeDay	影像获取时间(日)	日期/时间型	2
Time	影像获取时间(时)	日期/时间型	8
FireImage	火灾图像名	字符型	20

4.3.2　森林火险预报数据集

该数据集包括全国森林火险区划数据表、地方森林火险区划数据表、典型火灾天气表、累年日平均湿度表、累年日平均温度表、累年旬降雨量表、累年月最小相对湿度表和全国森林火险短期预报结果数据表等八部分。

各数据表的表结构分别见表6至表13。

表6　全国森林火险区划数据表结构

代码	数据项名称	数据项类型	数据项长度	单位
ID	序号	长整型	6	
Code	县级行政代码	字符型	6	
Name	县名	字符型	40	
Area	面积	数字型	10	km^2
Perimeter	周长	数字型	10	km
Fire_ rate	火险区划等级	整型	2	
Note	备注	文本型		

表7 地方森林火险区划数据表结构

代码	数据项名称	数据项类型	数据项长度	单位
ID	序号	长整型	6	
Code	县级行政代码	字符型	6	
Name	县名	字符型	40	
Area	面积	数字型	10	km^2
Perimeter	周长	数字型	10	km
Fire_ rate	火险区划等级	整型	2	
Note	备注	文本型		

表8 典型火灾天气表结构表

代码	数据项名称	数据项类型	数据项长度	单位
StationNumber	气象站代码	字符型	6	
TimeYear	年	日期/时间型	4	
TimeMon	月	日期/时间型	2	
TimeDay	日	日期/时间型	2	
Time	时	日期/时间型	4	
HighTemperature	最高温度	数字型	6	℃
LowTemperature	最低温度	数字型	6	℃
Humidity	湿度	数字型	6	%
WindDirection	风向	字符型	3	
WindSpeed	风速	数字型	6	m/s
RainVolume	降雨量	数字型	8	mm

表9 累年日平均湿度表结构表

代码	数据项名称	数据项类型	数据项长度	单位
StationNumber	气象站代码	字符型	6	
TimeMon	月	日期/时间型	2	
TimeDay	日	日期/时间型	2	
AverageHumidity	平均湿度	数字型	6	%

表10 累年日平均温度表结构表

代码	数据项名称	数据项类型	数据项长度	单位
StationNumber	气象站代码	字符型	6	
TimeMon	月	日期/时间型	2	
TimeDay	日	日期/时间型	2	
AverageTemperature	平均温度	数字型	6	℃

表 11 累年旬降雨量表结构表

代码	数据项名称	数据项类型	数据项长度	单位
StationNumber	气象站代码	字符型	6	
TenDays	旬数	数字型	2	
AverageRain	平均降雨量	数字型	8	mm
MaxRain	最大降雨量	数字型	8	mm
MaxRainYear	最大降雨量出现的年份	日期/时间型	4	
MinRain	最小降雨量	数字型	8	mm
MinRainYear	最小降雨量出现的年份	日期/时间型	4	

表 12 累年月最小相对湿度表结构表

代码	数据项名称	数据项类型	数据项长度	单位
StationNumber	气象站代码	字符型	6	
TimeYear	年	日期/时间型	4	
TimeMon	月	日期/时间型	2	
TimeDay	日	日期/时间型	2	
MinHumidity	最小相对湿度	数字型	6	%

表 13 全国森林火险短期预报结果数据表结构

代码	数据项名称	数据项类型	数据项长度	单位
TimeYear	年	日期/时间型	4	
TimeMon	月	日期/时间型	2	
TimeDay	日	日期/时间型	2	
Time	时	日期/时间型	8	
ForeCast	预报结果图名	字符型	30	

4.3.3 火灾科学实验数据集

火灾科学实验数据集包括典型森林可燃物含水率观测数据表、大气光学厚度观测数据表、森林火险区划调查数据表、森林可燃物绿度数据表和森林可燃物含水率数据等五部分。

各数据表结构分别见表 14 至表 18。

表 14 典型森林可燃物含水率观测数据表结构

代码	数据项名称	数据项类型	数据项长度	单位
Site	地点	文本	自由长度	
FType	可燃物类型	文本	自由长度	
Day	日期(年、月、日)	日期/时间型	8	
Time	观测时间	字符型	3	
Value	可燃物重量	数字型	6	
RH	空气湿度	数字型	6	%
SP	风速	数字型	6	m/s
SD	风向	字符型	3	

(续)

代码	数据项名称	数据项类型	数据项长度	单位
Temp	气温	数字型	6	℃
Rain	降雨量	数字型	6	mm

表 15　大气光学厚度观测数据表结构

代码	数据项名称	数据项类型	数据项长度	单位
Site	地点	文本	自由长度	
Day	日期(年、月、日)	日期/时间型	8	
Time	观测时间	日期/时间型	4	
A	观测值	数字型	6	
SKY	天空状况	文本	自由长度	

表 16　森林火险区划调查表结构

代码	数据项名称	数据项类型	数据项长度	单位
Code	县级行政代码	字符型	6	
Name	县名	字符型	30	
zyarea	资源总面积	数字型	10	万 hm^2
Farea	森林面积	数字型	10	万 hm^2
FStore	林木蓄积	数字型	10	万 m^3
Tree	树种组成	文本型	自由长度	
GHArea	规划面积	数字型	10	万 hm^2
FDate	防火期	数字型	4	天
Rain	降水量	数字型	6	mm
Temperature	平均气温	数字型	6	℃
WindSpeed	平均风速	数字型	6	m/s
Humidity	平均湿度	数字型	6	%
PSume	人口总数	数字型	10	人
FPeople	农业人口数	数字型	10	人
Earn	人均年收入	数字型	10	元
RoadL	道路总长	数字型	10	km
LWT	瞭望台	数字型	5	座
XFC	消防车辆	数字型	5	辆
TX	通信覆盖率	数字型	5	%
FHGLD	防火隔离带	数字型	5	km
PHRS	扑火队人数	数字型	5	人
HZTimes	1989~1991 年火灾次数	数字型	5	次
HZArea	1989~1991 年受害面积	数字型	10	hm^2
SWRS	1989~1991 年伤亡人数	数字型	3	人
HY	主要火源	文本型	自由长度	
CCTimes	查处火灾	数字型	4	次

表 17 森林可燃物相对绿度数据表结构

代码	数据项名称	数据项类型	数据项长度
ID	序号	文本	自由长度
Year	年	日期/时间型	4
StartMonth	起始月	日期/时间型	2
StartDay	起始日	日期/时间型	2
EndMonth	结束日	日期/时间型	2
EndDay	结束日	日期/时间型	2
MinVI	多年最小植被指数图	字符型	40
MaxVI	多年最大植被指数图	字符型	40
AverVI	多年平均植被指数图	字符型	40
RVI	相对绿度图	字符型	40

表 18 森林可燃物湿度数据表结构

代码	数据项名称	数据项类型	数据项长度
ID	序号	文本	自由长度
Year	年	日期/时间型	4
StartMonth	起始月	日期/时间型	2
StartDay	起始日	日期/时间型	2
EndMonth	结束日	日期/时间型	2
EndDay	结束日	日期/时间型	2
FM	森林可燃物含水率图	字符型	40

4.3.4 历史森林火灾数据集

该数据集包括全国火灾统计数据表、典型火灾统计数据表和林火分析结果表。各数据表的结构分别见表 19 至表 21。

表 19 全国火灾统计数据表结构

代码	数据项名称	数据项类型	数据项长度	单位
Year	火灾发生年	日期/时间型	4	
Date	火灾发生日期	日期/时间型	6	
QHYY	起火原因	字符型	10	
FireName	火灾名称	字符型	20	
FireType	火灾类别	字符型	8	
FireArea	火灾面积	数字型	10	hm^2
FireLocation	火灾发生地点	字符型	60	
Damage	经济损失	数字型	10	万元
Death	死亡人数	数字型	5	人
Ratio	频次	数字型	3	次

表 20　典型火灾统计数据表结构

代码	数据项名称	数据项类型	数据项长度	单位
ID	自动编号	字符型		
Code	县级行政编码	字符型	6	
Name	县名	字符型	40	
Year	年	日期/时间型	4	
FireTimes1	火灾总次数	数字型	5	次
FireTimes2	一般火灾次数	数字型	5	次
FireTimes3	重大火灾次数	数字型	5	次
FireTimes4	特大火灾次数	数字型	5	次
FireArea1	火场总面积	数字型	10	hm^2
FireArea2	受害森林面积	数字型	10	hm^2
FireArea3	原始林面积	数字型	10	hm^2
FireArea4	人工林面积	数字型	10	hm^2
Damage1	成林损失蓄积	数字型	10	m^3
Damage2	幼林损失株数	数字型	10	株
Damage3	人员伤亡总数	数字型	5	人
Damage4	轻伤人数	数字型	5	人
Damage5	重伤人数	数字型	5	人
Damage6	死亡人数	数字型	5	人
Damage7	其他损失	数字型	5	万元
RC	出动扑火人次	数字型	4	次
CC	出动车辆总数	数字型	4	次
QC	出动汽车数	数字型	4	次
FJ	出动飞机数	数字型	4	次
JF	扑火经费	数字型	6	万元

表 21　林火统计分析结果数据表结构

代码	数据项名称	数据项类型	数据项长度
ID	自动编号	字符型	6
Type	分析类型	字符型	10
StartDate	数据起始日期	日期/时间型	8
EndDate	数据结束日期	日期/时间型	8
FileName	文件名	字符型	40

附加说明：

本技术规范由中国林业科学研究院资源信息研究所负责起草。

本技术规范起草人覃先林、易浩若、纪平、肖云丹。

十八、荒漠生态系统定位观测指标体系

1　主题内容与适用范围

本标准规定了荒漠生态系统定位观测指标，即气象指标、土壤指标、水文指标和生物指标。

本标准适用于全国范围内荒漠生态系统的定位观测。

2　术语和定义

下列术语和定义适用于本标准。

2.1　荒漠生态系统 desert ecosystem

由超旱生、旱生的小乔木、灌木、半灌木和草本植物占优势的生物群落以及降水稀少、蒸发强烈、干旱的非生物环境共同形成的自然生态系统。

2.2　天气现象 weather phenomenon

在一定的天气条件下发生在大气中、地面上的一些物理现象，包括降水现象(如雨、雪、霰、冰雹等)、地面凝结现象(如露、霜、雾凇等)、视程障碍现象(如雾、雪暴、扬沙、沙尘暴、浮尘等)、雷电现象(如雷暴、闪电、极光等)和其他现象(如大风、飑、龙卷风、尘卷风、冰针、积雪、结冰等)等。

2.3　雪深 depth of snow

从积雪面到地面的垂直深度。

2.4　雪压 snow pressure

单位面积上的积雪重量。

2.5　大气降尘 dust fall

从空气中靠重力自然降落在集尘缸中的颗粒物。

2.6　水面蒸发量 water surface evaporation

在一定时间间隔内，一定口径蒸发器中的自由水面因蒸发而失去的水层深度。

2.7　冻土 frozen soil

凡处于零温或负温，并含有冰的各种土(或岩)。

2.8　土壤微生物结皮 soil microbiotic crust

由生长在土壤表面和土壤表面以下的细菌、真菌、苔藓、藻类和地衣等个体微小的生物成分与土壤相互作用所形成的复合层次。

2.9 土壤孔隙度 soil porosity

单位容积土壤中孔隙容积所占的比率。孔径小于 0.1 mm 的称为毛管孔隙，孔径大于 0.1 mm 的称为非毛管孔隙。

2.10 土壤水分特征曲线 soil water characteristic curve

土壤水势与土壤容积含水量之间的关系曲线。

2.11 渗漏量 percolation

在有水层条件下土壤内部一定深度处单位时间内通过单位水平面积的水量。

2.12 群落的种类组成 floristic composition of community

群落所含有的所有植物种，这里特指高等植物

2.13 凋落物 litter

植物体或其某些部分落到土壤表面呈未分解和半腐解状态的死物质。

2.14 盖度 coverage

植物地上部分垂直投影面积所占样地面积的百分比。

2.15 频度 frequency

在同一植物群落中，某种植物在全部调查样地中出现的百分率。

2.16 种群空间分布格局 distribution pattern of population

种群的个体在群落内的分布形式。

2.17 种子库 seed bank

群落地表和土壤中各种植物的存活种子的总和。

2.18 土壤动物 soil animal

一般是指在生命发育周期中的一段时间在土壤中度过，并对土壤有一定影响的动物，主要属无脊椎动物，包括环节动物、节肢动物、软体动物、线形动物和原生动物等。

2.19 土壤呼吸作用强度 respiration intensity of soil

土壤释放二氧化碳或吸收氧的强度。

3 指标体系

3.1 气象指标

各类观测指标见表 1。

表 1 气象指标

指标类别	观测指标	单 位	观测频率
天气现象	雨、雪、霰、冰雹、露、霜、雾、扬沙、沙尘暴、雷暴、闪电、飑、龙卷风、积雪、结冰等天气现象		随时进行观测
云	云量	成(10 成法)	每日 3 次(8、14、20 时)
能见度	水平能见度	km	每日 3 次(8、14、20 时)
气压	气压	Pa	连续观测或每日 3 次(8、14、20 时)
风	风向 风速	方位(16 方位法) m/s	连续观测或每日 3 次(8、14、20 时)
空气温度	定时温度	℃	连续观测或每日 3 次(8、14、20 时)
	最高温度 最低温度	℃	每日 1 次(20 时)
地温	地面定时温度	℃	连续观测或每日 3 次(8、14、20 时)
	地面最高温度 地面最低温度	℃	每日 1 次(20 时)
	5 cm 深度土壤温度 10 cm 深度土壤温度 15 cm 深度土壤温度 20 cm 深度土壤温度 40 cm 深度土壤温度 80 cm 深度土壤温度	℃	连续观测或每日 3 次(8、14、20 时)
空气湿度	相对湿度	%	连续观测或每日 3 次(8、14、20 时)
降水	总量 强度	mm mm/h	连续观测或每日两次(8、20 时)
积雪	初日 终日	日期	每年观测
	雪深[a] 雪压[b]	cm g/cm^2	每日 1 次(8 时)
霜期	初霜 终霜	日期	每年观测
大气降尘	大气降尘[c]	吨/km^2 · mon	连续观测或每月 1 次
水面蒸发	蒸发量	mm	每日 1 次(20 时)
日照	日照时数	h	连续观测
辐射	总辐射 直接辐射 反射辐射 净辐射 光合有效辐射	J/m^2	连续观测
冻土	深度	cm	每日 1 次(8 时)

a 当观测站四周视野地面被雪(包括米雪、霰、冰粒)覆盖超过一半时要观测雪深。

b 每月 5、10、15、20、25 日和月末最后一天,雪深达 5 cm 或以上时,在雪深观测点附近观测。

c 集尘缸内径 150 mm,高 300 mm,放置高度距地面 5 ~ 15 m。每月 5 日前定期换取集尘缸一次,必要时可中途更换干净的集尘缸,继续收集,合并分析。

3.2 土壤指标

各类观测指标见表2。

表2 土壤指标[a]

指标类别	观测指标	单位	观测频率
土壤类型	土壤类型[b]		每3年1次
地表状况	覆沙厚度	cm	每月1次
	沙丘移动距离	cm	每月1次
	土壤风蚀量	g/m^2	每月1次，风期连续观测
	土壤微生物结皮盖度 土壤微生物结皮厚度	% mm	每年1次
土壤物理性质	土壤剖面特征分层描述		每3年1次
	腐殖质层厚度	cm	每年1次
	密度	g/cm^3	每年1次
	机械组成		每年1次
土壤化学性质	pH值		每年1次
	有机质	%	每年1次
	全氮 铵态氮和硝态氮	% mg/kg	每3年1次，每次分季节测定
	全磷 速效磷	% mg/kg	每3年1次，每次分季节测定
	全钾 速效钾 缓效钾	% mg/kg mg/kg	每3年1次，每次分季节测定
	全硫 有效硫	% mg/kg	每3年1次，每次分季节测定
	全盐量、碳酸钙	%	每3年1次
	碳酸根和重碳酸根，氯根，硫酸根，钙离子，镁离子，钾离子，钠离子	%，mmol/kg	每3年1次
	土壤矿质全量(硅、铁、铝、钛、钙、镁、钾、钠、磷)	%	每3年1次
	微量元素(全硼、有效硼、全钼、有效钼、全锰、有效锰、全锌、有效锌、全铜、有效铜、全铁、有效铁)	mg/kg	每3年1次
	重金属元素(硒、钴、镉、铅、铬、镍、汞、砷)	mg/kg	每3年1次

a 密度、机械组成、有机质、全氮、全磷、全钾等指标的测定层次为剖面0~10 cm、10~20 cm、20~40 cm、40~60 cm、60~80 cm、80~100 cm。pH值、铵态氮和硝态氮、速效磷、速效钾、缓效钾、有效硫、全盐量、碳酸钙、碳酸根和重碳酸根，氯根，硫酸根，钙、镁离子，钾、钠离子、有效硼、有效钼、有效锰、有效锌、有效铜、有效铁等指标的测定层次为剖面0~10 cm、10~20 cm。其他指标测定全剖面混合样。

b 指中国土壤系统分类的土类和亚类。

3.3 水文指标

各类观测指标见表3。

表3 水文指标

指标类别	观测指标	单位	观测频率
水量	土壤含水量[a]	%	1次/10天，灌溉或降水后加测
	土壤田间持水量	%	每3年1次
	土壤萎蔫含水量	%	每3年1次
	土壤的总孔隙度、毛管孔隙度和非毛管孔隙度	%	每3年1次
	土壤水分特征曲线		每3年1次
	蒸散量	mm	连续观测
	渗漏量	mm	生长季每月1次
	地下水位	m	连续观测或1次/5天，灌溉或降水后加测
水质[b]	pH值		大气降水为每次降水时测，地表径流为每月1次，地下水为每年1次。
	矿化度、钙离子、镁离子、钾离子、钠离子、碳酸根、重碳酸根、氯离子、硫酸根、磷酸根、硝酸根、总氮、总磷、	mg/L或μg/L	大气降水为每次降水时测，地表径流每月1次，地下水每年1次。
	微量元素（硼、锰、钼、锌、铁、铜）、重金属元素（镉、铅、镍、铬、硒、砷、汞、钴、钛）	mg/m^3 或 mg/L	每3年1次

a 观测深度：土壤表层(0 cm)及其以下10、20、40、60、80、100、120、140、160、180、200、250、300 cm。
b 水质样品应从大气降水、地表径流和地下水中获取。

3.4 生物学指标

各类观测指标见表4。

表4 生物学指标

指标类别	观测指标	单位	观测频率
动植物种类	观测区动植物编目		每3年1次
	国家或地方保护物种及其数量 地方特有种及其数量		每3年1次
	主要物种物候特征		每年观测
植物群落分布	群落类型及分布面积	hm^2 或 m^2	每3年1次
	群落分布图[a]		每3年1次

(续)

指标类别	观测指标	单 位	观测频率
植物群落特征	群落的种类组成 成层结构 水平镶嵌结构图		每年1次
	总盖度 灌木层盖度 草本层盖度	%	每年1次
	群落的天然更新(包括植物种及其密度、分布和苗高等)	株/hm^2 或株/m^2，cm	每年1次
	灌木地上生物量 灌木地下生物量 草本地上生物量 草本地下生物量 凋落物现存量	kg/hm^2	每3年1次
	优势种的热值	J/g	每3年1次
植物群落中植物种的特征	种群盖度 高度 多度 密度 频度	% cm Drude 多度级 株(丛)/m^2 %	每年1次
	种群空间分布格局[b]		每年1次
	一年生植物种群动态		每年1次
	物候期[c]		每年观测
	土壤种子库调查[d](植物种及有效种子数量)		每3年1次
动物调查	鸟类的种类和数量 大型兽类的种类和数量 小型兽类的种类和数量 土壤动物的种类和数量 昆虫的种类和数量		每3年1次
	主要物种的物候特征		每年观测
土壤微生物	主要土壤微生物的类别和数量	个/g	每3年1次
	土壤呼吸作用强度	mg/(m^2·h)	每3年1次，每次分季节测定

a 比例尺需大于1∶10000。
b 分为规则分布、集中分布和随机分布。
c 木本植物各物候期为：萌动期(芽开始膨大期、芽开放期)、展叶期(开始展叶期、展叶盛期)、开花期(花蕾或花序出现期、开花始期、开花盛期、开花末期、第2次开花期)、果熟期(果实成熟期、果实脱落开始期、果实脱落末期)、叶变色期(叶开始变色期、叶完全变色期)、落叶期(开始落叶期、落叶末期)；草本植物为：萌动期(地下芽出土期、地面芽变绿色期)、展叶期(开始展叶期、展叶盛期)、开花期(花蕾或花序出现期、开花始期、开花盛期、开花末期、第2次开花期)、果实或种子成熟期(果实或种子始熟期、果实或种子全熟期、果实脱落期、种子散布期)、黄枯期(开始黄枯期、普通黄枯期、全部黄枯期)。
d 调查深度为20 cm，每4 cm为一层，分5层取样。

附加说明：

本标准由中国林业科学研究院、中国科学院沙坡头沙漠试验研究站、甘肃民勤荒漠草地生态系统国家野外科学观测研究站等负责起草。

本标准起草人卢琦、曹燕丽、贾志清、崔向慧、李新荣、赵明、郝玉光。

十九、荒漠生态系统定位站观测数据规范

1　主题内容与适用范围

本标准规定了荒漠生态系统生态站观测数据的采集、分类、传输、汇交、保存、更新与共享服务的要求与规范。

本标准适用于全国范围内荒漠生态系统生态定位站的数据管理与共享。

2　术语和定义

下列术语和定义适用于本标准。

2.1　观测数据 observation data

观测数据是指数据来源符合中国有关法律、法规规定的全国荒漠生态系统生态定位站生产、加工集成和通过有关渠道获取的各种数据，主要包括长期观测、试验、监测产生的数据和信息，生态站所在地区的资源、环境、人口、社会经济数据和信息，以及各类科研项目(课题)依托各生态站所获取的各类数据。

2.2　中国防治荒漠化研究与发展中心 China National Research & Development Center of Combating Desertification (RDCCD)

中国防治荒漠化研究与发展中心隶属联合国防治荒漠化公约中国执行委员会(中国防治荒漠化协调小组)秘书处。该中心是面向社会开放的科研实体，通过发展防治荒漠化实用技术和有效的环境治理模式，来配合中国政府执行联合国防治荒漠化公约，为全球荒漠化治理做贡献。该中心下设中国荒漠生态系统综合数据中心，负责观测数据的相关工作。

2.3　数据共享 data sharing

数据共享是指依据国家相关政策、法律和标准，实现荒漠生态系统观测数据的流通和使用。

2.4　数据质量 data quality

数据质量是数据产品满足指标、状况和要求能力的特征总和。数据质量由数据质量元素来描述。通过数据质量信息，用户可以了解到数据的完整性、空间精度、时间精度、逻辑一致性、专题精度、数据生产目的、数据用途以及数据志等相关信息。

2.5　目录服务 content services

以元数据为核心的目录查询服务，通过元数据标准的核心元素将信息以动态分类的形式展现给用户。

2.6　数据共享服务 data shared services

是提供数据共享所提供的技术服务，包括：目录服务、导航服务、数据信息发布、数据浏览、

查询、下载、数据产品加工、数据以及数据产品分发等。

2.7 数据集 dataset

数据集是可以标识的数据集合。可以是一个数据库或一个或多个数据文件，能够用一个数据字典唯一描述。

2.8 元数据 metadata

元数据是关于数据的数据，即关于数据的内容、质量、状况和其他有关特征的描述信息。是对科学数据资源的一种规范化描述。元数据有两种类型：数据集内容元数据和数据集结构元数据。

2.9 数据汇交 data collection

数据汇交是指各生态站在完成观测数据编目以后向 RDCCD 提供科研数据的过程，它有两种模式：元数据的汇交，数据的汇交。数据汇交可分为拷盘、邮件、FTP/HTTP 上载、协议交换、交换平台五种方式。

3 荒漠生态系统观测指标

参见《荒漠生态系统观测指标体系》。

4 数据分类

观测数据包括按观测指标规定的常规定位观测数据、依托生态站开展的研究项目所获得的各类观测数据和实验数据、综合集成的区域性生态环境数据等。为便于共享和管理，将观测数据分为如下 2 类：

4.1 生态站观测数据

指《荒漠生态系统观测指标体系》中所规定的有关常规定位观测数据和集成、整编的数据集。包括生物要素观测数据，水文要素观测数据，土壤要素观测数据，气象要素观测数据，RDCCD 利用网络观测数据集成或整编的各类综合数据集。

4.2 研究项目(课题)产生的数据

指由各类研究项目/课题在研究工作中主要是利用各生态站、RDCCD 的实验研究设施、仪器或数据等条件所获得的各类观测和实验数据以及综合集成的区域性生态环境数据。

5 质量控制程序

各生态站应成立由 3 ~ 5 人组成的“数据质量控制检查小组”。人员构成包括台站负责人、数据管理员以及各领域专家。

成员组人员对数据进行定期或不定期的质量检查或抽查。由于数据库类型很多，根据数据库群的分布，质量控制小组又可根据需要指定 2 ~ 3 人组成的专家工作组，分别负责某一类数据群的质量检查。

数据检查采用随机抽查方式，原则上数据库的记录在 1000 条以内的抽查 30%；在 1001 ~ 2000

条之间的抽查 20%；在 2001 ~3000 条之间的抽查 15%；在 3001 ~5000 条之间的抽查 12%，在 5001 ~20000 条之间的抽查 10%；大于 20001 条记录的抽查 2000 条。

质量检查组采取集中、封闭性工作模式，在 3 ~4 天内完成任务，每个工作小组对检查结果写出审查意见。质量检查组集中一天时间汇总审查意见，将审查结果反馈给数据管理员对数据库进行及时修正。

6 数据汇交与传输

6.1 数据汇交

各生态站在整编和保存文件档案的基础上，应将汇总审查意见随观测数据按 RDCCD 规定的标准格式录入计算机，并通过拷盘、邮件、FTP/HTTP 上载等方式报送到 RDCCD，完成数据汇交。

6.2 数据传输程序与传输频度

对于生态站观测数据中的生物、水文、土壤、气象要素等观测数据，由各生态站应于 3 月 31 日前按 RDCCD 的要求按期将通过质量检验的前一年的观测数据和《生态站数据质量自评估报告》报送到数据中心；数据中心应于 4 月 30 日前完成荒漠生态系统综合数据库年度更新，发布观测数据资源信息。

数据中心应依据各生态站观测数据状况，分时段进行集成和整编，形成各类综合数据集，存入数据库并及时发布数据更新信息。

对于研究项目(课题)产生的数据，原则上由生态站和数据中心与项目/课题负责人协商，在课题验收后的 2 个月内，在生态站或数据中心数据管理人员的协助下对数据进行系统整理，并附相关说明，通过各生态站或直接报送到数据中心。由中心组织专家对所报送的数据进行质量审核、汇总，出具相应的数据验收意见。数据中心在数据验收后的 20 个工作日内，将数据输入综合数据库中，发布新增数据资源信息。在提交这类数据时，应提出数据共享条件和数据发布方式，否则视为无附加条件。

6.3 数据接收与备份

数据中心应及时将各生态站及有关单位报送的数据信息输入到综合数据库并自动完成备份，并集中把数据磁盘返回给各生态站。为了确保在收集—输入过程中数据的安全性，在数据中心确认安全存储数据之前，各生态站应妥善保存数据的备份文件。

7 数据管理与保存

7.1 信息资源的保存与更新

为了确保信息资源在任何情况下的安全和持续提供使用，各生态站必须对其管理的信息资源实行异地备份保存。除日常随时进行外，每年 6 月和 12 月必须系统地综合整理有关信息资源，进行备份工作。信息资源应定期进行更新。

7.2 数据集成管理

由 RDCCD 负责，应对数据质量进行检查，符合要求方可入库。提供共享的数据和数据集必须经过标准化、规范化处理，并附有元数据和数据字典。通过网站、媒体等形式及时发布共享数据信息，包括但不限于数据简介、共享方式、获取途径、使用规定等内容。各生态站负责各自专题数据和区域数据的集成管理和共享服务。

8 数据共享服务

8.1 数据用户的分级与管理

8.1.1 数据用户分级

将数据用户划分为4级，分别为：

1级——网络各成员单位以及国家林业局内部挂靠单位；

2级——国内科研、教育单位、政府决策及其他非盈利机构；

3级——国内其他用户；

4级——国际用户。

8.1.2 用户管理

(1)RDCCD通过用户管理信息系统对用户进行管理，包括用户的身份认证、数据申请和使用记录、信息反馈等。

(2) 用户必须通过注册登记获取唯一的身份认证代码后才能拥有数据使用申请权。用户申请使用数据时，必须真实填写数据使用申请表、签署数据使用许可合同书。申请表内容包含用户名称、身份认证代码、详细数据需求描述、使用目的等。许可使用合同包括如下条款：

①许可使用方式、权限、期间；

②许可使用的报酬、办法；

③许可合同期间新产权的归属；

④违约责任；

⑤双方认为需要约定的内容。

(3)所有用户必须在遵守国家有关知识产权、著作权等法律法规的前提下，利用共享数据。所有用户对RDCCD提供的数据，只享有有限的、不排他的使用权。用户不得有偿或无偿转让其从RDCCD获得的数据，包括用户对这些数据进行了单位换算、介质转换或者量度变换后形成的新数据。用户不得直接将其从RDCCD获得的数据向外分发，或用作向外分发或供外部使用的数据库、产品和服务的一部分，也不得间接用作生成它们的基础。

(4)用户从RDCCD获得的数据用途必须与数据使用许可合同中规定的一致，需要改变用途时必须重新申请和签署许可合同。

(5)用户在使用数据产生的一切成果中必须标注数据来源。在发表相关成果或论文报告时，必须注明其所利用的信息资源的生产单位(或研究者)、提供单位，并反馈信息资源利用的相关信息，提交论文报告的原件或复印件到RDCCD存档。

(6)用户有义务及时将数据使用中存在的问题和建议反馈到RDCCD。

(7)对违反规定的用户，可根据情节轻重责令其限期改正、给予警告、停止向其提供数据服务，并向所在单位通报。如有严重违规或违法者，将根据国家相应的法律规定进行追究。

8.2 数据共享级别分类

RDCCD按数据共享级别对数据进行分类管理。数据共分4类：

Ⅰ：可直接共享数据。

Ⅱ：按用户要求加工后的数据。

Ⅲ：不直接提供但可在集中共享环境中使用的数据。

Ⅳ：非共享数据。

所有数据按保密性质分为公开和涉密两类。涉密数据根据《中华人民共和国保守国家秘密法》规定进行划分与管理。

8.3 数据共享服务方式

RDCCD 对外共享服务主要有两种方式：一是在线共享，即用户通过网络共享数据资源；二是离线共享，即用户通过光盘等介质拷贝，获得数据。

8.3.1 在线数据共享服务

"中国治沙在线"网站(www. ccdol. org)提供数据目录服务和下载服务。用户通过浏览网上的元数据摘要可以快速确定自己所需的信息范围，并可在权限范围内进行数据浏览、查询和下载等操作。各类用户可使用的权限由使用许可合同中规定。用户使用中如果出现问题，可与网络管理员直接联系。

8.3.2 离线数据共享服务

现有全部数据都提供离线数据共享服务。根据观测数据共享程序，用户签订数据共享协议后，用光盘、磁盘等介质拷贝数据。

8.4 共享数据的申请和审批程序

各级用户可以直接向各荒漠生态站申请共享其独立生产和加工、处于保护期限内的各类数据，通过协商解决共享问题，以合同形式规定双方的权利与义务；各级用户也可向 RDCCD 申请处于保护期限内的观测数据，由 RDCCD 通告数据生产单位，在得到数据生产单位的许可或达成数据利用协议的前提下，可对用户提供数据服务。

国家有关部门、国家林业局系统内部有关部门可以向 RDCCD 提出获取和使用数据资源的要求，经 RDCCD 数据领导小组办公室认可后，可以免费获取各类数据。

各级用户可以通过"中国治沙在线"网站(www. ccdol. org)或其他方式申请获取和使用处于保护期限外的各类数据。接收申请并提供数据服务的单位应将相关的数据利用信息告知原数据生产单位。

8.5 数据保护期设定

为了保证不损害原始数据生产方和提供方的利益，保护其合法产权，对数据依不同用户级别设定相应的保护期限。保护期限的起始日期为数据的应提交日期。数据生产者可提出对所生产的各类数据的保护期限的建议。各类数据对 1 级用户不设保护期限；对 2 级用户分别设为 0. 5 ~1 年；对 3、4 级用户的保护期限设为 1 ~2 年。

8.6 共享数据使用收费

从 RDCCD 获得的数据资源，实行无偿共享或有偿共享。数据使用收费分为生产数据的成本费和提供数据共享的服务费。通过网上获得的无偿共享数据资源，不收取任何费用；要求提供介质材料获得无偿共享数据资源的，收取服务费用。提供有偿共享数据资源收取成本费和服务费。数据共享成本费和服务费的确定根据《中华人民共和国价格法》有关规定执行。数据资源共享成本费和服务费的收取由数据资源提供方和信息资源用户在使用许可合同中规定。

荒漠生态系统生态站观测数据属于公益性科学数据，对 1 级用户的数据服务是非盈利性的，只限于收取提供数据时的数据加工成本费；对 2 级用户提供数据时，主要以合作研究方式提供，以合作经费等形式适当收取相应的数据生产成本费；对 3、4 级用户提供有偿共享数据服务。各级用户对数据有特殊需求，RDCCD 可按用户订制要求加工处理，所需费用由双方协商确定。

附加说明：

本规范由中国林业科学研究院林业研究所、中国防治荒漠化研究与发展中心负责起草。

本规范主要起草人卢琦、崔向慧、王学全。

二十、荒漠生态系统定位站建设规范

1 主题内容与适用范围

本标准规定了荒漠生态系统定位研究站建设程序、试验设施及仪器布设要求，包括站址选择、台站命名、实验室建设、气象观测设施建设、水文观测设施建设、土壤观测设施建设、生物观测设施建设等。

本标准适用于全国范围内荒漠生态系统生态定位站建设。

2 术语和定义

下列术语和定义适用于本标准。

2.1 植物样地 Sample land

具有某种植物群落结构特征的、均匀一致的、用于设置植被观测样方的植物群落区域或者斑块。植物群落样地一般都包括优势植被种、伴生植物和土壤、气候信息。

2.2 样方 Sample plot

由于样地的面积较大，全面调查的工作量太大，科学研究工作中一般要设置样方，在样地中比较均匀一致的地方(一般为样地中心附近)划定一个正方形的样方，以样方来代表所在的样地，样方大小一般为100m×100m。

2.3 小样方 small plot

要对100m×100m的样方进行全面调查实际上也是很困难的，尤其当样方中分布有草本植物和小灌木时，于是，又产生了小样方。“5点法”就是国内外普遍采用的在样方中设置小样方最常用的一种方法，即在样方的4个角点和样方的中心点各设置一个小样方。小样方是实际调查观测的样方。

2.4 沙尘暴 sand storm

沙尘暴是指水平能见度小于1000m，风速大于当地起沙风速的天气现象。沙尘暴是沙暴和尘暴的总称，我国发生沙尘暴的地区往往同时伴有尘暴发生，因此统称为沙尘暴。沙尘暴有强弱之分，我国把风速达4级以上6级以下、能见度在500~1000m的称为弱沙尘暴，把风速达6级以上9级以下、能见度在200~500m之间的称为中沙尘暴，把风速在9级及其以上、能见度小于200m的称为强沙尘暴。沙尘暴的观测指标主要有开始时间、结束时间、能见度、最小能见度、平均风速、最大风速和降尘量等。

2.5 植物群落 plant community

在一定地段上，由群居在一起的各种植物种群所构成的一种有规律的组合，如森林、灌丛、草原、荒漠或栽培植物群体等，都可称为植物群落。植物群落是自然界植物存在的实体，也是植物种和种群在自然界存在的一种形式和发展的必然结果。

2.6 元数据 metadata

元数据是关于数据的数据，即关于数据的内容、质量、状况和其他有关特征的描述信息。是对科学数据资源的一种规范化描述。元数据有两种类型：数据集内容元数据和数据集结构元数据。

3 生态站站址的选择和实验点位置的确定标准

3.1 生态站站址的选择

荒漠生态系统定位站是全国生态系统研究网络的基层实体机构，生态站是研究人员从事室内研究和生活的场所，是全国生态系统研究网络系统中的终端，生态站站址选择应遵循以下原则：

(1)生态站必须要有代表性，我国的八大沙漠主要分布在西北5省(自治区)及内蒙古自治区，荒漠生态站应选定在这6个省(自治区)，除这6个省(自治区)外，其他荒漠地区一般每个省(自治区)最多只能有一个生态站。

(2)要有前期基础，对20世纪50年代末中国科学院建立的治沙综合试验站优先考虑，在相关研究试验站的基础上建立生态站，包括国家和有关省份设在当地的试验研究站。

(3)生态站站址必须建立在荒漠区，除非特殊需要，一般不应考虑在人迹罕至、交通不便的沙漠腹地建立生态站。

(4)要具备工作、生活和通讯、交通条件，一般应设在县城所在地或乡镇所在地。

3.2 实验点位置的确定

实验点是为了工作的便利，布设在生态站周围的非实体性的野外观测研究点，是生态站所属的非实体性的野外观测研究点。当生态站的研究区域跨度较大时可以设置一到多个实验点，当生态站研究区域较为集中时一般不再设置实验点。实验站位置的选定标准是：

(1)要能反映生态站所代表区域的气候、植被、地貌类型，并分别能代表重度、中度和轻度沙漠化过程的类型区。一个生态站代表的区域内有几种气候带就应当有几个实验点。

(2)实验点要有相应的植被、土壤观测样地和地下水位观测井、气象观测场。

(3)尽可能设在人为活动干预较少的地段。

(4)通讯、交通便利。

4 样地选择及样方设置

4.1 样地选择

4.1.1 植被样地的选择标准

(1) 样地的代表性。样地必须能代表某一荒漠生态系统的植被类型，反映该区荒漠植被群落的基本特征，即植物种的组成、优势种、多样性和丰富度、群落片层结构、分布格局、主要植物的生活型等方面的代表性。

(2) 样地的均质性。同一样地内必须具有相同的优势种植物，植物组成基本相同，且分布比较均一；样地内地貌和土壤基质要求相对均匀一致，地形起伏不大。

(3) 样地面积。一个样地必须具有相同的植物群落，样地面积一般为1000m×1000m，最小不得小于500m×500m。

（4）避开人为活动干扰。样地应设置在远离人为活动干扰的区域，避开公路、铁路和开垦区，避免放牧、挖沙取土等的干扰破坏。

（5）便于管理和观测。样地要与实验站保持交通上的便捷，以便管理和观测。

（6）一个生态站的植被(土壤)样地均不得少于5个。

4.1.2　土壤样地的选择标准

（1）设置土壤样地主要应考虑地貌和土壤基质要求相对均匀一致，地形起伏不大。有几种地貌主要地貌类型就应当有几种土壤样地，如沙漠、戈壁、荒漠草地、盐碱滩地、干涸河床等，其中沙漠中应包括固定沙丘、半固定沙丘和流动沙丘样地。

（2）土壤样地数不得少于基本地貌类型数量。

（3）一般应和植被样地对应，即植被样地一般就是土壤样地。

4.1.3　地下水观测井选择标准

（1）在研究区内要分布均匀，总的原则是要能充分反映研究区的地下水位情况及其变动情况。

（2）一般应设置专门的观测井，尽可能不采用农用机井进行观测。

（3）观测井与湖泊、河流、水库等的相对距离应大于1000m。

（4）每个实验站的地下水位观测井不得少于9眼，相互距离一般应大于1000m，在具有明显坡面或地下潜流的地段应按图1设置观测井位置。

（5）地下水位观测井不得少于9眼。

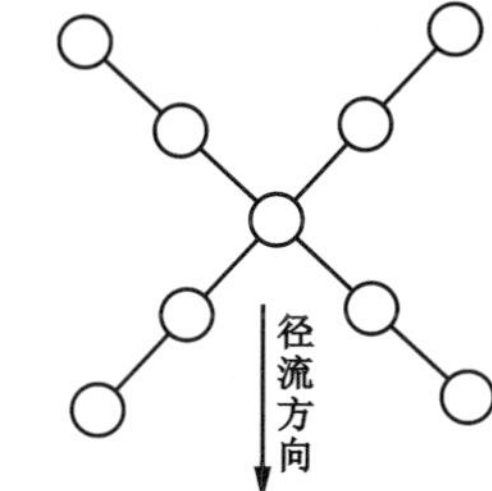

图1　9眼井的位置

4.1.4　气象观测场的选择标准

（1）荒漠生态定位站至少应有1处标准地面气象观测场(自动气象站)，野外有2台以上的自动气象站。

（2）地面气象观测场应设置在生态定位站附近，按中国国家气象局规定的标准站建设、配置。按照中国科学院的规定，生态站的地理位置以站区标准气象场的中心为准。

（3）野外自动气象站的位置应根据当地情况决定，分为3种情况：即如果定位站包括有几种具有明显气候差异的区域，则每个区域内设置1台自动气象站；如果生态站不具备明显气候差异的区域，则按流动沙区、流动沙区到农田过渡区(植被区)和农田边缘3级梯度配置自动气象站；或者按照当地的主风方向分3级梯度配置自动气象站。

（4）交通便利，便于自动气象站的管理和维护。

（5）自动气象站安置在平坦地块，距离山峰、河流在2km以外，距离10m以上高大沙丘在50m以外，网络传输数据。

4.1.5　观测塔的选址标准

（1）观测塔应建在最能代表该生态站的地段，且周围开阔的平地上。

（2）交通便利，便于观测、取样和管理、维护。

（3）一个生态站至少应有一座观测塔。

（4）位置距离高大沙丘50m以外，钢架结构，网络传输数据。

（5）观测塔的高度不应低于50m，必须配置有人工上下取样、维护的阶梯和防止闲人攀登的围栏等安全设施。

（6）在风向比较单一即主风向较为明显的区域，多个观测塔应按主风向一字形排列。

4.2 样方及样线设置

4.2.1 植被样方设置

(1) 植物观测样方设置在选定的样方内，1 个样地内至少应当设置 1 个样方。样方设置在样地内较为植被均匀一致的位置。同一种植被群落设置 3 个重复。

(2) 样方面积 100m × 100m，在样方内用 5 点法(4 角和中心)选取小样方，在小样方内调查，灌木小样方面积 5m × 5m，草本植物小样方面积最小为 1m × 1m(图 2)。

(3) 样方一般设置为正方形，四周设置保护围栏，并设置标牌，标注生态站的名称、样地名称、地理位置、海拔高度、面积等。

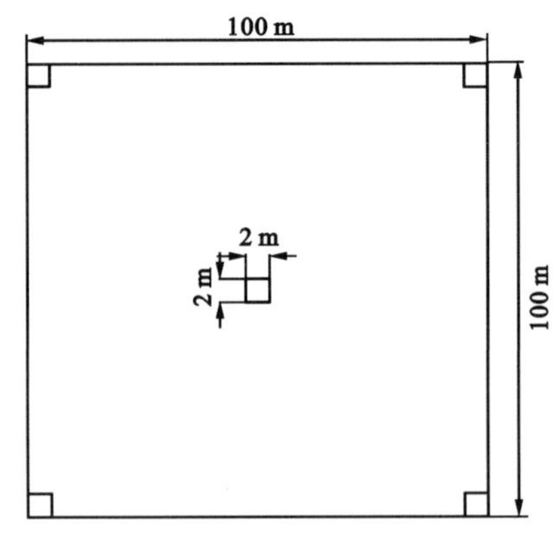

图 2 植被样方设置示意图

4.2.2 植物样线设置

(1) 需要调查某地植物的种类、高度、盖度、密度、优势种时可设置样线进行调查。

(2) 样线为直线，直线长度以水平距离计，样线长度一般为 1000m，最短不得小于 500m。

(3) 并列样线相对距离不应小于 200m。

(4) 样线两端要设置标志，并设置临时性标牌，标注生态站的名称、样地名称、地理位置、海拔高度、样线长度等。

4.2.3 土壤风蚀样方设置

(1) 沙丘风蚀(积沙)观测采用样线法。选择当地有代表性的沙丘类型(包括沙丘高度)，沿主风方向，从迎风底到背风坡底设置样线，每 5m 设置一个标高观测标桩，标桩每 0.5cm 标注刻度，标桩用重锤砸入或用取土钻打孔埋入沙中 80 ~ 100cm。

(2) 一个生态定位站至少应有 3 处沙丘风蚀(积沙)观测样地，一个观测样地至少需要设置 3 条观测样线。

(3) 平沙地和沙化耕地风蚀(积沙)观测既可以用样线法，也可以设置样方进行观测，样方大小为 100m × 100m，用五点法在其中设置小样方进行观测。

(4) 样地选择在交通便利的地段，并设置保护围栏。

5 野外综合实验楼建设标准

实验楼位置：实验楼建造在生态站，要具备交通、通讯和水、暖、电条件。

面积：生态站占地面积不应小于 45000m^2，实验楼面积一般不得小于 2500m^2。

功能区：生态站必须设置有：① 实验室；② 化验室；③ 网络室；④ 办公室；⑤ 会议室；⑥ 宿舍(包括接待室)；⑦ 图书室；⑧ 展览室；⑨ 标本室；⑩ 活动室；⑪活动场等；⑫ 餐厅；⑬ 供暖及车库(图 3，以三层楼为例，楼内设置如图 4)。实验室、办公室建筑面积见表 1。

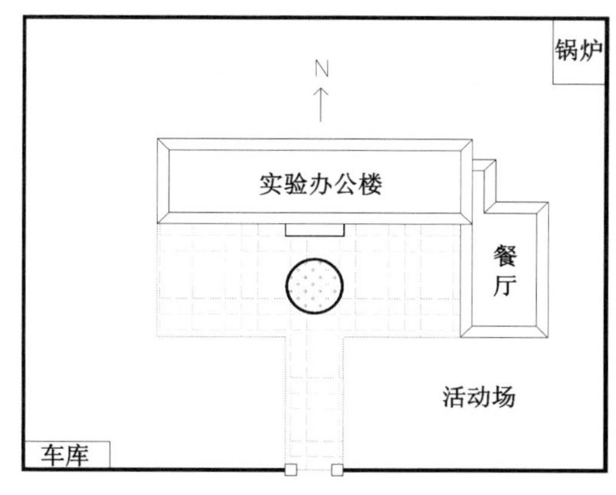

图3 生态站功能分区图

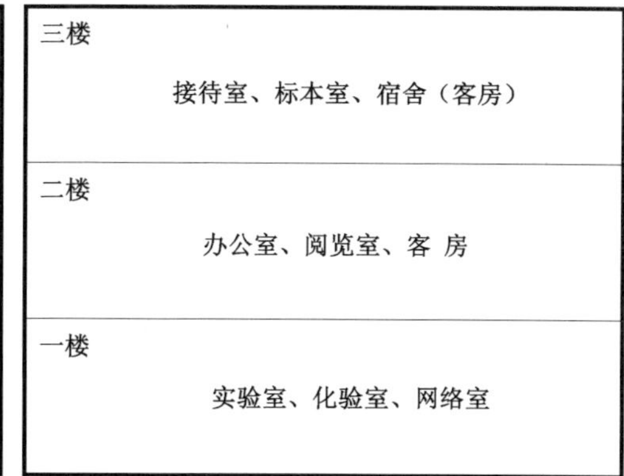

图4 以三层楼为例楼内功能分区示意图

表1 办公楼内设置

名 称	面积(m^2)	备 注
实验室	87.5	5 间
化验室	87.5	5 间
网络室	35	2 间
图书资料	52.5	3 间
展览室	87.5	5 间
植物标本室	70	4 间
土样标本室	70	4 间
会议室	87.5	5 间
接待室	52.5	3 间
办公室	525	30 间
宿舍	525	30 间
活动室	70	4 间
库房	87.5	5 间
餐厅	87.5	5 间
客房	175	10 间
合 计	2100	120 间

6 数据资源网络建设

设立国家荒漠生态系统定位研究中心，负责全国荒漠生态定位站的计划、协调。在荒漠生态系统定位研究中心建立数据资源共享网络中心，各生态站为该中心数据网络的终端站，各生态站按统一格式、统一时间上报一年的观测数据，各生态站通过网络中心共享数据资源，除网络终端单位以外的其他组织、个人按规定缴费使用网络数据。网络中心及各生态站应建立元数据库，元数据库包括以下：

(1)生态站基本情况，包括名称，地理位置，人员结构，工作内容(研究课题)数据库；

(2)样地类型、数量和样方数量、位置以及类型等的数据库；

(3)生态站植被(植物)样地(样方)数据库；

(4)生态站土壤样地(样方)数据库；

(5)生态站地下水(水位、水质)数据库;
(6)生态站气象数据库;
(7)生态站沙尘暴资料数据库;
(8)仪器、设备资源数据库;
(9)生态站科研成果数据库;
(10)生态站科技论文数据库;
(11)国内外相关研究成果、信息数据库。

7 定位站仪器设备及办公设备

定位站仪器设备分为办公设备、实验化验设备、外业工作设备和生活用设备 4 部分(见表 2)。

表 2 办公基本配置

名 称		规格/型号	数 量
办公设备	办公桌(椅)	包括实验室化验室按 40 人计	40 套 40 座
	会议桌(椅)	按 30 人计	1 套 30 座
	文献柜	按 30 人计	30 个
	书架	图书室和阅览室各 10 架	20 架
	阅览台		1 套
	椅(阅览室用)		20 座
	沙发茶几	按 20 人计	20 座
	笔记本计算机	256M 以上内存	10 部
	台式计算机	256M 以上内存	20 台
	激光打印机	A4 幅面	5 台
	图件机	A2 幅面	2 台
	复印机	A4 幅面	2 台
	传真机		2 部
	幻灯机		2 套
	投影仪		2 套
	多媒体教学设备		1 套
	数码相机	800 万像素以上	10 部
	网络	Net 网	1 套
	电话	座机	20 部
	客房、宿舍配置	床、桌及卫生间配置	40 套
	空调	会议室、阅览室配置	20 部
	饮水器		40 件

（续）

名 称		规格/型号	数 量
实验化验设备	地理信息系统		1 套
	工作台	实验室、化验室各 1 台套	2 套
	椅	实验室、化验室各配置 5 把椅子	10
	烘箱		2 台
	电冰箱		2 台
	人工气温室	LRH－800－GSⅡ	2 台
	原子分光光度计	GFU－202c	1 台
	紫外分光光度计	UV－120	1 台
	气象色谱仪	FPD	1 台
	风速风向传感器	观测塔上安置	20 个
	数采仪(主机箱)	每个观测塔上安置 1 个	2 个
	空调	实验室、化验室各 1 台	2 部
外业工作设备	国标准自动气象站	标准气象场 1 台，野外事 2 台	3 台
	越野车		2 部
	GPS	精度 1.0m	5 部
	便携式光合测定仪	Li－6200	1 台套
	风速廓线仪		2 台套
	土壤水分中子仪		5 部
	摄像机		2 台套
	影像编辑机		1 套
	经纬仪	2″	2 台
	罗盘仪		5 架
	手持风速风向仪		10 架
	照度计(沙尘暴能见度观测仪)	0.1～10000lux	2 部
	植物盖度观测仪		5 部
生活设备	取暖锅炉	3t	1 台
	生活车		1 辆
	饮具、餐桌、餐具		40 座
	通勤车	30 座	1 辆
	车库 4 间		

附加说明：

本规范由中国林业科学研究院林业研究所、中国防治荒漠化研究与发展中心、甘肃民勤综合试验站负责起草。

本规范主要起草人卢琦、常兆丰、崔向慧、赵明、王学全。

二十一、林业术语数据库技术规范

1 主要内容与适用范围

本技术规范是为建立林业术语数据库，实现林业术语信息化而制订的。

本技术规范的适用范围：林业术语数据库的研究、开发、维护及有关管理工作。

2 参考标准

GB/T 10112—1999 术语工作 原则与方法

GB/T 13725—92 建立术语数据库的一般原则与方法

GB/T 15387.1—94 术语数据库开发文件编制指南

GB/T 15387.2—94 术语数据库开发指南

GB/T 15625—1995 术语数据库技术评价指南

GB/T 16786—1997 术语工作 计算机应用 数据类目

GB/T 17532—1998 术语工作 计算机应用 词汇

3 术语和定义

3.1 术语 term

在特定专业领域中一般概念的词语指称。

3.2 术语数据库 terminological database

存储术语数据的数据库。

3.3 数据元 data element

在一定的上下文中具有区别特征的数据单元。

3.4 数据字段 data field

为特定的数据元而保存在一个记录中的变长或定长的部分。

3.5 数据类目 data category

数据元类型 data element type

关于给定数据字段的类型说明。

3.6 术语条目 terminological entry

术语数据集合中所包含的关于一个概念的术语数据。

4 分类与编码

4.1 术语编码

遵循 GB/T 7027—2002《信息分类和编码的基本原则与方法》，制定了林业术语编码方式：第一层代码为大写字母 A – U，分别代表森林培育、森林生态学、森林经理学等 21 个林业二级学科。第二层代码为 5 位数字，从 00001 开始按顺序编码，表示二级学科下面包含的内容。

4.2 术语的学科分类

表 1 林业术语二级学科编码表

编码	A	B	C	D	E	F	G	H	I	J	K	L	M	N	O	P	Q	R	S	T	U
二级学科	森林培育	森林生态学	森林经理学	森林计测学	林木遗传育种学	木材科学与技术	木材加工利用	木材复合材料科学与工程	林产化学加工工程	制浆造纸工程	森林保护学	荒漠化防治与水土保持	森林植物学	林业经济学	森林采运	野生动植物保护与利用	森林土壤学	园林绿化工程	林业机械	林业情报学	其他林业学科

5 林业术语库系统的基本要求

5.1 设计原则与质量要求

5.1.1 目的性

应对各方面的用户需求进行调查分析，并依据大多数用户对术语库功能、性能、数据等方面的要求，在充分考虑社会效益和经济效益的前提下开发术语库。术语库的开发应符合实际使用的需要。

5.1.2 科学性

应对术语库开发中涉及到的各种学科的理论与技术进行充分的研究，运用系统工程的方法在科学的基础上开发术语库。

5.1.3 易用性

系统应简单易学，使用方便。

5.1.4 经济性

应选择技术上先进，经济上合理的设计方案。

5.1.5 可靠性

硬件配置、软件的选择和开发保证术语库具有高度的可靠性。

5.1.6 易维护性

(1)为使系统保持良好工作状态和防止事故于未然而进行的预防性维护；

(2)为克服故障而进行的纠错性维护；

(3)为使软件产品能够在改动的环境下继续使用而进行的适应性维护；

(4)为改善性能而进行的完善性维护等。

5.1.7　安全性

(1)应按 GB 4943 的要求进行系统的硬件设计和安装；

(2)应制定保证术语库系统设备安全的分级管理守则；

(3)应对各类用户在不同条件下对各种范围内的数据存取权限作出规定；

(4)应能防止数据交换过程中可能出现的计算机病毒侵入，并具备检查和清除病毒的有效措施；

(5)应根据需要对特殊数据的保密提供保护机制和保密措施。

5.1.8　易扩缩性

应能根据需求的变化，易扩充或缩减系统功能。

5.2　对计算机系统的要求

5.2.1　基本要求

术语库计算机系统应有较强的文字处理能力，能支持汉字信息处理。根据需要能支持多种语言、文字、符号、公式、图形、图像、声音等多媒体信息等。

大型术语库系统应能通过互联网与国内其他大型术语库及世界上主要术语库实现信息资源共享。

5.2.2　对硬件的基本要求

(1)根据系统设计要求优选适用的计算机；

(2)能较容易地实现主机与外设的配套；

(3)有足够的内存和外存空间；

(4)数据处理速度、系统输入输出能力应满足业务类型和用户数量等的需要；

(5)系统应兼容性好，维修方便；

(6)系统具有安全性和高可靠性；

(7)具有联网功能；

(8)具有较强的可扩充能力，能方便地实现现场升级。

5.2.3　对软件的基本要求

(1)应完整、配套，形成系统。包括系统软件、汉字支持软件、数据库管理软件、通信控制软件、网络管理系统、安全保密及其他应用软件；

(2)应具有较好的灵活性和可移植性，对运行环境有较强的适应能力；

(3)具有较强的可扩充能力，能够根据需要升级；

(4)有较好的人机交互能力；

(5)数据库管理系统功能强，能方便地进行数据存取、检索、补充、修改和删除等；

(6)具有较好的安全性和保密性；

(7)应使用国家标准和有关国际标准所规定的字符集。应尽可能使字符集可扩充，使特殊字符可直接访问，并根据需要考虑多语种的兼容处理问题。

5.2.4　对通信系统的要求

根据需要，可支持实现先进的计算机网络通信，支持开放系统互联，能实现通过网络的数据库存取。

5.3　对术语数据的要求

5.3.1　基本要求

(1)正确性：入库术语数据应是经核查正确无误、有效的。

(2)一致性：应排除由于术语数据来源不同而产生的不一致。

(3)完整性：应保证术语数据元、数据类目和数据结构的完整。

(4)独立性：数据应独立于计算机系统，且独立于存储方法和存取方式。

(5)适时性：及时更新术语数据。

5.3.2 数据类目的选择

数据类目应首先从描述术语的数据，描述概念的数据，描述概念体系的数据，用于管理的数据，表示文献的数据五类中选择。

5.3.3 数据结构

在进行数据分析时，应建立起数据结构模型。

术语数据元之间的关系：术语数据元可以是面向概念的，可重复的或不可重复的。它们可由其他数据元组合而成。

术语的多语种对应关系：同一概念的术语在不同的语种中的对应关系有完全对应，不完全对应和完全无对应三种类型。

数据结构的描述：可使用实体—关系图(E—R 图)描述数据结构。

术语库实体—关系图应将每个数据元独立地分开，并描述术语库中不同数据元之间的逻辑联系。

5.4 对术语信息源的要求

(1)科学性：入库概念、定义和术语应符合 GB/T 10112 的各项规定。

(2)权威性：术语应从具有权威性的文献中选择并经有关专家审定。

(3)系统性：术语的选择和收录应系统地进行，并保证概念体系的完整性。

(4)一致性：审核入库术语时，应避免一个专业领域内的一个概念用多个术语表达，或一个术语指称多个概念，尤其要避免同一概念的定义不一致。

5.5 术语库的服务方式

服务方式应方便用户使用，建库时可根据需要加以选择。

6 术语库系统的管理与维护

术语库系统的管理与维护至少应包括如下内容：

术语信息源的管理；

术语输入系统的维护与管理；

网络系统的维护与管理；

术语检索和输出系统的维护与管理；

术语数据管理与更新；

根据需要制定管理守则，明确各类人员的职责。

7 术语库间信息资源共享

(1)术语库应能进行文本交换或相互提供咨询服务。

(2)术语库应能进行磁盘、光盘等媒体的数据交换，交换格式应符合 GB/T 18155 的规定。

(3)系统间的数据通信协议、通信接口、数据传输、交换信息格式等应符合国家和国际相关标准。

附加说明:

本技术规范由中国林业科学研究院科技信息研究所负责起草。

本技术规范起草人王忠明、王燕。

二十二、林业科学数据中心运行与管理规范

1　主题内容与适用范围

本规范制定了林业科学数据中心建设与运行管理规定，适用于参加国家科学数据共享工程的林业科学数据共享工作。

为加强科国家学数据共享工程支持下设立的林业科学数据中心的管理、运行与维护工作，促进林业科学数据共享工作持续有序进行，保障林业科学数据共享工程各项业务与管理工作的顺利进行，参照国家科学数据中心建设规范以及国家科学数据中心(网)运行管理规定制定本规范。

2　引用文件

下列文件中的条款通过本规定的应用而成为本规定的条款。凡是不注明日期的文件，其最新版本适用于本规定。

· 国家科学数据中心(网)运行管理规定

· 国家科学数据共享工程技术标准《国家科学数据中心建设技术规范》

· BMZZ1—2000 涉及国家秘密的计算机信息系统保密技术要求

· GB50174—93 电子计算机机房设计规范

· 科学数据中心建设规范

· 科学数据网建设规范

3　术　语

下列术语和定义适用于本规定：

3.1　国家科学数据中心 Scientific data center

国家科学数据共享平台的组成部分。以国家部门、行业系统为基础，按不同科学技术领域建立的社会公益性的科学数据主中心以及需要设立的科学数据分中心，统称为国家科学数据中心；主要负责国家长期布局的公益性、基础性科学数据的汇交、管理、交换与共享服务。

3.2　科学数据资源 Scientific data resources

特指以公益性和基础性为研究应用价值的数据资源，包括观测、监测、调查、试验、实验以及研究等科学技术研究活动过程中产生的原始性数据，以及按照不同科技活动需求进行系统加工整理的各类数据。

3.3　科学数据共享服务 Scientific data shared services

为提供科学数据共享所提供的技术服务，包括：目录服务、导航服务、数据信息发布、数据检索、数据产品加工、数据以数据产品分发等。

3.4 运行机制 Runinng mode

严格区分投资来源和数据的产权性质。由国家投资产生的数据应该全民受益；由公司投资开发的数据，公司理所应当获得利益。我国需要在科学数据管理机制上进行调整。调整的重点应该是在国家保密机制基础上，根据投资者的不同，区分公益性和商业化两种不同的运行机制。即：对国家投资产生的科学数据和数据产品，应实行完全、开放的无偿共享；对企业或个人投资产生的科学数据和数据产品，应实行商业化运行，实现有偿共享，并积极探索商业性科学数据有偿服务的共享管理模式，努力培育科学数据产品市场和数据产品服务产业。

4 林业科学数据共享系统运行体系结构

林业科学数据共享工程共享系统的运行管理过程从逻辑上可以划分为四个部分，数据生产(采、汇集)、数据加工(处理)、数据存储和传输、数据服务和应用四个部分。

4.1 数据组织

(1)林业科学数据的采集、加工、分类按照林业科学数据分类体系进行。

(2)林业科学数据组织是在数据分类的基础上，按照时间、空间序列的原则进行组织。

(3)林业科学数据服务数据的组织是按照行业科学数据共享的有关要求，根据用户需求定制数据产品并提供服务。

4.2 逻辑层次

4.2.1 运行环境层

能够在行业网、内部网、国家基础骨干网组成的网络环境下运行，并配以高性能服务器、海量存储设备等实现海量信息的获取、更新、存储、检索、处理、交换、提取分析和传播服务。

4.2.2 数据资源层

数据资源层是林业科学数据共享工程的核心。主要包括主体数据库和数据集元数据库。

4.2.3 应用层

重点是构建林业科学数据共享服务平台，包括多种来源、多种属性数据的整合、数据资源的深层挖掘和在线空间信息分析等。

4.2.4 服务层

服务层用智能化的数据检索、可视化的信息展示以及网络化的产品分发实现信息的传播，重点是面向用户需求的信息共享服务。

4.2.5 技术保障层

林业科学数据共享体系是一个庞大的系统工程，需要有确保整体协调一致的宏观设计、相应的信息管理共享法规和政策、数据标准化的规范、相关技术应用研究等诸多方面的研究作为技术保障。

4.3 运行模式

(1)在线运行：全年 7×24 不间断运行。

(2)数据流程：数据收集、规范化整理、加工处理、建库入库、发布和分发。

(3)服务流程：用户管理、用户认证、数据目录服务、元数据查询、数据访问与提取、专题服务与数据应用等。

5 林业科学数据资源管理

林业科学数据资源是科学数据共享的内容体现，要围绕科学数据用户对林业科学数据资源的实际需求和应用进行科学合理的分类、处理与服务。

5.1 数据分类

数据分类须根据数据内容和表现形式、数据的加工形态进行划分，以确定数据资源的管理方式。

5.1.1 按数据内容和表现形式分类

林业科学数据按照数据内容和表现形式划分为地理数据、文本数据、元数据、其他数据。

地理数据：指和空间地理位置相关的、以空间坐标表达的数据。

文本数据：地理数据的属性数据、文字与表格表现形式的数据。

元数据：核心元数据须参见科学数据共享工程技术标准《科学数据共享核心元数据》，涉及地理信息的扩展元数据须参见中华人民共和国国家标准《地理信息元数据》，其他扩展元数据可参见相关领域元数据标准。

5.1.2 按数据的加工形态分类

林业科学数据按照数据的加工形态划分为原始数据、基础数据、加工数据和深加工数据。

原始数据：指通过直接观测、监测、遥感、调查等手段直接获取的未经任何处理的原始记录，这些数据可能不能为用户所直接使用。

基础数据：指经过简单加工处理而生产的可以直接为用户所使用的数据。

加工数据：对基础数据进行进一步加工处理和统计分析的数据。

深加工数据：为专一、特殊用途、特定用户特别加工处理的数据。

5.1.3 按数据行业学科研究内容、需求分类

林业行业学科研究内容、需求分类可分为公共基础研究数据、学科科学数据、文献与成果数据，详细分类可参照本书“林业科学数据中心数据分类编码”。

5.2 数据保密分级

根据《GB/T7156—1987 文献保密等级代码》，将数据划分为6个保密级别，分别为公开数据、国家内部数据、部门内部数据、秘密数据、机密数据、绝密数据。

(1)公开数据：指数据可以向国外提供，可以进行国际交换。也就是可以提供国际范围共享的数据，该类数据主要包括那些国家间、地区间及国际机构相互交流、使用的数据。

(2)国家内部数据：指数据可以在国内提供和交换。

(3)部门内部数据：指数据可以在系统或系统某部门进行内部发行和交换。

(4)保密数据：指数据内容涉及国家一般秘密的数据。

(5)机密数据：指数据内容涉及国家重要秘密的数据。

(6)绝密数据：指数据内容涉及国家核心机密的数据。

5.3 数据存储

(1)数据存储应遵循数据共享的原则，采取分布式网络存储为主，集中式数据存储为辅的方式。

(2)数据本身的管理采用元数据管理方式，应采用统一标准的元数据管理工具进行元数据库的管理和维护。

5.4 数据更新

建立有效的数据更新方式，实现数据的定期、有效更新。按照事件数据的发生周期进行数据的定期更新。具体要求见下表：

数据项	更新周期	备注
变更周期较长数据	根据数据的更新周期确定若干年更新一次	变更周期为1年以上，如森林资源连续清查数据
年度数据	每年更新一次	如林业统计年鉴数据
年中数据	每半年更新一次	如生态环境观测、监测数据、灾害数据等
季度数据	每个季度更新一次	
月度数据	每月更新一次	
每周数据	每周更新一次	
每天数据	每天更新一次	
即时性数据	事件发生后1小时之内更新或按照行业更新要求	对数据的实时性要求较高，短期内需公布的数据

当更新数据量累积超过原有共享数据存量的5%或每三个月，各单位应将加盖单位公章的数据更新报告提交林业科学数据中心备案。

5.5 数据备份管理

（1）具有高可靠的、规范性的备份管理体系。

（2）对介质的有效管理、数据的自动恢复、历史数据归档。

（3）网络数据库是系统运行的重要部分，应安排专人进行数据管理，每周进行一次备份操作，以防止由于系统意外故障造成数据信息丢失。

5.6 数据资源整合、改造、重组

由于数据共享原有各类数据和信息基本是按照专业技术人员的实际使用特点进行加工和建库的，数据的显示和查询等应用一般只能由专业技术人员操作，不适合各个行业共享应用的要求，因此需要进行针对性的整合、改造和重组。

5.6.1 在数据库规范的基础上规范化改造

（1）动态显示框架设计与应用专题图层实现。

（2）根据设计框架模板，对数据库进行结构优化和重组。

（3）根据专题图显示要求，对专题信息进行跨库重组。并开发相应的数据库管理、查询功能。

（4）多源数据的格式统一、标准统一、库结构统一，实现统一的数据资源接口。

5.6.2 数据资源整合

针对数据库中各类数据基本上处于单层数据状态，必须对数据层与数据层之间、数据层与基础地理底图之间进行整合。

（1）行政区划变更引发的数据变动的整合。

（2）不同图层间因投影方式不统一引发的数据标准问题的整合。

（3）多数据层之间整合，这些数据层无法叠加在一起，只能分别以单数据层方式显示，特别在需要将某些数据层合并时，由于标准不统一会发生大量数据丢失现象，需要加以整合。

（4）多种比例尺、矢量与非矢量的数据无缝连接与整合。

5.6.3 非结构化数据的改造和重组

针对段数据库建设中，收集了大量非结构化资料，必须设计新的数据结构来管理和查询类似资料，并实现聚焦型查询和应用。

(1)按照一定固定查询条件将非结构化资料进行分类。

(2)以基础地理数据为底图进行拼合。

(3)按照基本应用数据层进行信息加工。

(4)遵循行业应用特点进行重组和再分解。

(5)将拼合、分解后的数据进入数据库，进行统一管理。

5.6.4 面向对象的数据应用

根据数据使用对象的不同，设计针对不同用户特点的几类数据终端查询程序和查询界面，并设计不同的用户授权模式和检测程序。

6 林业科学数据产出与服务

林业国家科学数据中心数据的共享交换，必须遵循统一的数据标准和规范，按照统一的数据服务模式，优先采用国家、行业标准，积极采用国际标准，结合实际的数据产出与服务，进行数据产品的管理与发布。

6.1 数据产品管理

(1)建立规范化的数据产品管理机制，保证共享系统的健康持续发展。

(2)数据产品的格式为公开的交换数据格式。

(3)数据产品包括光盘介质、纸介质。

(4)数据产品的提供须和用户的使用权限建立对应关系，具有无偿使用科学数据权限的用户应无偿提供给用户；其余用户双方建立协议关系提供数据产品。

6.2 用户分类

根据共享用户对数据的使用性质对用户分为四类，分别为公务用户、公益性用户、经营性用户和公众用户，对四种用户分别设立不同权限。

(1)公务用户：为政府部门开展公务活动而使用科学数据的用户为公务用户。公务用户作为政府职能的实际行使者，具有最大限度无偿使用科学数据的权利。

(2)公益性用户：科学研究、教育等为社会公益性事业非营利性服务而使用科学数据的用户为公益性用户。享受最大限度无偿使用科学数据的权利。

(3)经营性用户：社会中为营利性活动使用科学数据的用户，为经营性用户。双方建立一定的协议确认使用科学数据的权利。

(4)公众用户：在日常生活中使用科学数据的一般社会公众用户，为公众用户。可公开发布的、能够满足公众用户一般需求的科学数据须面向公众用户无偿发布。

6.3 数据发布

基于网络和 GIS 技术建立 B/S 结构的数据共享网站，实现基于浏览器的共享数据快速浏览、下载和应用。服务要面向国内和国际用户，建立中文和英文网站，必要时要建立专门网站。

(1)地理数据的发布以 WEBGIS 方式发布，并可以为权限用户提供查询、下载服务。

(2)元数据的发布应为所有用户提供查询、下载服务。

(3)文本数据的发布应为权限用户提供查询、下载服务。

(4)下载数据的格式应为公开的数据交换格式。

(5)提供专业的数据应用工具下载服务。

(6)应提供用户多种直接进入数据库的途径，至少应包括：通过搜索引擎检索结果进入方式、通过元数据进入方式、通过数据分类进入方式等。

(7)应提供符合本科学数据中心(网)数据检索、查询特点的搜索引擎。搜索结果除列表显示外，还应当向用户提供缩微图查询方式或多行数据内容的表结构浏览方式等多种信息展示服务模式。

6.4 数据开放性服务

(1)根据用户的权限提供对数据的检索查询服务。

(2)对于某些特殊要求的用户，系统可以作为一个开放实验室的方式，可以提供给这些用户进行使用。

6.5 数据加工

(1)系统具有对原始数据进行不同层次的加工的能力，以便于维护系统数据，同时为不同的用户提供数据特殊加工服务。

(2)数据加工包括对局部数据的合法性校验、数据纠错、坐标配准、空间数据和属性数据的匹配、地理数据拼接等；对数据的提取、统计分析，产出不同专题的数据等；为特殊用户加工特定要求数据等。

(3)系统可以合理的方式提供打印介质、光盘等输出介质的服务。

7 林业科学数据共享基础平台管理

作为国家科学数据共享平台的核心内容，必须健全并完善管理国家部门、行业领域的数据共享基础平台，以及与之相关的技术标准、规范、信息安全等。应该坚持5个原则：规范化、网络化、实用化、可扩展、安全性。共享系统设计的响应处理能力应至少满足30个并发用户查询、浏览、下载数据的需要。

7.1 机房条件保障

7.1.1 机房场地和环境

具有独立的机房作为工作场地，面积应不小于100~150m^2；空间环境(包括温度、湿度、空调、通风、噪声、尘土等一系列指标)等各方面环境因素保证计算机运行的稳定。机房的环境要符合中华人民共和国国家标准《电子计算机机房设计规范 GB50174—93》(1993年2月17日 国家技术监督局 、中华人民共和国建设部联合发布1993年9月1日实施)。

7.1.2 机房安全

机房电源环境要做到防火、防水、防雷、安全用电和烟雾探测报警。

配备大型UPS电源，保证服务器的不间断供电。

配备安装机房监控系统作为保障。对配电系统、环境系统、消防系统、保安系统、网络系统进行监测、监视、报警。

配备应急照明设备。

各种设备应有专人负责定期检修。

7.1.3 机房管理规定

建立、健全机房管理制度，制订管理细则。

凡进入机房的人员必须遵守机房管理制度。

7.2 网络平台管理

7.2.1 基本原则

网络设计必须满足以下基本原则。硬件配置满足系统功能和性能的要求，必须保证系统运行的实时性、可靠性、稳定性和安全性；计算机和网络设备必须是标准化设备，开放性能好，满足不断优化、平滑升级和投资保护的需要；系统中的关键部分满足冗余配置。

7.2.2 主干网

主干网要求高带宽、高速度，达到千兆以太网以上；同时，具备高可靠性、高安全性和易扩展性、易升级性。为了保证数据网络的整体性和连通性，下一级数据网络的技术体制必须与上一级兼容。网络将设置与 Internet 相连的统一出口，要求其链路带宽不得低于 10Mbit/s。

7.2.3 互联协议

互联网接入采用 TCP/IP 协议。

7.2.4 域名规划

按照科学数据共享工程总体设计，规划国家科学数据中心、分中心的域名，由科学数据共享工程办公室统一管理并授权使用。

7.2.5 备份网络信道

定期测试网络备份信道的连通性和工作性能，保证网络畅通以及和异地备份系统的连接。

7.3 硬件系统管理

7.3.1 网络设备

局域网核心数据交换机须满足网络系统的高速性能、可靠性、可扩展性、开放性、安全性和先进性。须定期进行网络连通测试和性能监测等，确保网络的连通效率和使用效率。

7.3.2 服务器

对国家科学数据中心所配置的专用业务服务器，包括互联网应用、数据库、数据库备份、用户应用服务等的功能须明确划分，并与实际使用相符合。须定期监测各专业应用服务器的运行情况、性能和效率。

7.3.3 存储设备

存储设备是为满足海量数据(TB 级)、大量的 I/O 吞吐及高端应用存储需求而设置的。须定期监测存储设备的使用情况，定期进行效能优化处理。

7.4 软件系统管理

7.4.1 操作系统

操作系统属于底层支撑系统，要求由专门的管理人员来维护，定期对系统进行升级、修补系统漏洞，监测和优化操作系统与数据库系统及其他应用软件的工作效能。

7.4.2 数据库

数据库的管理采用分布式结构管理，并严格遵循国际开放标准和规范。定期对数据库进行必要的监测和优化，提高检索速度，完善备份恢复策略。

7.4.3 应用软件

应用软件是数据共享系统的核心支撑平台，涉及种类很多，包括 Web Service、WebGIS、GIS、数据处理等，也涉及到多个厂商的技术支持。对于这些软件的维护和管理须分门别类来进行，建立相应的维护流程，保证应用软件的可靠、高效运行。

7.4.4 应用软件开发

应根据业务的需求，遵照《共享系统软件设计规范》规定的步骤和方法进行。应用软件必须通过业务主管部门鉴定、验收，并经过一定时期的准业务运行后，方可投入正式业务运行。

7.5 系统安全管理

7.5.1 系统用户管理

为了确保系统及数据安全，对系统所有用户进行统一的管理。技术支持系统安全性策略必须明确用户密码使用规则和限制用户权限，进行用户分级；提供严格的用户认证和权限管理手段，并考虑信息保密的时效性。应当建立并执行以下安全保护制度。

- 计算机机房安全管理制度
- 安全管理责任人、信息审查员的任免和安全责任制度
- 网络安全漏洞检测和系统升级管理制度
- 操作权限管理制度
- 用户登记制度
- 信息发布审查、登记、保存、清除和备份制度
- 信息群发服务管理制度

7.5.2 磁盘监控与整理

(1)设置系统控制参数和系统运行监视。

(2)对计算机磁盘空间进行监控，定期清除过期文件。

(3)为确保业务系统正常、安全运行，各单位应定期对系统中应用软件进行维护清理，消除隐患、清除垃圾。严禁非业务用软件的运行和拷贝，盘片工具应专项专用。

7.5.3 网络安全管理

(1)为保证网络安全，采用适当的加密防护措施、数据备份措施、防病毒措施及防火墙技术，并定期升级更新相关软件，确保所使用网络安全防护软件为最新版本。

(2)定期对计算机设备进行病毒检测，发现病毒感染应及时清除，防止扩散和蔓延。

7.5.4 异地备份管理

数据库异地备份是保证数据安全的一种行之有效的重要方法。根据系统核心数据和关键共享业务的需求，建立远程异地备份平台，其中包括数据库、服务器、网络和存储。

主服务器和备份服务器需安装同样的 UNIX 操作系统、大型数据库以及相关应用软件等核心软件，网络环境配置正确。保证备份服务器与主服务器连通，并建立主服务器到备份服务器的信任登录。以确保主系统瘫痪后，备份系统能够实时接管主系统的核心业务，保证共享系统的 7×24 小时不间断运行。此外，须在相关厂商的技术支持下尽快恢复主系统。

7.5.5 安全保护技术措施建设

须对以下安全保护技术措施进行持续建设和执行。

- 系统重要部分的冗余或备份措施
- 计算机病毒防治措施
- 网络攻击防范、追踪措施
- 安全审计和预警措施
- 系统运行和用户使用日志记录保存 60 日以上措施
- 记录用户网络地址的措施

· 身份登记和识别确认措施
· 信息群发限制和有害数据防治措施

8 运行过程管理

8.1 运行管理

(1)系统实行每天 24 小时不间断连续运行，数据库设备以及所联计算机等设备均不得无故关机。

(2)运行组织管理。各个单位数据共享系统必须指派一名管理负责人来负责本运行任务的整体管理工作，运行负责人将代表任务承担方与科技部管理方共同对项目的运行和状态进行评估、协商和决策，并在必要时，向双方管理层提交任务变更请求和按照审议结果调整和执行项目任务。

鉴于系统运行涉及了技术、业务、系统维护以及项目管理、项目质量监控等不同层面的要求，将整个运行管理划分为几个部分，具体结构如下：组织管理部分、技术顾问部分、系统维护部分、质量监控部分(技术支持服务)。

(3)工作内容。制定运行任务计划、运行任务控制、任务沟通管理、任务人员管理。

8.2 运行机制

(1)分析用户对共享系统提出的业务需求，进行数据需求分配，补充需求中不明确的业务内容和数据服务，提出共享系统完善过程中所必需的系统需求，将业务需求转化为软件需求分析说明书。

(2)确定用户需求，确认需求方式和每一功能的业务负责人，运用相关工具，分析业务应用流程，按照功能点的方式进行用户需求分析。

(3)建立并初始化的用户需求跟踪矩阵。

(4)组织用户需求评审。

(5)建立用户需求基线和需求变动管理。

8.3 运行规定

(1)根据业务系统采集、传输和处理数据的要求，分析业务数据结构，使用数据库设计工具建立数据库运行机制。

(2)根据数据共享逻辑模型，在充分考虑存储效率和运行效率的前提下，建立物理数据服务系统。提供 OLAP 分析和报表服务，考虑实现操作数据存储模型和数据仓库数据模型的应用。

(3)分析业务系统数据内容。

(4)分析业务系统各功能需求依赖的数据和标志。

(5)制定数据库设计规范。

(6)定义元数据。

(7)确定实体的组织方式。

(8)确定实体属性。

(9)转化物理表。

(10)确定表的存储策略。

(11)规划数据库空间。

(12)规划数据库相关参数。

8.4 运行检测

(1)依据《系统用户需求分析及其说明书》和《项目的设计及其说明书》的具体内容，确定在项目运行各过程中必须进行的测试类型和活动内容，确定测试所需的工具、环境要求。

(2)按照设计方案测试所需的共享系统内容框架。其中包括：单元测试、功能测试、集成测试、容错测试、设计验收测试。

8.5 运行分析统计

依据《系统用户需求分析及其说明书》、《项目的设计及其说明书》和数据共享相关标准和规范，对整个项目运行的范围进行界定，确定项目运行考核的定量、定性标准，最后形成统一的项目运行规格说明。

(1)运行的业务、技术范围界定。

(2)运行功能点分析。

(3)运行定量、定性的标准规定。

8.6 运行系统应用管理

(1)根据科学数据共享系统的应用功能，在运行过程中实现业务流程、功能和性能，并能为用户应用系统的开发提供必要指导。

(2)确定前端输入输出界面应用。

(3)提供业务系统应用流程设计、业务系统接口设计。

8.7 系统质量监控和技术协助服务

(1)作为项目运行实施质量监控方为用户和管理部门提供系统的质量监控与技术协助服务。

(2)要进行阶段过程评审和项目运行过程各阶段的质量监控、审核。

(3)需要提交的工作报告:《项目运行阶段过程评审报告》、《项目运行质量审核报告》、《阶段质量监控报告》、《项目运行总结阶段过程评审报告》、《项目运行总结阶段过程质量审核报告》。

8.8 运行管理培训

(1)在项目运行过程中针对用户提交的各种工作成果，双方进行面对面的沟通，回答所提交成果文档中的各种问题。

(2)项目培训计划编制；培训环境的准备；培训内容、资料的准备；培训效果评审。

(3)提交的工作材料:《运行培训计划》、《运行培训教材》。

8.9 后续技术支持服务

(1)分析业务系统的运行特点，设计在运行后的技术支持管理流程，汇总各种项目相关文档并建立系统知识库，为后续技术支持提供服务。

(2)确定技术支持服务管理流程、收集项目相关资料。

(3)建立项目知识库、培训提供项目后续技术支持服务的相关人员。

8.10 网络运行安全

(1)各部门应增强网站安全意识，根据《计算机信息网络国际联网安全保护管理办法》，建立健全网络信息安全组织领导机构和各项管理制度。

(2)各部门应落实专人负责本单位信息的上传工作，保管好本单位的上传密码等信息。如有遗失，应及时通知上级信息中心，以确保系统的安全运行。

(3)各部门在系统建设中应当加强安全技术和手段的应用，对信息系统的安全进行实时监控，对操作系统、数据库系统和应用系统进行安全加固。

(4)各部门应当根据国家《计算机信息系统国际联网保密管理规定》等有关保密法规、规章和规定，明确不得上网的信息内容。

(5)各部门应当依据《互联网信息服务管理办法》和《互联网电子公告服务管理规定》，加强网上互动内容的监管，确保信息安全。

8.11 预案制订的要求

(1)根据破坏程度、经济损失、社会影响的程度，划分为应急预警等级。

(2)明确相应的组织体系。

(3)确定职责任务。

(4)落实防范重点(关键环节)。

(5)制定工作程序(流程)。

(6)建立保障系统(条件)。

8.12 运行制度建立

(1)机房管理制度。

· 系统维护人员、操作人员及值班人员的义务、权限、任务和责任

· 系统日常运作记录，包括值班日记、系统故障及排除故障日记

· 机房设备安全管理和维护制度

· 应付紧急情况的方案

(2)技术档案管理制度。

· 硬件、软件手册和使用说明的保管制度

· 开发文档的保管制度

· 系统维护和二次开发的技术文档资料的规范和管理制度

· 技术资料的购买、使用和保管制度

(3)系统的维护制度。

· 提出修改或维护要求

· 批准修改要求

· 分配维护任务

· 验收工作成果

(4)系统运行操作规程。

(5)系统修改规程。

(6)运作日志。

附加说明：

本规范由中国林科院资源信息研究所负责起草。

本规范起草人张旭、刘燕、雷振宇、邓广、杨彦臣、李凡。